リバーシを作りながら学ぶJavaScript

AIの基本 —対戦プログラムの開発に挑戦！

Learn JavaScript by making Reversi
The basics of JavaScript and web application development

クロノス・クラウン
柳井 政和
Masakazu Yanai

秀和システム

まえがき

You06
Com08
あっ、猫のリバーシだ。
いいなあ。
作ってみる？
えっ、作れるの？
でも、プログラムなんて書けないよ
ゲームを作って学ぶのは、プログラミングの
学習方法の1つだよ。
でもプログラムって、たくさん勉強を
しないと書けないんでしょう。
書いて動かすだけなら、
知識はそんなにいらないよ。
そうなの！？
うん。1本ゲームを作り、もっと知りたければ
知識を広げていけばいいよ。

この本はどんな人が読むとよいのか

この本は「プログラムで何かを作ってみたい」「JavaScriptを学んでみたい」という人向けに書きました。この本は、次のような人を対象にしています。

- はじめてプログラミングを学ぶ人
- 工作や物作りが好きな人
- 何かを作りながらプログラミングを学びたい人
- JavaScriptを学びたい人

物作りの道具としてプログラム（JavaScript）を学びたい人が、想定している読者です。

この本はどんな人が読まなくても大丈夫なのか

JavaScriptは、Web開発に必須のプログラミング言語です。もしかしたら「JavaScriptの本」ということで、Webデザインの本を期待されたかもしれません。

この本はWebデザイナーを目指す人向けの本ではありません。プログラマーを目指す人向けの本です。そのためこの本を読んでも、「ふんわり動く画像」や「スッと消える文字」で飾られたWebサイトは作れません。

逆に、JavaScriptで、ゲームやアプリケーションを作りたい人には向いています。

この本でおこなうこと

「**JavaScript**」を利用してプログラムを書き、多くの人が知っている「**リバーシ**」をWebブラウザー上で遊べるようにします。

Web開発で必須の「JavaScript」は、Webブラウザーで手軽に動作を確認できるプログラミング言語です。しかし年とともに仕様が複雑になっており、徐々に初心者には難しい言語になっています。

この本では、JavaScriptの全ての仕様は解説しません。リバーシを作るのに必要な知識を、その都度解説します。そうすることで具体的な表現方法としてプログラムを学びます。

プログラミングの学習について

プログラムを独学で学んだ人の中には「作りたいものがあって、それを作るのが一番だよ！」という人がいます。

たとえばゲームを作ったとします。その場合は、ゲームに必要な処理を考えて、その処理をプログラムでどう表現するかを調べて、プログラムに置き換えていきます。この「調べて置き換える」作業を繰り返すことで、プログラムのルールを把握していきます。

「作りたいものがあって……」という話をする人は、こうした学習を想定しています。

プログラミングの学習方法は1つではありません。全体を理解してからプログラムを書く方法もあれば、実現したい処理に合わせてプログラムの書き方を調べる方法もあります。

何か動くものを作り、プログラミングのだいたいの使い方を把握する。その知識を幹にして細かな知識を学ぶことで枝葉を広げていく。この本は、この「幹」のところまでを目指します。

本書のサンプルについて

クレジット（書籍名および著者名）を表示していれば、自由に改造して配布していただいて構いません。ライセンスについては、クリエイティブコモンズの「CC BY-SA 4.0」とします。ぜひ、実際に動かして改造してみてください。

> CC BY-SA 4.0
> https://creativecommons.org/licenses/by-sa/4.0/deed.ja

商用利用	改変	クレジット表示	備考
可能	可能	必要	ライセンス継承が必要

サンプル一式は、巻末のURLからダウンロードできます。「stable」フォルダーと「stable-audio」フォルダーに、最終的に完成したファイルが入っています。また「chapter-～」フォルダーは、各章に対応しています。

▼サンプル

```
+ サンプル
    + chapter-1/ …… chapter-のあとの数字は、各章の数字に対応
        + 1
            + index.html
            + js/
                + main.js
      ⋮
    + stable/ …… 最終的に完成したゲームのファイル一式（音なし）
    + stable-audio/ …… 最終的に完成したゲームのファイル一式（音あり）
```

リバーシを作りながら学ぶJavaScript
AIの基本　対戦プログラムの開発に挑戦！

目次

まえがき …… 3

第1章　準備をしよう …… 11

1-1 作成するリバーシの遊び方を知ろう …… 12
1-2 作成するリバーシに使う技術を知ろう …… 13
1-3 リバーシのルールを書いてみよう …… 14
1-4 プログラムを書くツールをインストールしよう …… 16
1-5 開発向きのWebブラウザーをインストールしよう …… 20
1-6 Webブラウザーが読み込むファイルを知ろう …… 23
1-7 HTMLファイルを知ろう …… 24
1-8 CSSファイルを知ろう …… 27
1-9 JavaScriptファイルを知ろう …… 30
1-10 DOMを操作してみよう …… 33
1-11 さまざまな書き方があることも知っておこう …… 36
1-12 全体の構成を知っておこう …… 38

第2章　プレイヤーや盤面や石などをプログラムで表現しよう（値） …… 41

2-1 いろいろなデータに名前を付けよう（変数） …… 42
2-2 自分と相手、2人のプレイヤーを表そう（数値） …… 45
2-3 リバーシが終了しているか・いないかを表そう（真偽値） …… 47
2-4 黒・白の石の数を表そう（配列） …… 49
2-5 プレイヤーが人間かコンピューターかを表そう（文字列） …… 52
2-6 リバーシの盤面を表そう（2次元配列） …… 54
2-7 プレイヤーが石を置いた場所を表そう（オブジェクト①） …… 57
2-8 その他のデータにも名前を付けよう …… 59
2-9 JavaScriptにはどんな値があるのか知ろう …… 61
2-10 データをひとまとめにしよう①（オブジェクト②） …… 62
2-11 データをひとまとめにしよう②（クラス） …… 63

2-12 まとめたデータを便利にしよう（静的プロパティ） 66
2-13 リバーシのデータを振り返ろう 68

第3章　画面を表示するキャンバスを作ろう 71
3-1 描画の基本を知ろう 72
3-2 プログラムの処理の単位を知ろう（関数） 74
3-3 キャンバスを作って描画の準備をしよう 77
3-4 キャンバスをWebページに追加しよう 79
3-5 キャンバスを塗りつぶそう 82
3-6 処理をまとめよう（ユーザー関数） 86
3-7 キャンバスを作る処理をまとめよう 89
3-8 キャンバスをWebページに追加する処理をまとめよう 92
3-9 背景付きキャンバスをWebページに追加する処理をまとめよう 94

第4章　紙芝居のように画面を書き換えよう 95
4-1 時間とともに処理をおこなおう 96
4-2 紙芝居をおこなおう 101
4-3 待ってから続きの処理をおこなおう（Promise） 103
4-4 待つ処理を簡単に書く方法を知ろう（async/await） 106
4-5 関数を短く書く方法を知ろう（アロー関数） 109
4-6 ふつうの関数とアロー関数の違いを知ろう 111

第5章　画像を読み込んで描画しよう 115
5-1 画像描画の基本を知ろう 116
5-2 複数の画像を読み込んで描画しよう 119
5-3 読み込んだ画像を管理して使おう 121
5-4 ゲームの画像を読み込もう 125

第6章　リバーシの盤面を作ろう 129
6-1 レイアウトを決めよう 130
6-2 盤面のマス位置から画面上の位置を求めよう 135

6-3 画面上の位置から盤面のマス位置を求めよう …… 137
6-4 リバーシの描画の準備をしよう …… 142
6-5 リバーシの盤面を描こう …… 145
6-6 各マスを順に見ていく処理をまとめよう …… 149
6-7 白や黒の石を描こう …… 151
6-8 石を置けるマスを表示しよう …… 154

第7章　スコアを表示しよう …… 159

7-1 文字描画の基本を知ろう …… 160
7-2 フォントの読み込みを管理しよう …… 163
7-3 ゲーム用の文字を描こう …… 165
7-4 石の数を表示しよう …… 167
7-5 ゲーム画面をまとめて更新しよう …… 170

第8章　アニメーションを管理しよう …… 173

8-1 アニメーションの基本を知ろう …… 174
8-2 アニメーションを管理するプログラムを書こう …… 177
8-3 リバーシにアニメーションを追加しよう …… 183
8-4 メッセージを動かしながら表示しよう …… 184
8-5 石を置いたときのエフェクトを作ろう …… 189

第9章　クリック操作に対応させよう …… 193

9-1 Webページのクリックについて知ろう …… 194
9-2 クリックやタッチを管理するプログラムを書こう …… 196
9-3 クリックした場所に石を置こう …… 200

第10章　リバーシの盤面を読み取ろう …… 201

10-1 盤面の読み取りに必要なことを知ろう …… 202
10-2 あるマスから8方向に確認しよう …… 203
10-3 8方向のうちの1方向のマスの一覧を得よう …… 205
10-4 作った処理を確かめよう …… 208

第11章　石を置くルールをプログラムで表現しよう …… 209

11-1 必要な処理を確かめよう …… 210
11-2 裏返せるとはどういう状態か知ろう …… 211
11-3 石を置けるか確かめよう …… 215
11-4 石を置けるマスの一覧を得よう …… 217
11-5 石を置いて裏返そう …… 219

第12章　リバーシの進行をプログラムで表現しよう …… 223

12-1 リバーシの進行に必要なことを確かめよう …… 224
12-2 リバーシ開始の準備をしよう …… 225
12-3 盤面をコンソールに出力しよう …… 226
12-4 勝利/敗北/引き分け用の盤面を作ろう …… 229
12-5 石を置けるマス/勝敗/スコアを得よう …… 235
12-6 石を置こう …… 239
12-7 手番を次に進めよう …… 240

第13章　操作画面からリバーシのプログラムを呼びだそう …… 241

13-1 画面からの操作に必要なことを確かめよう …… 242
13-2 ゲーム開始の準備をしよう …… 245
13-3 盤面のクリックを受け付けよう …… 247
13-4 ゲーム画面で石を置こう …… 251
13-5 ゲームの状態を管理しよう …… 252
13-6 パスが必要か確かめよう …… 253
13-7 ゲームが終了しているか確かめよう …… 255

第14章　コンピューターに考えさせよう …… 259

14-1 石を置く場所をどう決めればよいのか考えよう …… 260
14-2 各マスに点数を付けよう …… 265
14-3 一手先、二手先を考えよう …… 267
14-4 人間みたいに石を置こう …… 272

第15章　音声を利用しよう ………… 277

15-1 Webページの音声の制約を知ろう ………… 278
15-2 サーバーを手軽に用意しよう ………… 279
15-3 音声をあつかおう ………… 282
15-4 音声の再生を試そう ………… 290
15-5 ゲームで音声を使おう ………… 292
15-6 完成したリバーシで遊ぼう ………… 294

あとがき ………… 295
付録：ファイルとメソッドの一覧 ………… 296
索引 ………… 299

第1章

準備をしよう

プログラミングって何からやればいいの？

何を作るかの把握と、開発環境の準備だね。

開発環境の準備は分かるけど、
何を作るかの把握って、リバーシでしょう？

じゃあ、リバーシってどんなゲームなの？
詳しく説明してみて。

えっ？　そういえば説明できないなあ。

作りたいものを言葉にするのは大切だよ。

どうして？

プログラムは、人間への説明を、コンピューター
への指示に置き換える作業だからね。

そうなの！？

そうだよ。というわけで、何を作るかの把握と
開発環境の準備を進めていこう。

1-1 作成するリバーシの遊び方を知ろう

作成するリバーシの遊び方

まずは、これから作るリバーシを確かめましょう。Webブラウザーに読み込んで遊べるコンピューターゲームです。サンプルの「stable/index.html」をWebブラウザーで開くと遊べます。
(音声付きの「stable-audio/index.html」はサーバー経由での読み込みが必要です。15章でサーバー経由での利用方法を説明します)

▼プレイ1

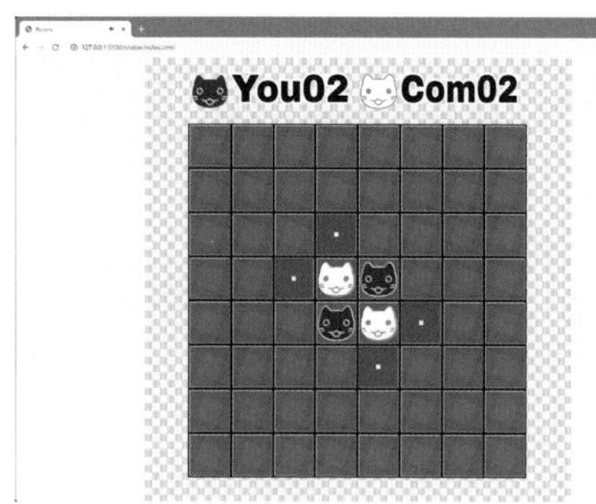

▼プレイ2

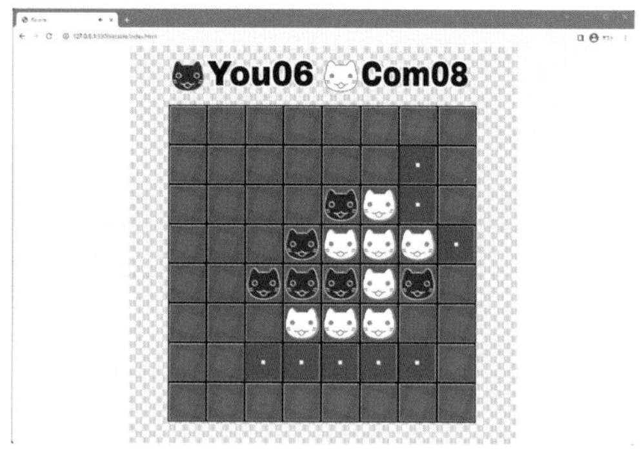

画面をクリックするとゲームが始まります。自分は黒石で先手番。敵は白石で後手番です。

石を置けるマスは、赤色に白点で表示されます。石を置くと、はさまれた石の色が変わり、次の人に手番が移ります。自分も敵も置けるマスがなくなればゲーム終了です。最初の盤面に戻り、次のゲームが始まります。

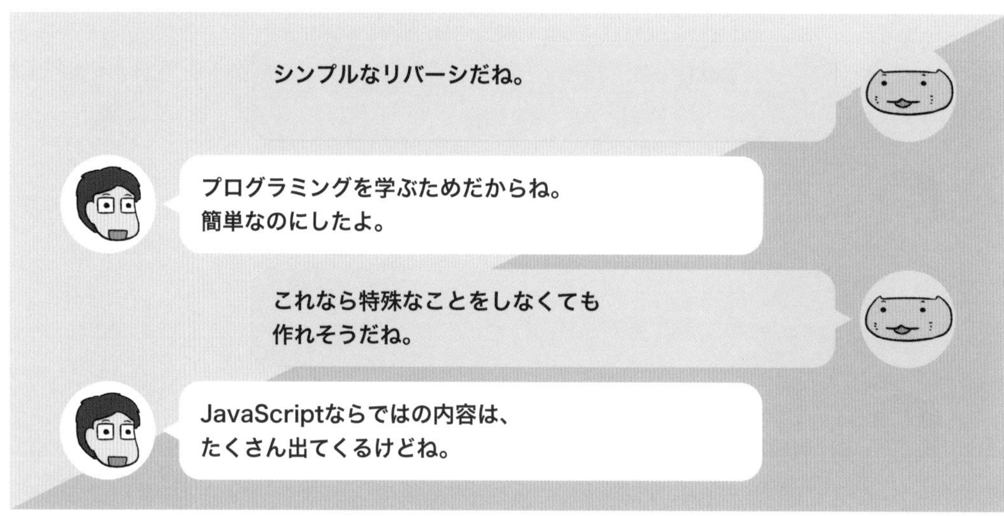

1-2 作成するリバーシに使う技術を知ろう

リバーシで使う技術

作成するリバーシはシンプルです。しかし、WebページのJavaScriptのさまざまな技術を用います。少し書き出してみましょう。

▼目的と利用する技術

目的	利用する技術
画面の表示	HTMLのCanvas（描画領域） 画像の読み込みと描画 フォントの読み込みと描画
音声の再生	音声の読み込みと再生
入力	クリック（マウス、タッチ）の受け付け
アニメーション	定期的な処理 経過時間の計算
データの管理と処理	リバーシを表現するデータ構造 リバーシの内部処理 敵の思考

「画面の表示」や「音声の再生」は、人間に情報を伝えるための技術です。「入力」は、人間から情報を受け取るための技術です。「アニメーション」は、時間とともに描画内容を変化させる技術です。そして「データの管理と処理」は、ゲームの情報を保持して必要に応じて変更する技術です。

最初の4つ「画面の表示」「音声の再生」「入力」「アニメーション」は、WebページのJavaScriptの機能を利用して作ります。最後の「データの管理と処理」は、プログラムを用いて独自に作ります。

1-3 リバーシのルールを書いてみよう

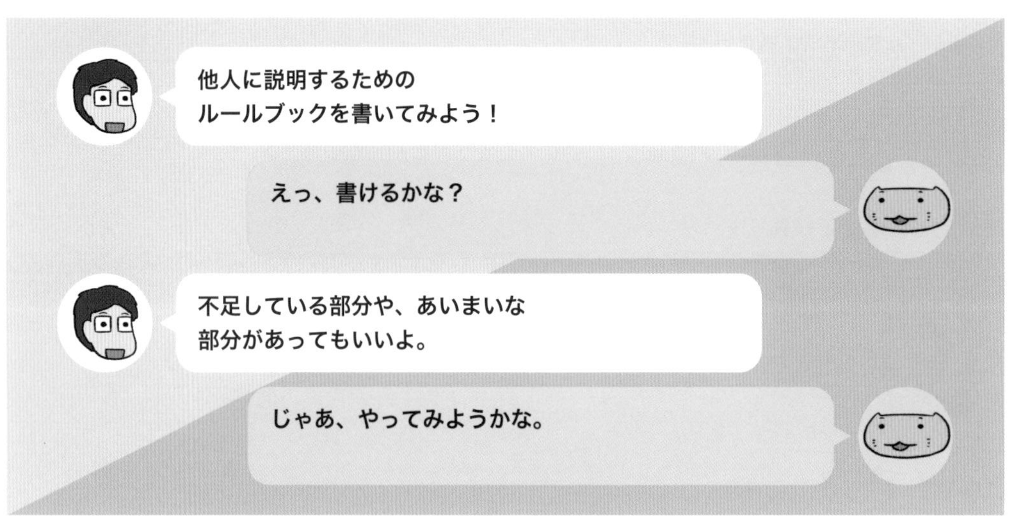

ルールを書いてみよう

開発の準備を進める前に、少し立ち止まり、リバーシを他人に説明するためのルールを書いてください。この作業は、コンピューター向けのプログラムを書くための第一歩になります。不足している部分や、あいまいな部分があっても構いません。詳しい部分は、実際にプログラムを書く段階で詰めていきます。

ルールを書くときの注意点を挙げます。

1. プレイヤーや、使用する道具について書く。
2. ゲームを始めるときの準備について書く。
3. ゲームを進める手順について書く。
4. ゲームを終了する条件について書く。
5. 勝敗の判定方法について書く。

1～2は、プログラムを書くときの「データの内容」になります。3～5は、プログラムを書くときの「処理の内容」になります。

プログラムを書くときには、こうした情報の切り分けが必要になります。

簡単な例

リバーシのルールの簡単な例を示します。プログラムとしては不足していますが、人間ならプレイできるでしょう。

- プレイヤーは2人。先手番の色は黒、後手番の色は白。
- 道具は「横8マス、縦8マスの盤面」が1つ。「表が黒、裏が白の石」が64個。
- ゲーム開始前に、盤面中央の横2、縦2の4マスに、黒石と白石を市松模様に並べる。
- 手番プレイヤーは、空いたマスに自分の色の石を置く。
  - ただし、石を置くマスから縦横斜めの8方向に見ていき、すきまなく並んだ相手の石を、自分の石ではさめなければならない。
  - はさんだ石を裏返して自分の色にする。
- 先手番、後手番の順に、空いたマスに自分の色の石を置く。
  - 石を置けるマスがない場合はパスとなり、次の人に手番が移る。
- ゲームは、互いに石を置けないと終了する。
  - マスが全て埋まったときも、互いに石を置けなくなるので終了する。
- ゲームが終了したら、黒石と白石を数えて、石の数が多いプレイヤーが勝者となる。

自分でルールを書けたでしょうか？　このあと開発の準備をして、プログラムを書いていきます。

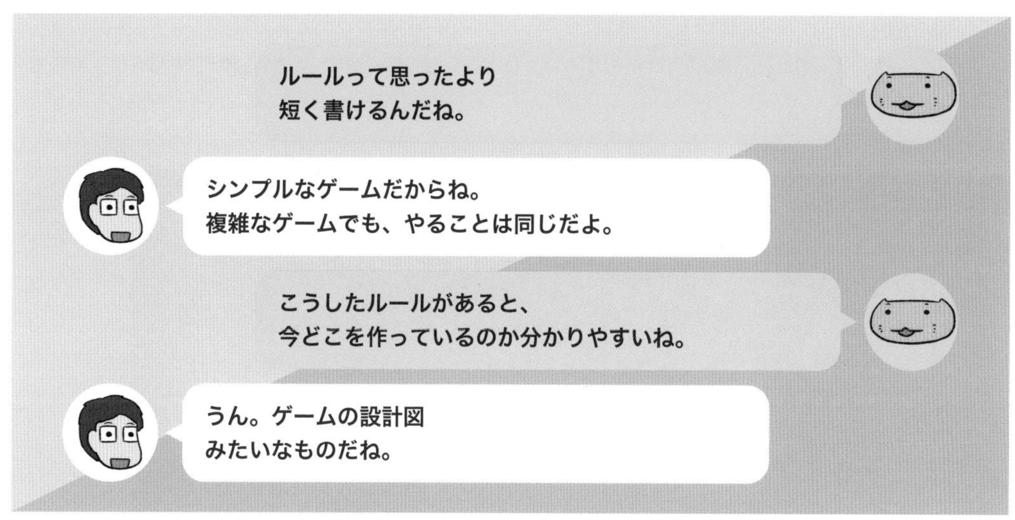

1-4 プログラムを書くツールをインストールしよう

次は開発環境を作っていきましょう。プログラムはメモ帳でも書けます。しかし専用のエディターを利用することで、効率的にバグ（誤り）のないプログラムを書けます。

Visual Studio Code

この本では「**Visual Studio Code**というコード エディターを利用します。「Visual Studio Code」は「**VSCode**」と略すことが多いです。この本でも「VSCode」の表記で説明します。

「VSCode」は、次のURLから入手できます（Web検索エンジンで「VSCode」と検索しても出てきます）。ダウンロードしてインストールしてください。

> Visual Studio Code - コード エディター | Microsoft Azure
> https://azure.microsoft.com/ja-jp/products/visual-studio-code

「VSCode」でプログラムを書くときは、フォルダーを「プロジェクト」として読み込みます。

「VSCode」のウィンドウに、フォルダーをドラッグ＆ドロップしてください。読み込んだフォルダーの中にあるフォルダーやファイルが、ツリー表示されます。

▼ツリー表示

「VSCode」には、プログラムを効率的に書くためのさまざまな機能があります。そのいくつかを紹介します。

シンタックスハイライト

ファイルを開くと、「.html」や「.js」などの拡張子に合わせて内容が色付けされます。また、その形式での誤りがあると、赤波線で指摘が入ります。

エクスプローラー

左の柱にある アイコンをクリックすると、プロジェクト内のファイルやフォルダーがツリー表示されます。

ツリー内のファイルをクリックすると、エディターで開けます。またツリーの上部右側に表示される ボタンをクリックすると、ファイルやフォルダーを作れます。

アウトライン

エクスプローラーのツリー表示の下にある「OUTLINE」をクリックすると、プログラムの見出しが表示されます。多い行数のファイルでも、素早く目的の場所に移動できます。

▼アウトライン

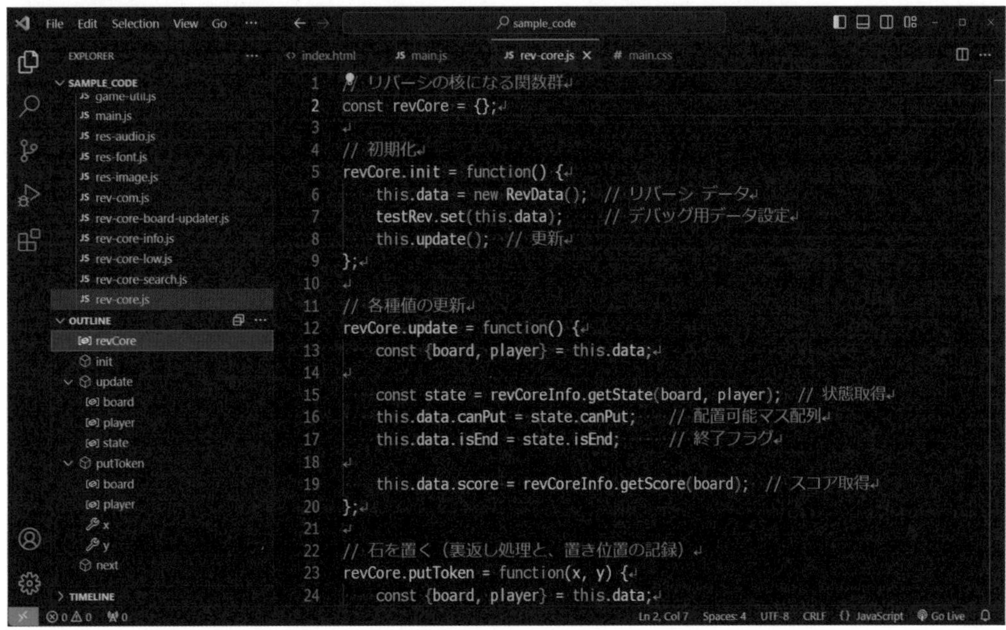

タブ

開いたファイルはタブ表示できます。複数のファイルを開いたときは、素早く切り替えられます。

▼タブ

設定

設定はCtrl+,で開けます。大量にある設定は、検索で絞り込めます。

▼設定

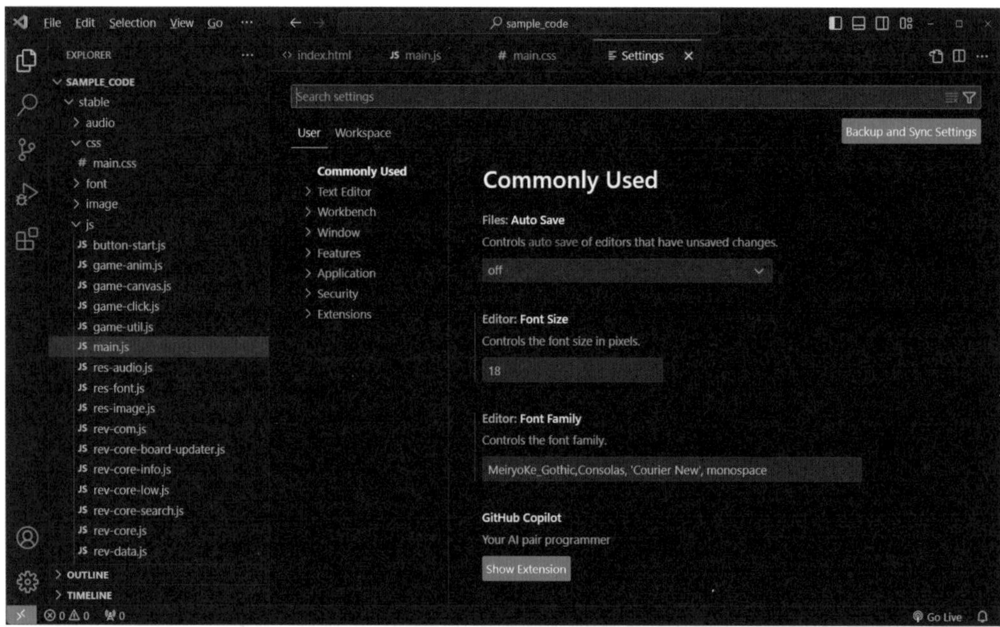

どのような設定が使いやすいかは人によって異なります。しばらく使って「こうなっているといいな」と思ったらWeb検索してください。さまざまな設定を解説しているWebページが見つかります。

自分で全ての設定を確認するのは大変です。「VSCode」には膨大な設定があります。そのため先人の知恵を借りるのがよいです。

ファイル内を検索

エディター操作中にCtrl＋Fキーを押すと、現在開いているファイル内を検索できます。検索で一致した場所は、右のスクロールバーに色付き表示されます。入力欄左横の「>」をクリックすると置換もできます。

▼ファイル内を検索

```
// リバーシの核になる関数群
const revCore = {};

// 初期化
revCore.init = function() {
    this.data = new RevData();  // リバーシ データ
    testRev.set(this.data);     // デバッグ用データ設定
    this.update();  // 更新
};

// 各種値の更新
revCore.update = function() {
    const {board, player} = this.data;

    const state = revCoreInfo.getState(board, player);  // 状態取得
    this.data.canPut = state.canPut;    // 配置可能マス配列
    this.data.isEnd = state.isEnd;      // 終了フラグ
```

プロジェクト内を検索

左の柱にあるアイコンをクリックすると、プロジェクト内を検索できます。こちらも検索で一致した場所は、右のスクロール欄に色付き表示されます。入力欄左横の「>」をクリックすると置換もできます。入力欄下の「…」をクリックすると、対象ファイルをしぼりこめます。

▼プロジェクト内を検索

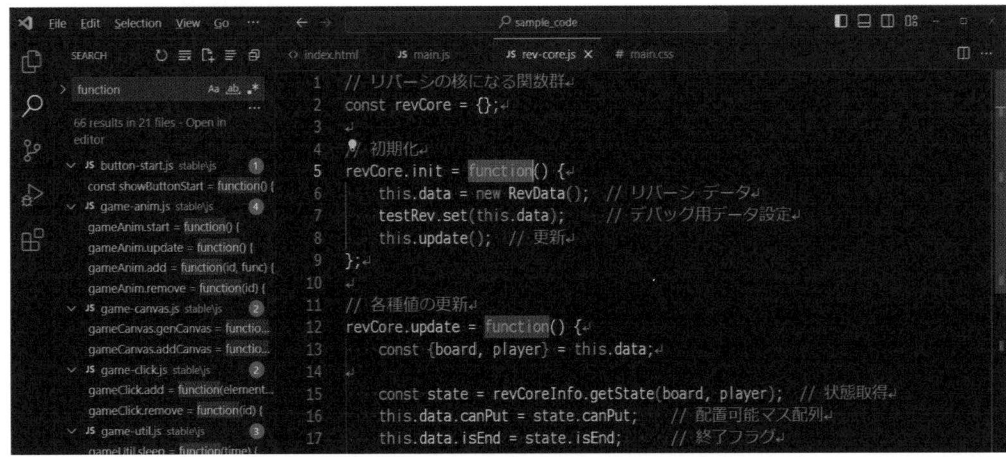

1-5 開発向きのWebブラウザーをインストールしよう

Webページの表示確認は、Webブラウザーでおこないます。Webブラウザーは、JavaScriptの主要な実行環境です。

Google Chrome

この本では「**Google Chrome**」というWebブラウザーを利用します。「Google Chrome」は「**Chrome**」と略すことが多いです。この本でも「Chrome」の表記で説明します。

Web開発の現場では「Chrome」が標準的です。さまざまな開発ツールから、標準ブラウザーとして呼び出されるので導入しておいた方がよいです。

「Chrome」は、次のURLから入手できます（Web検索エンジンで「Chrome」と検索しても出てきます）。ダウンロードしてインストールしてください。

> Google Chrome - Google の高速で安全なブラウザーをダウンロード
> https://www.google.com/intl/ja_jp/chrome/

「Chrome」でサンプルを開くときは、「index.html」などのHTMLファイルを、ウィンドウにドラッグ&ドロップしてください。そうするとWebページが表示されます。

コンソールの表示

JavaScriptのプログラムを「Chrome」で確認するときは、デベロッパー ツール（開発者ツール）のコンソールをよく利用します。

▼デベロッパー ツールのコンソール

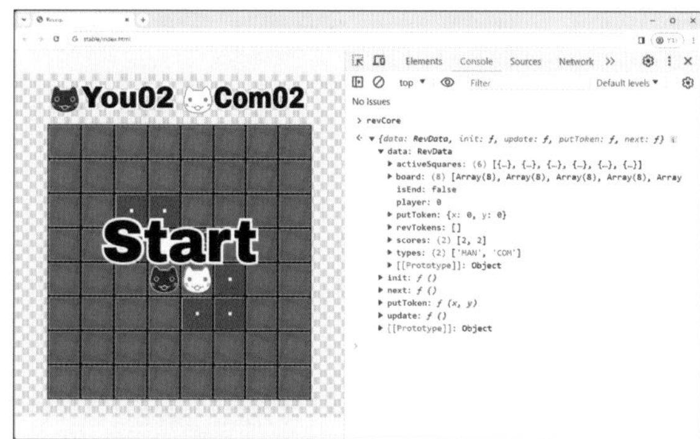

コンソールは、右上に並んでいるタブの「Console」です。コンソールには、プログラムから出力した情報や、バグ（誤り）の情報が表示されます。

デベロッパー ツールのコンソールは、次の方法で開けます。

1. F12キーあるいはCtrl＋Shift＋Iキーを押す。デベロッパー ツールが開く。
2.「Console」タブをクリックする。

プログラムを書くあいだは、常にコンソールを表示しておくとよいです。

コンソールに▶マークがある場合

コンソールに「▶」マークがある場合は、クリックして詳細情報を開けます。情報はツリー状に展開されます。

▼ツリー状に展開

```
<· ▼ {data: RevData, init: f, update: f, putToken: f, next: f} i
     ▼ data: RevData
       ▶ activeSquares: (6) [{…}, {…}, {…}, {…}, {…}, {…}]
       ▶ board: (8) [Array(8), Array(8), Array(8), Array(8), Array
         isEnd: false
         player: 0
       ▶ putToken: {x: 0, y: 0}
       ▶ revTokens: []
       ▶ scores: (2) [2, 2]
       ▶ types: (2) ['MAN', 'COM']
       ▶ [[Prototype]]: Object
     ▶ init: f ()
     ▶ next: f ()
     ▶ putToken: f (x, y)
     ▶ update: f ()
     ▶ [[Prototype]]: Object
```

プログラムからの情報出力

プログラムから情報を出力するときは`console.log()`という命令を使います。`( )`の中に表示したい情報を書くと、その内容をコンソールに送れます。

エラーの情報

プログラムでエラーが発生したときには、コンソールに赤い背景で情報が表示されます。

▼エラーの情報

英語の文章部分はエラーの内容です。「at main.js:2:8」の部分は「ファイル名」「行数」「何文字目か」の情報です。右端の「main.js:2」は、エラー以外でも表示される「ファイル名」「行数」の情報です。

プログラムでは、こうした情報をもとに誤りを直していきます。

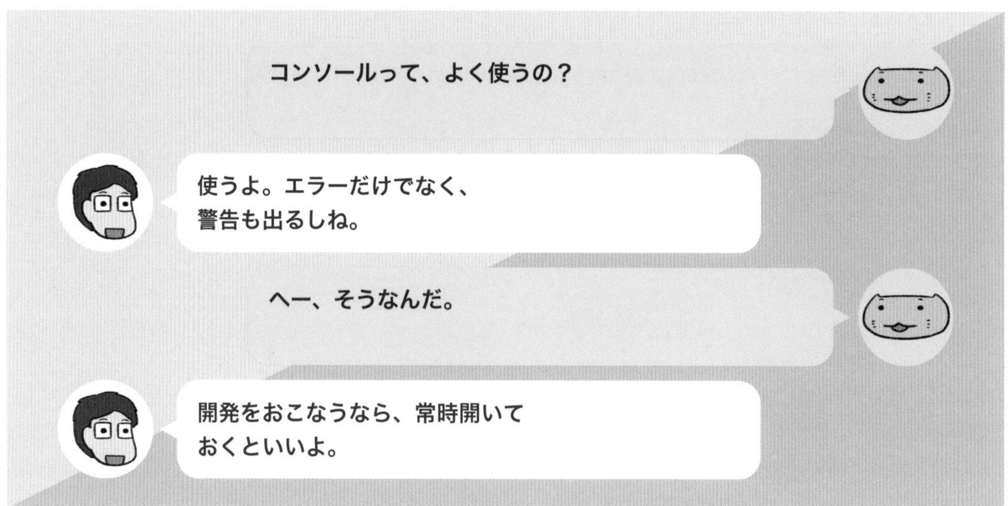

1-6 Webブラウザーが読み込むファイルを知ろう

Webブラウザーが読み込むファイル

この本ではWebブラウザー上で動くリバーシを作ります。Webブラウザーはさまざまなファイルを読み込みます。そうしたファイルについて紹介します。

▼Webブラウザーが読み込むファイル

種類	拡張子	説明
HTMLファイル	.html	Webページの本体。`<body>～</body>`のようなタグで文書を記述する。
CSSファイル	.css	Webページの見た目を定義する。HTMLファイルから`<link>`タグで読み込む。
JavaScriptファイル	.js	プログラム。Webページの表示を変えたり、データをもとに処理をおこなったりする。HTMLファイルから`<script>`タグで読み込む。
画像	.png .jpg など	HTMLファイルから`<img>`タグで読み込む。CSSやJavaScriptから読み込むこともある。
Webフォント	.woff など	文字の形のデータ。CSSファイルから`@font-face`で読み込む。
音声	.mp3 など	HTMLファイルから`<audio>`タグで読み込む。JavaScriptから読み込むこともある。

この中でも特に重要なのはHTML、CSS、JavaScriptファイルです。これらのファイルについて、リバーシを作る上で必要な内容に限定して説明します。

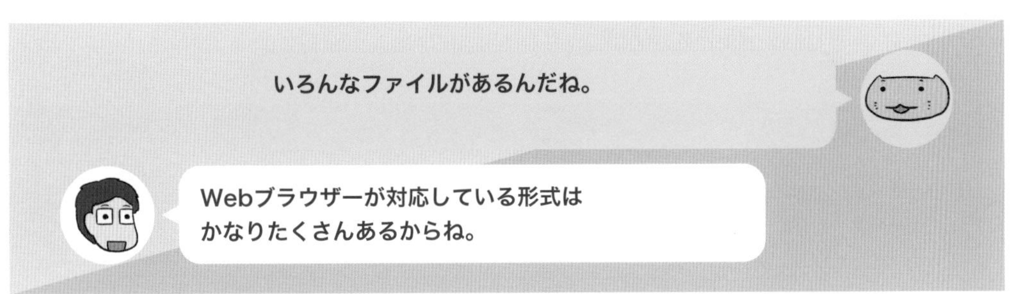

1-7 HTMLファイルを知ろう

HTMLファイルは、拡張子が「.html」のファイルです。

タグ

HTMLファイルの中身は、タグの入れ子構造になっています。タグは、< >ではさんだ部分です。

タグの構造が分かる例を示します。

```
<タグの名前A 属性の名前="属性の値">
    さまざまな文章1。
    <タグの名前B 属性の名前="属性の値">
        さまざまな文章2。
    </タグの名前B>
</タグの名前A>
```

タグにはhead body divのような名前があります。タグは<タグの名前>（開始タグ）で始まり、</タグの名前>（終了タグ）で終わります。開始タグと終了タグのあいだには、文章やタグを書けます。

入れ子になった内容は、半角のスペースでインデントします。スペースの数は、2や4が多いです。

タグの中には、img brなどのように開始タグしかないものもあります。こうしたタグは、あいだに文章やタグは書けません。

タグは、名前のあとにスペースを空けて属性を書けます。属性はないこともあれば、複数のときもあります。

属性は属性の名前="属性の値"と書きます。たとえばimgタグにはsrc属性があります。<img src="cat.png">と書くことで、このタグの場所に、画像「cat.png」が表示されます。

リバーシで使うHTMLファイルを見てみましょう。

stable/index.html

```
<!DOCTYPE html>
<html lang="ja">
  <head>
    <meta charset="utf-8">
    <meta name="viewport" content="width=device-width, user-scalable=0">
    <title>Reversi</title>
```

```
    <link rel="stylesheet" type="text/css" href="css/main.css">
    <link rel="stylesheet" type="text/css" href="font/ArchivoBlack.css">
    <script src="js/app-click.js"></script>
```

```
  </head>
  <body oncontextmenu="return false;">
    <div id="reversi"></div>
  </body>
</html>
```

いくつかのタグについて簡単な説明をおこないます。

▼HTMLのタグ

タグ	説明
<html>	HTMLファイルの本体。
<head>	Webページに表示されない領域。文書の定義などを書く。
<meta>	メタ情報。Webブラウザーに対する設定を書く。
<title>	Webブラウザーのタイトル欄に表示する内容。
<link>	CSSファイルを読み込む。
<script>	JavaScriptファイルを読み込む。
<body>	Webページの本体。Webブラウザーの画面に表示する内容を書く。
<div>	コンテンツ区分（Division）。HTML上の役割はなく、内容を区分けするのに使う。

相対パスと絶対パス

他のファイルを参照するときには、相対パスと絶対パスという2つの書き方があります。

相対パスは「自分のファイルの位置」を基準にした書き方です。自分のファイルが「index.html」のときの例を示します。

▼相対パスの例

相対パス	説明
cat.png	「index.html」と同じフォルダー内の「cat.png」。
img/dog.png	「index.html」と同じ階層にある「img」フォルダー内の「dog.png」。
./img/dog.png	「index.html」と同じ階層にある「img」フォルダー内の「dog.png」。 「./」は現在のフォルダーを意味する。
../img/cow.png	「index.html」の1つ上の階層にある「img」フォルダー内の「cow.png」。 「../」は1つ上のフォルダーを意味する。

▼ファイル構造

```
+ (親フォルダー)
    + index.html …… ここを基準にする
    + cat.png
    + img
        + dog.png
+ img
    + cow.png
```

絶対パスは、URLやファイルパスを省略しない書き方です。絶対パスの例を示します。

▼絶対パスの例

絶対パス
https://www.shuwasystem.co.jp/search/g13318.html
file:///C:/sample_code/stable/index.html

DOM

WebブラウザーはHTMLファイルを読み込むと、タグの構造を解析してDOM（Document Object Model）と呼ばれるデータ構造を作ります。

このデータはタグの入れ子を反映したツリー構造です。このとき、各タグは**要素（Element）**と呼ばれます。

▼DOMツリーの例

```
+ html
    + head
        + meta
        + meta
        + title
        + link
        + link
        + script
            ⋮
    + body
        + div
```

JavaScriptからWebページを操作するときは、このDOMに問い合わせをおこない、要素を得ます。そして要素に対して、値の読み書きなどをおこないます。

1-8 CSSファイルを知ろう

CSSファイルは、拡張子が「.css」のファイルです。

CSSファイルを読み込む

CSSファイルは、`<head>`タグ内に`<link>`タグを書いて読み込みます。

`<link>`タグは次のように書きます。`href`属性の値としてCSSファイルのパスを指定します。ここでは「css/main.css」を読み込みます。

```
<link rel="stylesheet" type="text/css" href="css/main.css">
```

CSSファイルの書き方

CSSファイルでは、HTMLのさまざまな要素に対してスタイルを指定します。CSSファイルの書式を示します。

```
選択対象 {
    スタイルの種類A: スタイルの値A;
    スタイルの種類B: スタイルの値B;
}
```

選択対象は、セレクターと呼ばれる、要素を指定する特殊な記法で書きます。ここでは簡単な4種類だけを紹介します。

▼セレクター

セレクター	例	選択対象
*	*	全ての要素
タグ名	body	そのタグ名の要素
#ID名	#reversi	タグのid属性の値が一致するもの (例：id="reversi")
.クラス名	.token	タグのclass属性の値が一致するもの (例：class="token")

選択対象は`html, body`のように`,`区切りで複数書けます。

また、`#reversi canvas`のようにスペース区切りで書くと、IDが`reversi`の要素の配下に存在する`canvas`要素という意味になります。

選択対象を指定したあと、`{ }`の中に、スタイルの種類と値を`:`区切りで書きます。また各スタイルは`;`で区切ります。

CSSのコメント

CSSの記述の中で`/* */`で囲った領域は、コメントとして無視されます。コメントは、CSSとして解釈されません。そのためCSSの記法とは関係なく、自由に文章を書けます。コメントには、見出しや説明などを書きます。

```
/*
    段組み部分のスタイル
    classがcolumnの要素に適用する。
*/
.column {
    margin: 0.5em;      /* 外余白、0.5文字分 */
    padding: 0.5em;     /* 内余白、0.5文字分 */
}
```

この本のリバーシで使うCSSファイル

この本のリバーシで使うCSSファイルを示します。

stable/css/main.css

```
/* フルサイズ表示 */
html, body {
    width: 100%; height: 100%;
    margin: 0; padding: 0;
    overflow: hidden;
}
#reversi { margin: 0; padding: 0; }
#reversi canvas {
    position: absolute;
    top: 0; bottom: 0; left: 0; right: 0;
    margin: auto;
}

/* タッチ時のハイライトやメニュー表示などを無効 */
* {
```

```
016     -webkit-tap-highlight-color:rgba(0, 0, 0, 0);
017     -webkit-touch-callout: none;
018     -webkit-user-select: none;
019     user-select: none;
020 }
021
022 /* 背景色 */
023 body { background: #fff8ae; }
```

1～12行目は、リバーシをWebページのサイズいっぱいで表示するための設定です。

2行目では、`,`区切りで複数の選択対象を並べています。ここでは、`html`と`body`要素にスタイルを設定します。

スタイルの設定は､3～5行目です。`width`（横幅）と`height`（高さ）を`100%`にして、`margin`（外余白）と`padding`（内余白）を`0`にします。また`overflow`（はみ出し時の挙動）を`hidden`（隠す）にします。

7行目では、IDが`reversi`の要素にスタイルを設定します。ここでは、`margin`（外余白）と`padding`（内余白）を`0`にします。

8行目は、スペースで区切ることで、入れ子になった要素を指定します。ここでは、IDが`reversi`の要素内にある`canvas`要素にスタイルを設定します。

スタイルの設定は、9～11行目です。`position`（位置）を`absolute`（絶対位置）にして、`top` `bottom` `left` `right`を`0`にします。また、`margin`を`auto`（自動）にします。

14～20行目は、Webページをゲーム用の動作にするための設定です。`*`を使い、全ての要素を指定します。

ここでは、タッチ時のハイライトやメニューを無効にします。`-webkit`と付いている設定は、Webブラウザーの種類に依存した設定です。

22～23行目は、背景色を設定します。ここでは淡い黄色にします。色の書き方については、のちほど説明します。

この本はCSSの解説書ではないので最小限の説明にとどめます。より詳しく知りたい方は、知識の枝葉を広げるためにCSSの専門書を手にとってください。

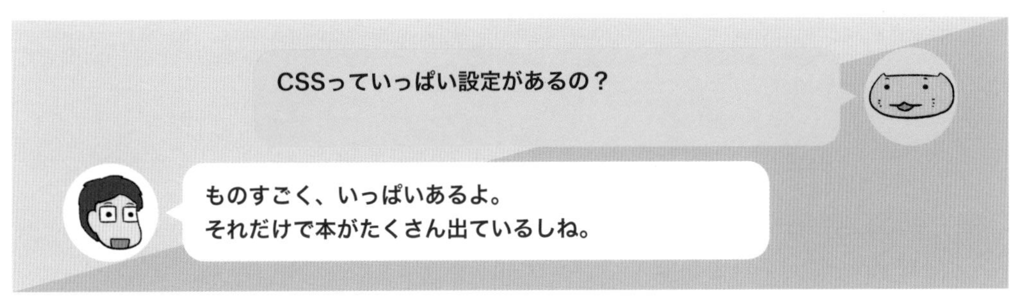

1-9 JavaScriptファイルを知ろう

JavaScriptファイルは、拡張子が「.js」のファイルです。

JavaScriptファイルを読み込む

JavaScriptファイルは`<script>`タグを書いて読み込みます。
`<script>`タグは次のように書きます。

```
<script src="js/main.js"></script>
```

`src`属性の値としてJavaScriptファイルのパスを書きます。ここでは「js/main.js」を読み込みます。

コンソールに表示する例

シンプルなHTMLファイルとJavaScriptファイルの例です。HTMLファイルの6行目で、JavaScriptファイル「js/main.js」を読み込みます。

chapter-1/1-a/index.html

```
001 <!DOCTYPE html>
002 <html lang="ja">
003   <head>
004     <meta charset="utf-8">
005     <title>Sample</title>
006     <script src="js/main.js"></script>
007   </head>
008 </html>
```

chapter-1/1-a/js/main.js

```
// コンソールに情報を表示
console.log('文字列を出力1');
console.log('文字列を出力2');
```

[F12]キーあるいは[Ctrl]+[Shift]+[I]を押してデベロッパー ツールを開いてください。そして「Console」タブを選択してコンソールを表示してください。

「文字列を出力1」「文字列を出力2」と表示されます。

▼コンソールに表示

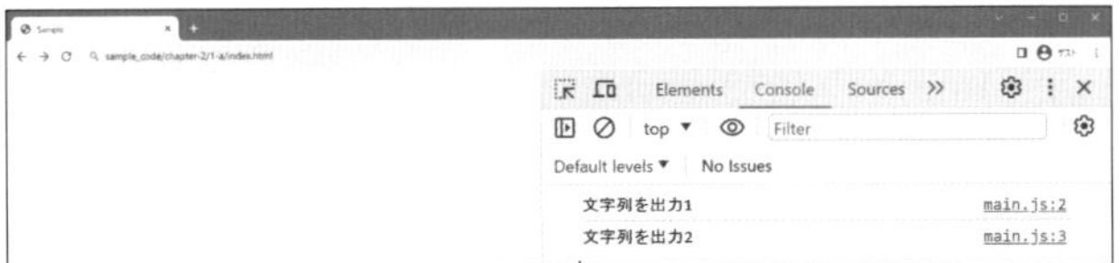

JavaScriptを書く上でのルールを、少し説明します。

文字列

文字列は「0個以上の文字」を意味するプログラミングの用語です。JavaScriptでは、`'` `"` `` ` ``のいずれかで囲うことで文字列を作れます。

```
'文字列'
"文字列"
`文字列`
```

次のプログラムは、「コンソールに、文字列テストを表示する」という意味になります。

```
console.log('テスト');
```

処理の順番と区切り

JavaScriptファイルは、上の行から下の行に向けて順に実行されます。1つの行に複数の処理が書いてある場合は、左から順に実行されます。

▼処理の順番

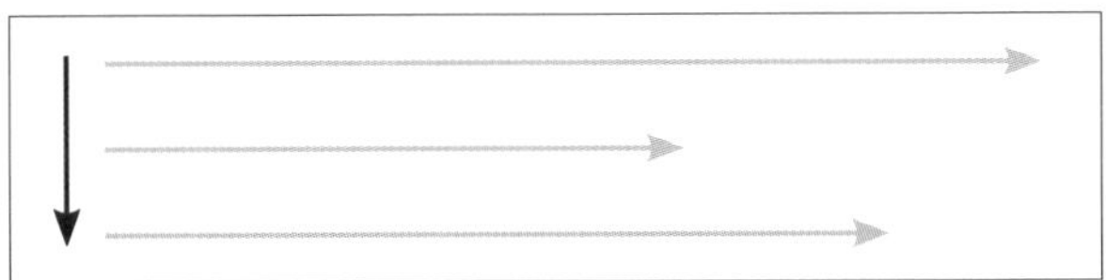

JavaScriptでは、改行か`;`で処理が区切られます。各行の末尾の`;`は、あってもなくてもよいです。1行に2つ以上の処理を書く場合は必要ですが、処理が1つしかない場合は省略できます。

```
console.log('セミコロンあり');
console.log('セミコロンなし')
```

コメント

各行で//と書いてある右側はコメントです。コメントはプログラムとして実行されず無視されます。コメントには、プログラムの見出しやメモなどを書きます。

同様に/* */のあいだもコメントです。こちらは複数行にわたって効果があります。

```
// コメント
プログラム  // コメント

/* コメント
コメント
コメント */
```

プログラムの一部を、コメントを使って実行しないようにすることをコメントアウトと呼びます。

```
プログラム1
//プログラム2
プログラム3
```

コンソールに情報を表示

JavaScriptファイルのconsole.log(～)は、コンソールに情報を表示する命令です。( )内に書いた内容がコンソールに表示されます。

```
console.log('文字列を出力1');
console.log('文字列を出力2', '文字列を出力3');
```

複数の情報を書くときは,で区切ります。文字列以外にも、さまざまな種類の値を表示できます。値の種類については、のちほど学びます。

```
console.log('文字列', 123, true);
```

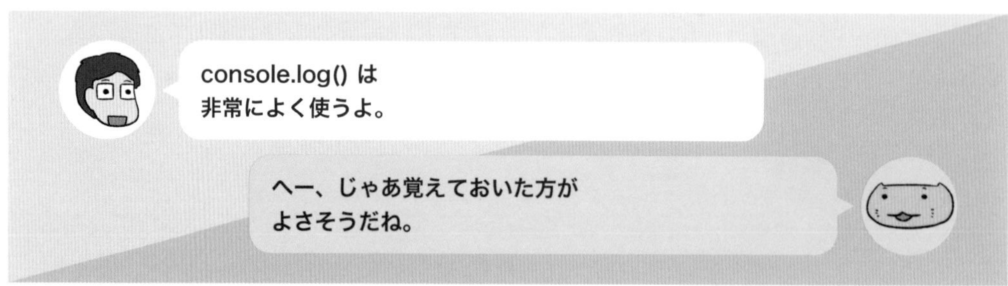

1-10 DOMを操作してみよう

DOMを操作する例

もう1つ、プログラムの例を示します。DOMの読み込みを待ち、Webページに情報を表示します。

HTMLファイルとJavaScriptファイルを示します。

chapter-1/1-b/index.html

```
<!DOCTYPE html>
<html lang="ja">
  <head>
    <meta charset="utf-8">
    <title>Sample</title>
    <script src="js/main.js"></script>
  </head>
  <body>
    <div id="target"></div>
  </body>
</html>
```

chapter-1/1-b/js/main.js

```
document.addEventListener('DOMContentLoaded', function() {
    document.querySelector('#target').textContent = '文字列を出力';
});
```

「Chrome」で読み込んだ画面です。`<div id="target"></div>`のところに「文字列を出力」と表示します。

▼DOMを操作

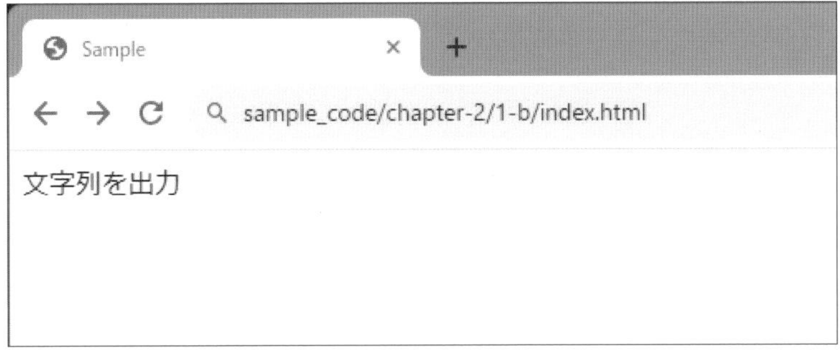

DOMの準備が整うのを待つ

今回の処理では、DOMを操作してWebページに文字列を追加しました。DOMを操作するためには、DOMの準備が整ってからプログラムを実行する必要があります。整う前にDOMを操作しようとすると失敗します。

「DOMの準備が整う」とは、どういうことでしょうか。HTMLファイルを読み込むときの処理の流れを見てみましょう。

▼HTMLファイルを読み込むときの処理の流れ

「index.html」の読み込み開始
　↓
「<script src="js/main.js"></script>」まで来て、「js/main.js」が読み込まれる
　↓
「js/main.js」が実行される
　↓
「index.html」の読み込みが進み、「</html>」まで来る
　↓
DOMの準備が整う
　↓
DOMの操作をおこなえる

プログラムの例の1行目と3行目は「DOMの操作をおこなえるようになるまで処理を待つ」ための記述です。

```
001 document.addEventListener('DOMContentLoaded', function() {

003 });
```

今の時点では「定型の書き方」という把握でよいです。プログラムの理解が進むと、処理の意味が分かります。

この処理を人間の言葉に翻訳すると次のようになります。

```
HTML文書に.イベントの受け付けを登録(DOMの中身を読み込み終わったら, 実行する処理() {
    実行する処理の内容
});
```

DOMの要素を操作する

2行目は、DOMの要素を操作する典型的な処理です。

```
002 	document.querySelector('#target').textContent = '文字列を出力';
```

`document.querySelector()`で要素を選択して、そのあとに`.textContent`を加えることで、要素内の文字列を読み書きします。

要素の選択方法はCSSと同じセレクターです。`'#target'`と書くことで、`id="target"`の要素が操作対象になります。

`=`は、記号の右側のデータを、左側に**代入**するという意味です。代入とは「新しいものを代わりに入れる」という意味です。代入の`=`はプログラミングで頻出します。数学のイコールとは意味が違うので注意が必要です。プログラミング初心者が混乱しやすいところです。

ここでは`'文字列を出力'`を、`id="target"`の要素の文字部分に入れます。

こちらも人間の言葉に翻訳してみましょう。

```
002 	HTML文書に.セレクターで要素を問い合わせ('idがtargetの要素').中身の文字列に 代入する '文字列を出力'
```

例で示したのは3行のプログラムですが「DOMの準備が整ってから、DOMを選択して中身を書き換える」という基本的な処理をおこなっています。

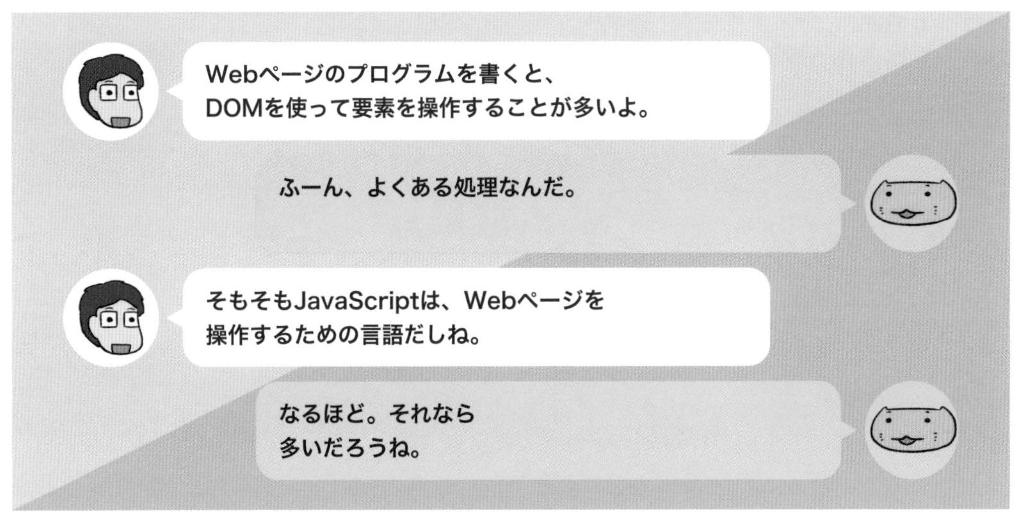

1-11 さまざまな書き方があることも知っておこう

ここは、読み飛ばしてかまいません。この本では詳しく触れませんが、HTMLファイルからJavaScriptのプログラムを利用する方法が他にもあります。

HTMLファイルに直接書く

HTMLファイルの<script>と</script>の間に直接プログラムを書けます。

chapter-1/2-a/index.html

```
<!DOCTYPE html>
<html lang="ja">
  <head>
    <meta charset="utf-8">
    <title>Sample</title>
    <script>
      console.log('文字列を出力');
    </script>
  </head>
</html>
```

この方法は、短いプログラムを書くためのものです。使うにしても簡単な処理にとどめるべきです。

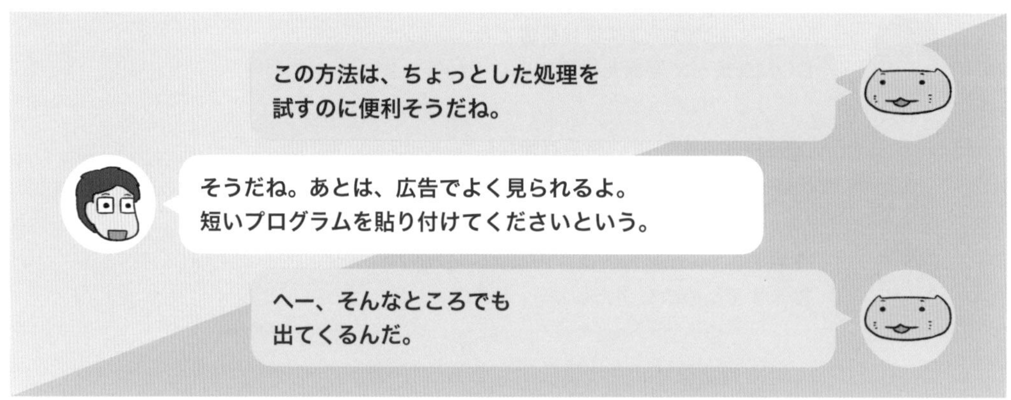

モジュールを使う

モジュールの仕組みを使えば、プログラムの中から、別のプログラムのファイルを読み込めます。この仕組みを使うには、<script type="module">のようにモジュールを使う宣言が必要です。

種類がモジュール（type="module"）のプログラムでは、import ～ from '～'の書き方で、別のプログラムのファイルを読み込めます。

chapter-1/2-b/index.html

```
<!DOCTYPE html>
<html lang="ja">
  <head>
    <meta charset="utf-8">
    <title>Sample</title>
    <script type="module">
      import main from './js/main.js';
      main();
    </script>
  </head>
</html>
```

chapter-1/2-b/js/main.js

```
export default function() {
    console.log('文字列を出力');
};
```

コンソール

```
文字列を出力
```

「main.js」は読み込まれるファイルです。

export default function()の部分は、「関数を既定値として外部に出す」という意味です。

import/exportを使う方法は、初心者がいきなりあつかうには少々複雑です。またローカルでは動かず、サーバーから読み込まないといけません。

この本では、import/exportを使った方法でプログラムを書かないので、詳細の説明は省きます。知識の枝葉を広げたいときは調べてみてください。

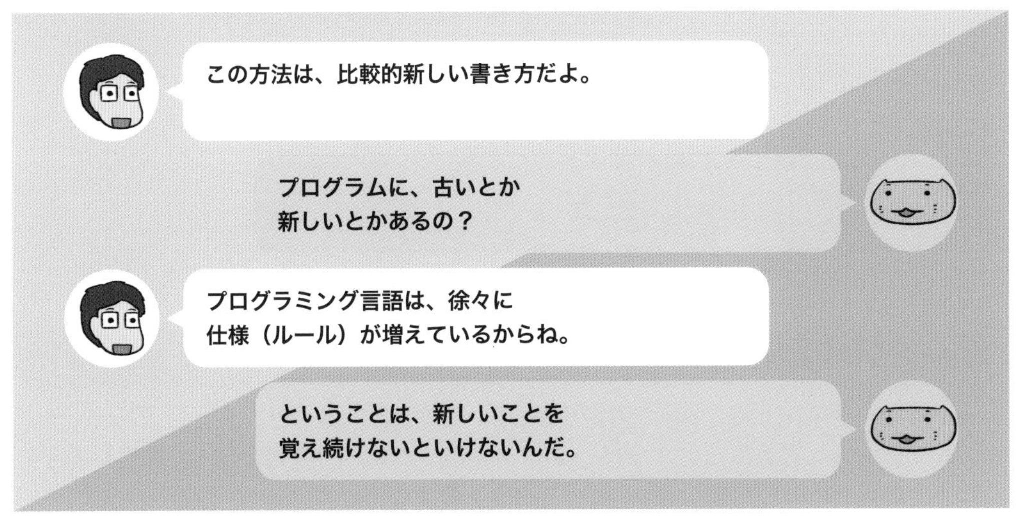

1-12 全体の構成を知っておこう

この本はそれなりのページ数があります。そのため、現在読んでいるところが、全体のどの部分に当たるのか見失うこともあるでしょう。

そうした迷子にならないために、いくつかの視点から、全体像を提示しておきます。自分が読んでいる場所が、全体のどこらへんに当たるのか分からなくなってきたら、この部分を読み返すとよいでしょう。

技術的な視点

まずは技術的な視点です。大きく分けて2つあります。プログラミング言語としてのJavaScriptの仕様と、Webブラウザーの利用についての仕様です。仕様というのは、その技術のルールのことです。

JavaScript自体は、Webブラウザー上で動くもの以外に、単独で動くものもあります（「Node.js」など）。JavaScriptの仕様と、Webブラウザーの仕様に分けて考えるのは、そのためです。

▼技術的な視点

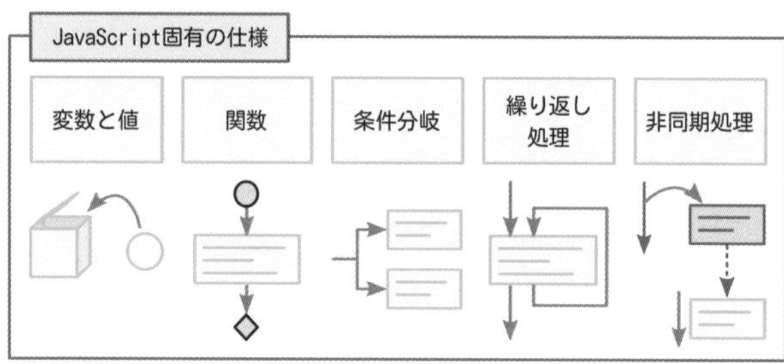

JavaScript固有の仕様

JavaScript固有の仕様について解説します。

プログラミング言語のほとんどは、データを扱うための「変数と値」、処理をまとめて部品化するための「関数」、値によって処理を変えるための「条件分岐」、大量のデータをあつかうための「繰り返し処理」の仕組みを持っています。

ひとつのプログラミング言語を覚えたあとに他の言語を学ぶときは、この書き方を確かめることが多いです。

JavaScriptでは、上の4つに加えて「非同期処理」が重要になります。非同期処理は、時間差でおこなう処理を書くためのものです。「ファイルの読み込みが終わったら処理をおこなう」「アニメーションが終わったら処理をおこなう」といった、何かが終わったら処理をおこなうためのルールです。JavaScriptでは、この非同期処理がさまざまな場面で出てきます。

それぞれの技術について、この本で学ぶ大まかな内容をまとめておきます。

▼JavaScript固有の仕様

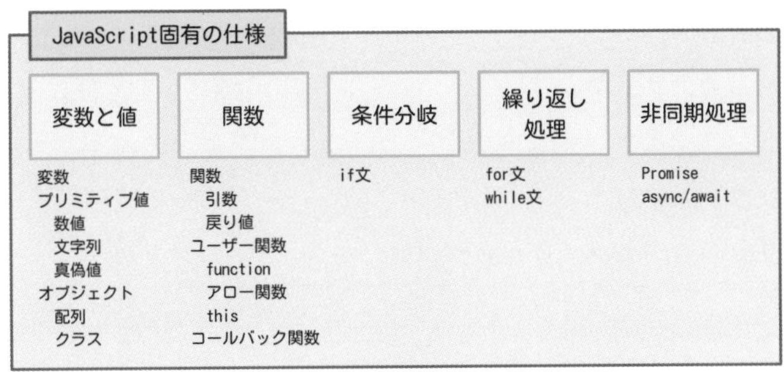

Webブラウザーの仕様

次は、Webブラウザーの仕様について解説します。

「DOM操作」というのは、Webページに表示されている部品を操作するためのものです。Webページの情報を読み取ったり、書き換えたり、追加や削除をしたりする方法です。

「イベント受付」というのは、読み込みを待ったり、要素のクリックを待ったりするための方法です。「canvas」は、ゲーム画面を描画する領域のことです。図形や画像や文字を描画する方法です。「各種リソース」は、画像やフォント、音声を読み込んで利用する方法です。

それぞれの技術について、この本で学ぶ大まかな内容をまとめておきます。

▼Webブラウザーの仕様

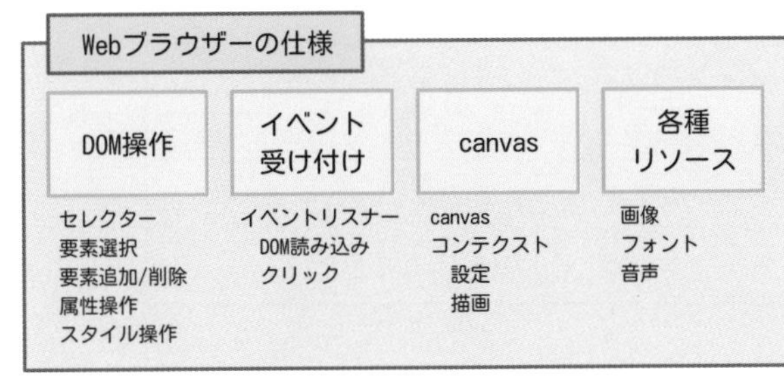

リバーシの構成

今回作るリバーシの構成も示しておきます。

盤面などのデータ	
RevData	リバーシ データ クラス
出力：人間への情報表示	
gameCanvas	canvasの生成とWebページへの追加
gameAnim	アニメーションの管理
appLayout	画面レイアウト
appView	画面表示
appEffect	ゲームのエフェクト
入力：人間からの情報受け取り	
gameClick	クリックの管理
appClick	ボタンや盤面のクリック時の処理
リソース管理	
resImage	画像の読み込み管理と描画
resFont	フォントの読み込み管理
resAudio	音声の読み込み管理と再生
appResource	リソースをまとめて読み込み
リバーシ内部処理	
revLow	基礎的な処理：盤面の読み取り
revMid	応用的な処理：盤面の操作
revCore	中核処理
revInfo	情報の取得
revUpdate	盤面の更新
revCom	敵アルゴリズム
testRev	テスト用のデータと命令
進行管理	
appProcess	アプリケーションの進行
appProcessEffect	進行にともなう演出
その他	
gameUtil	ユーティリティ（補助的な小さな命令）

第2章

プレイヤーや盤面や石などをプログラムで表現しよう（値）

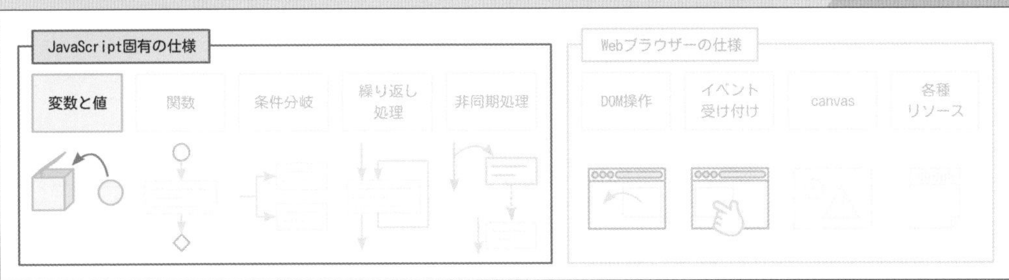

リバーシをプログラムで表現するって
どこから手を付ければいいのかなあ。

「プレイヤー」や「リバーシの道具」を
データで表現してみたらどうかな？

それはいいね。データを作るだけなら
簡単そうだし。

処理を書くよりは簡単だけど、
さまざまな種類のデータが出てくるよ。

えっ、いろいろとあるの？

うん。そしてデータは、変数というものに
入れてあつかうよ。

2-1 いろいろなデータに名前を付けよう（変数）

それでは「プレイヤー」や「リバーシの道具」を、プログラムで表現していきましょう。

変数の宣言と代入

プログラミングでは、データに`player`や`board`といった名前を付けてあつかいます。こうした名前を付ける方法を変数といいます。

変数は、データを入れて利用する箱のようなものです。変数に付けた名前のことを変数名といいます。変数にデータを入れることを代入といいます。変数は`let`文で宣言してから使います。

▼変数の宣言と代入

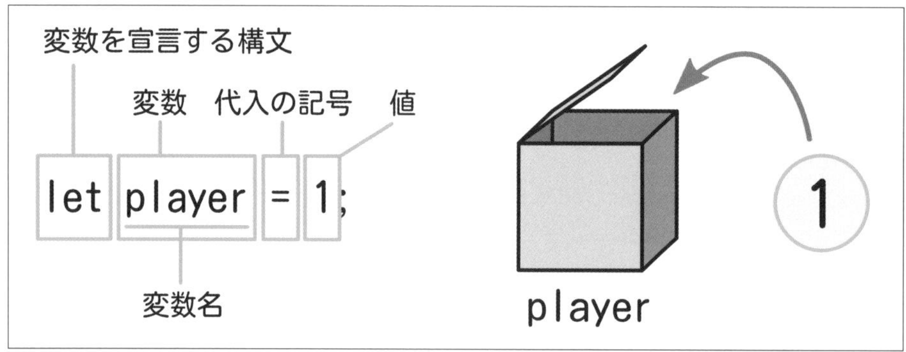

JavaScriptでは、変数名は小文字のアルファベットから始めるのが一般的です。変数名に使える文字は、大文字と小文字のアルファベット、数字、一部の記号（$、_）です。

数字は1文字目には使えず、2文字目から使えます。`name2`はよいですが`2name`はエラーになります。

変数にまつわる用語やルール

変数にすでにデータが入っているときに、新しいデータを入れることを再代入といいます。

変数は、プログラムのどこでも使えるわけではなく使える範囲が決まっています。この使える範囲のことをスコープといいます。

`let`文で宣言した変数のスコープ（有効範囲）は、プログラムの処理を囲む`{ }`の中です。

▼スコープ

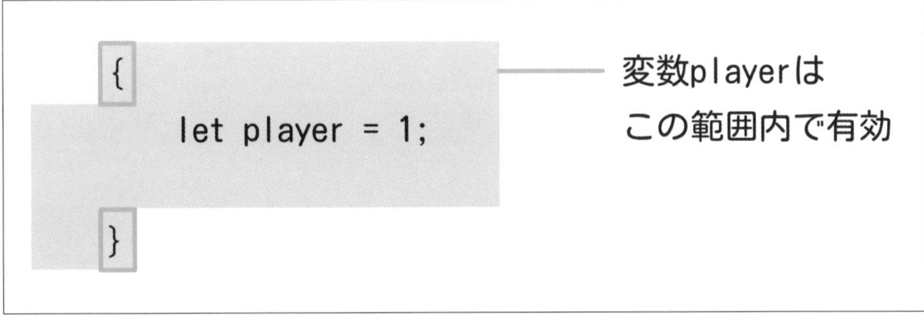

変数を宣言する3つの構文

変数を宣言する構文は3つあります。`let`、`const`、`var`です。それぞれ「再代入できるか」と「スコープの範囲」が異なります。

▼変数を宣言する3つの構文

構文	再代入	スコープ
`let`	○ 可能	`{ }`の範囲（ブロックスコープ）
`const`	× 不可	`{ }`の範囲（ブロックスコープ）
`var`	○ 可能	`function() { }`の範囲（関数スコープ）

`const`で作った変数は再代入ができず値を変えられません。そのため定数（定数変数）といいます。定数は変数の一種です。

`var`は古いJavaScriptの仕様です。新しくプログラムを書くときは、`let`か`const`を使うとよいです。

`let`文を使った簡単なプログラムを書きます。変数を宣言して値を代入したあとは、変数を書いた場所に、代入した値が適用されます。

```
let message = '文字列です';    // 変数を宣言
console.log(message);    // プログラム中で変数を使う　代入した値を利用できる
```

コンソール

```
文字列です
```

リバーシ用の変数を書く準備

それではこの仕組みを利用して、「プレイヤー」や「リバーシの道具」をプログラムで表現していきましょう。「js」フォルダーの中に「rev-data.js」というファイルを作り、HTMLファイルから読み込みます。

chapter-2/1/index.html

```
<!DOCTYPE html>
<html lang="ja">
  <head>
    <meta charset="utf-8">
    <meta name="viewport" content="width=device-width, user-scalable=0">
    <title>Reversi</title>
    <link rel="stylesheet" type="text/css" href="css/main.css">
    <script src="js/rev-data.js"></script>
  </head>
  <body oncontextmenu="return false;">
    <div id="reversi"></div>
  </body>
</html>
```

この時点では「rev-data.js」の中身は空です。このあと「rev-data.js」に、さまざまな変数を書いていきます。

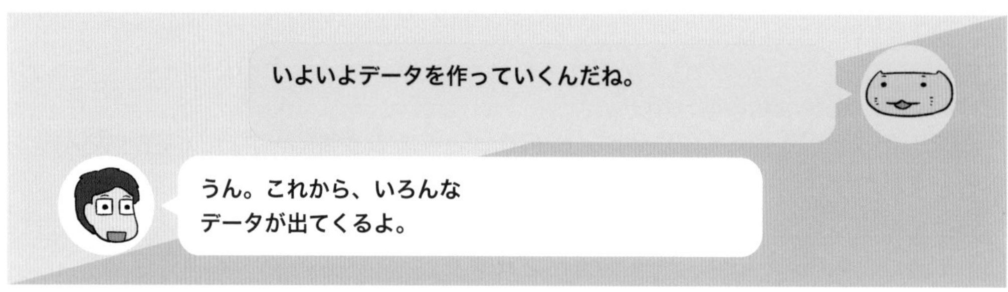

2-2 自分と相手、2人のプレイヤーを表そう（数値）

リバーシは2人で遊ぶゲームです。先手番のプレイヤーと後手番のプレイヤーで、交互に手番をおこないます。

人間が遊ぶ場合は、どちらが手番なのか迷うことはないです。しかし、プログラムで処理する場合は、何らかの方法で表す必要があります。

ここでは、先手番のプレイヤーを数値の`0`、後手番のプレイヤーを数値の`1`とします。

`1`と`2`でないのには理由があります。プログラムを書く上で都合がよいからです。その理由は、のちほど配列が出てきたときに分かります。

数値

JavaScriptでは次のような数値を、区別なくあつかえます。

- 整数：……,`-3`, `-2`, `-1`, `0`, `1`, `2`, `3`, ……
- 小数点数：……, `0.1`, `123.456`, `-123.456`, ……

整数は小数点の付かない数値です。小数点数はプログラミングの用語で、小数点を含む数値のことです。

整数も小数点数も変数に代入して利用できます。

```
let num1 = 1234;     // 整数
let num2 = 12.34;    // 小数点数
```

整数と小数点数は区別なくあつかえるので、そのまま足したり引いたりできます。

```
let num = 1000 + 12.34;        // 整数＋小数点数
console.log(num);              // 「1012.34」とコンソールに表示
```

JavaScriptの小数点数は、浮動小数点数と呼ばれるものです。この小数点数は、実数とは違い、誤差を含んでいます。

```
let num = 0.1 + 0.2;           // 小数点数を計算すると誤差が生じることがある
console.log(num);              // 「0.30000000000000004」とコンソールに表示
```

手番プレイヤーを表す変数

それでは、手番プレイヤーを表す変数を作ります。「rev-data.js」を開いて書き込みます。

変数名は`player`にします。ゲーム開始時は、先手番のプレイヤーが手番プレイヤーなので、`0`を代入します。また、プログラムの右側にコメントとして、変数の説明を書きます。

chapter-2/2/js/rev-data.js

```
let player = 0;          // 現在の手番プレイヤー
```

▼player

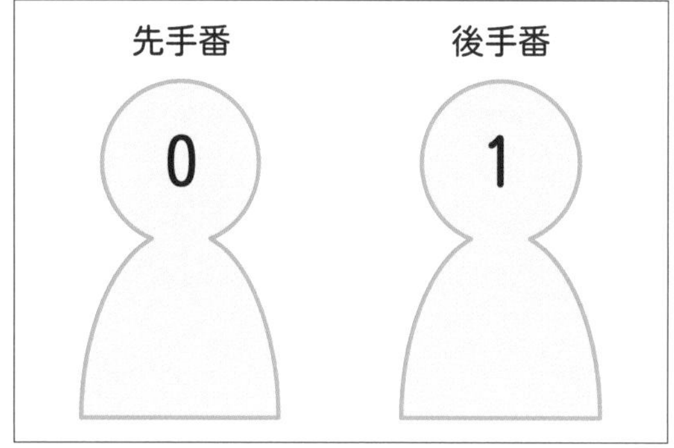

これで現在の手番プレイヤーを、プログラムで管理できるようになりました。

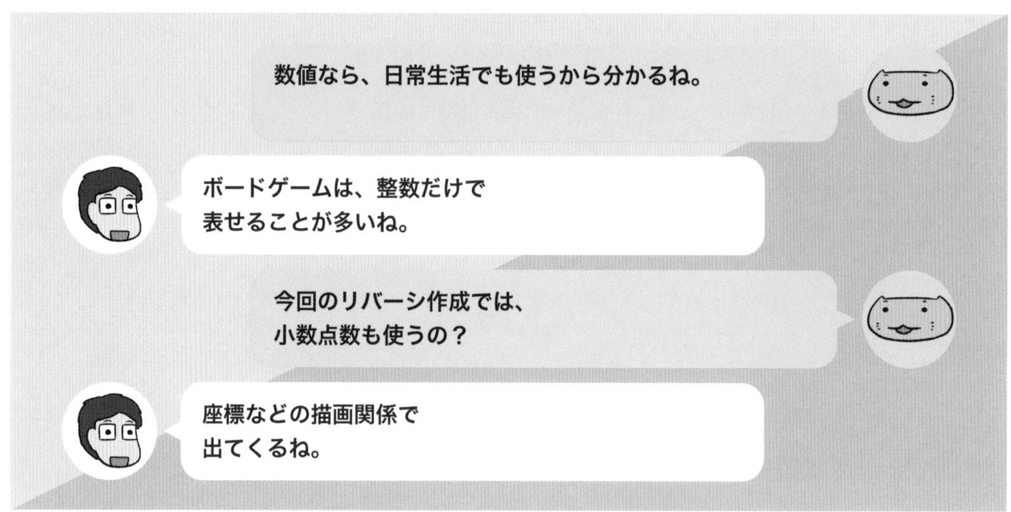

2-3 リバーシが終了しているか·いないかを表そう（真偽値）

リバーシが終了したら勝敗を表示します。そのために、リバーシが終了しているか、いないかを表す変数を用意します。

真偽値

「リバーシの終了を表す変数」に代入する値は、数値でもよいのですが、もっと相応しい値があります。「真（正しい）」と「偽（正しくない）」のどちらかの値になる**真偽値**（boolean）です。真は`true`と書き、偽は`false`と書きます。

▼真偽値

値	読み	真偽	意味
`true`	トゥルー	真	正しい、○
`false`	フォルス	偽	正しくない、×

キャメルケース

ゲームの終了を表す変数の名前は`isEnd`にします。JavaScriptでは変数名を小文字から始めます。そして、単語が変わるところで大文字にします。こうした書き方を、ラクダのコブに似た様子から**キャメルケース**と呼びます。

プログラミングでは`_`（アンダースコアー）で単語を区切る**スネークケース**もよく使います。JavaScriptでは、変数や関数（あとで出てくる）の名前はキャメルケースで書きます。

```
addEventListner      // キャメルケース
add_event_listner    // スネークケース
```

▼ラクダ

▼ヘビ

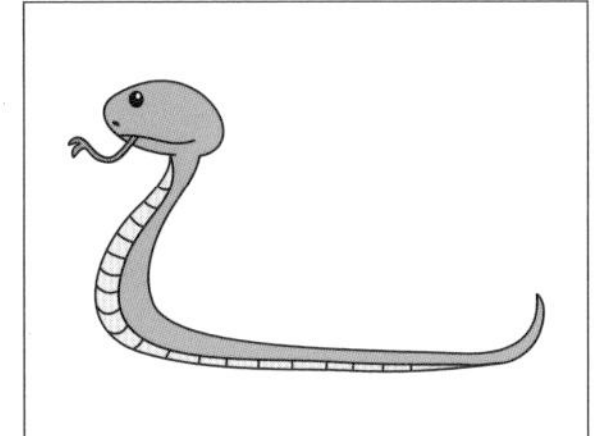

リバーシが終了しているかを表す変数

それでは「リバーシが終了しているかを表す変数」を作りましょう。「rev-data.js」に書き加えます。

開始時は、ゲームは終了していないので`false`（偽、正しくない、×）を代入します。

chapter-2/2/js/rev-data.js

```
let isEnd = false;        // 終了フラグ
```

▼isEndの状態

値	状態
`false`	ゲームはまだ終わっていない
`true`	ゲームは終わっている

こうしたオン・オフの状態を表す変数のことを「フラグ」とよく呼びます。「終了フラグ」とは、「終了しているか、いないかを表す変数」といった意味です。

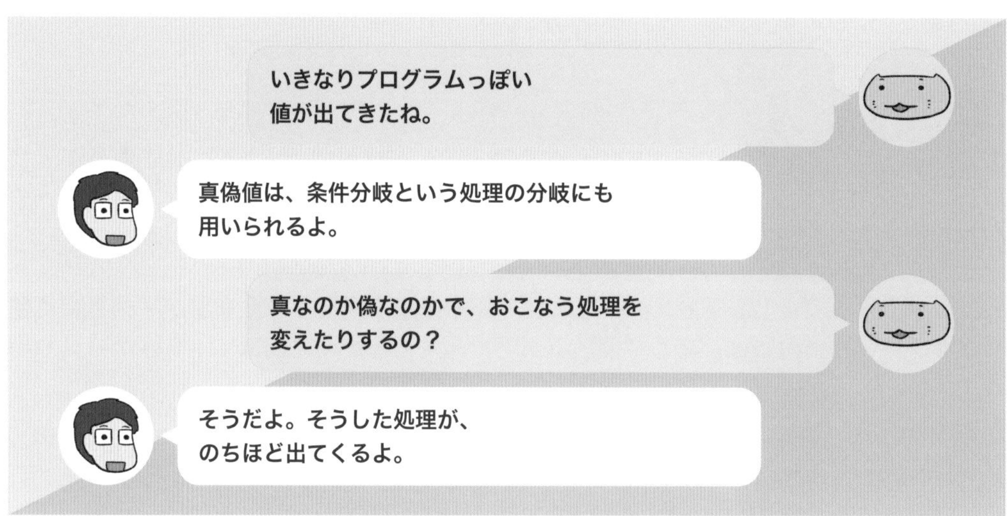

2-4 黒･白の石の数を表そう（配列）

ゲームでは得点（石の数）を表示したいです。得点を表す変数を用意しましょう。

配列

得点を表す変数を、先手番と後手番の2つ作ってもよいですが、1つの変数であつかえると便利です。こうした「同じような値」をまとめてあつかう**配列**という仕組みが、プログラムにはあります。

▼配列

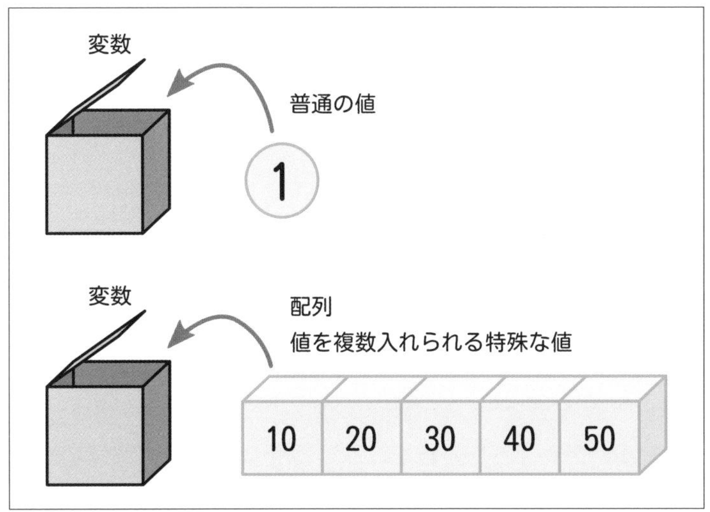

配列は`[ ]`で囲い、`,`区切りで値を書いて作れます。

```
let array = [10, 20, 30, 40, 50];
```

上のように書くことで、`10`、`20`、`30`、`40`、`50`の値をひとまとめにした配列になります。

このとき、それぞれの値のことを、配列の**要素**と呼びます。また、要素の個数のことを**要素数**と呼びます。

配列の要素の数え方は少し特殊です。先頭の要素は要素0、次の要素は要素1になります。0から始まり、要素数-1までの番号で表します。

▼配列の要素

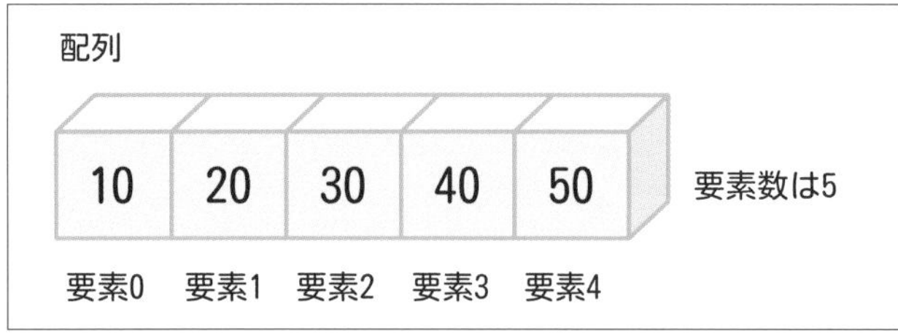

配列の要素の読み書き

配列の要素の読み書きは[ ]を使っておこないます。変数名[0]と書くことで、配列の要素0への読み書きをおこなえます。[0]のような数値のことを添え字（要素番号）といいます。

```
let array = [10, 20, 30, 40, 50];
console.log(array[0]);  // 要素0の値を取り出して、コンソールに「10」と表示
array[1] = 200;         // 要素1の値を「200」に書き換え
```

また、変数の要素数は変数名.lengthと書くことで得られます。

```
let array = [10, 20, 30, 40, 50];
console.log(array.length);  // コンソールに要素数の「5」を表示
```

各プレイヤーの得点（石の数）を表す変数

それでは、先手番、後手番のプレイヤーの石の数を、プログラムで表現しましょう。「rev-data.js」に書き加えます。

変数名はscoresにします。先手番（プレイヤー0）は要素0、後手番（プレイヤー1）は要素1に、石の数を入れます。プレイヤーの番号を0と1にしたのは、このように配列の要素番号に対応させるためです。

chapter-2/2/js/rev-data.js

```
let scores = [2, 2];     // 獲得石数
```

▼変数scores

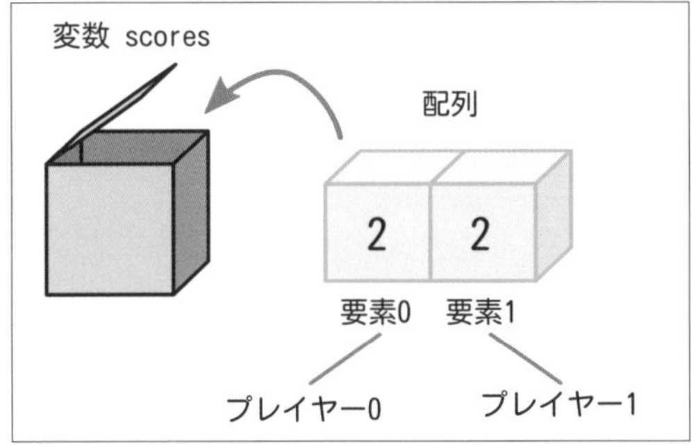

石の数は、ゲーム開始時にはそれぞれ2つずつです。そのため、要素0には`2`、要素1には`2`の数値を入れます。この数値は、ゲームが進むと書き換えます。

今回作った変数`scores`の内容を表にします。

▼各プレイヤーの得点（石の数）を表す変数

手番	プレイヤーを表す数値	配列の要素	開始時の石の数
先手番	`0`	要素0	`2`
後手番	`1`	要素1	`2`

▼ゲーム開始時の石の数

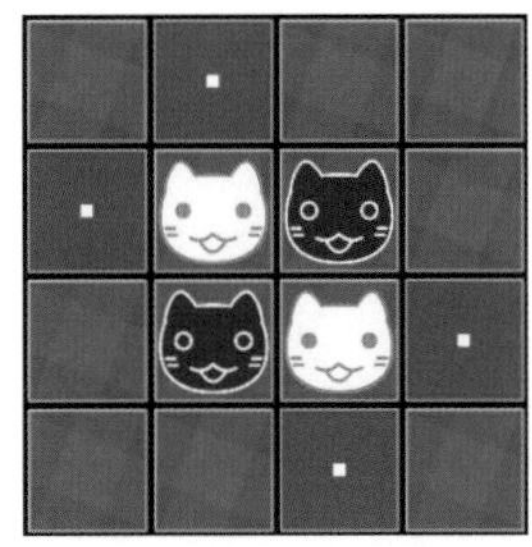

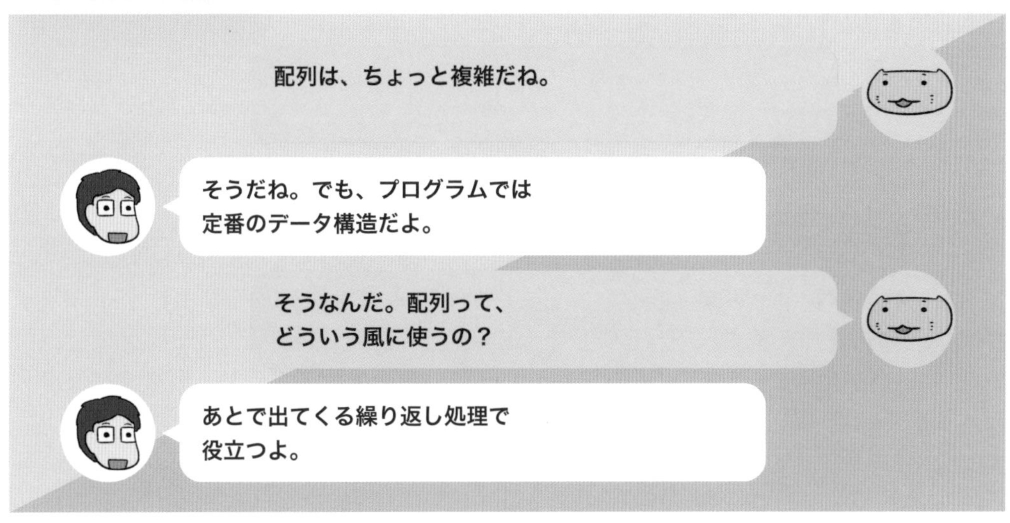

2-5 プレイヤーが人間かコンピューターかを表そう（文字列）

本物のリバーシでは、プレイヤーは2人とも人間です。しかし、これから作るリバーシは、1人は人間で、もう1人はコンピューターです。この違いをプログラムで表現するには、どうすればよいでしょうか。

文字列

プレイヤーの違いを、ここでは文字列を使って表現します。

文字列はプログラミング用語で、0個以上の文字のデータのことです。文字数が0のときは特別に空文字といいます。

JavaScriptでは、'（シングルクォーテーション）や"（ダブルクォーテーション）、`（バッククォーテーション）で囲った部分が文字列になります。

```
let string1 = '文字列1';
let string2 = "文字列2";
let string3 = `文字列3`;
```

文字列は+で連結できます。

```
let string = '文字列1' + '文字列2';     // 「文字列1文字列2」になる
```

また、`（バッククォーテーション）で囲った部分に${～}と書くと、変数や処理を埋め込めます。

```
let num = 123;
let string = `文字列${num}`;     // 「文字列123」になる
```

プレイヤーが人間かコンピューターかを表す変数

それでは、プレイヤーが人間かコンピューターかを表す変数を作りましょう。「rev-data.js」に書き加えます。

変数名はtypesにします。2人のプレイヤーがいるので配列を作り、各要素に文字列を入れます。先手番のプレイヤーを'MAN'、後手番のプレイヤーを'COM'にします。

chapter-2/2/js/rev-data.js

```
let types = ['MAN', 'COM']; // プレイヤー種類
```

▼プレイヤーが人間かコンピューターかを表す変数

手番	プレイヤーを表す数値	配列の要素	プレイヤーの種類
先手番	0	要素0	'MAN'
後手番	1	要素1	'COM'

2-6 リバーシの盤面を表そう（2次元配列）

リバーシの盤面は、縦と横にマスが並んでいます。こうした2つの方向を持つ情報は、どのように表現すればよいでしょうか。

2次元配列

縦と横の情報を持つデータは、配列の各要素に配列を入れた2次元配列で表現するとよいです。変数に配列を代入できるように、配列の要素に配列を代入できます。

▼2次元配列

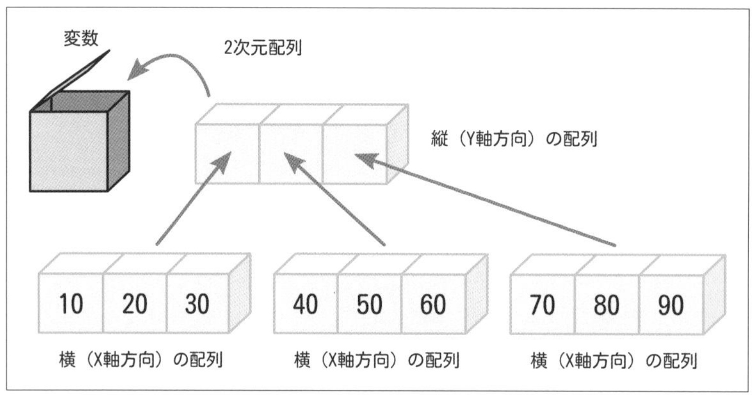

こうした入れ子の配列は、表形式のデータとみなせます。

▼2次元配列を表形式で見る

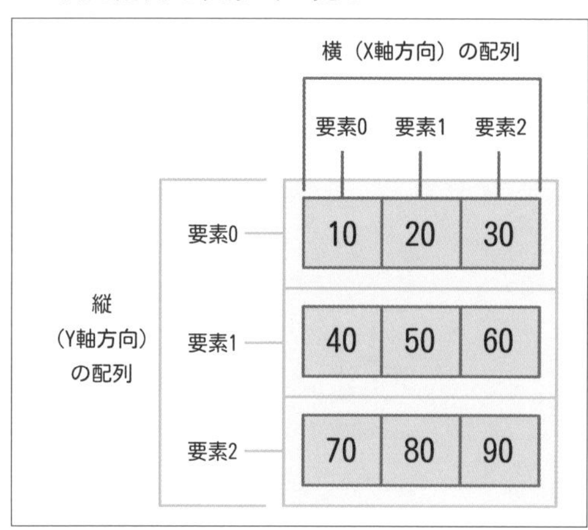

2次元配列を実際に書いてみましょう。2次元配列の要素は`変数名[1][2]`のように、`[ ]`を2つ連続することで読み書きできます。

```
let array2d = [
    [10, 20, 30],
    [40, 50, 60],
    [70, 80, 90],
];

console.log(array2d[1][2]); // 「60」と表示
array2d[2][1] = 800;          // 「80」だった値を「800」に書き換え
```

はじめて2次元配列をあつかうときは混乱しやすいので、添え字が指している要素をていねいに見ていきます。

まず、`array2d[1][2]`の`array2d[1]`は、次の場所を指しています。

```
let array2d = [
    [10, 20, 30],         // array2d[0]
    [40, 50, 60],         // array2d[1]
    [70, 80, 90],         // array2d[2]
];
```

次に、`array2d[1][2]`は、次の場所を指しています。

```
let array2d = [
    [10, 20, 30],
    [40, 50, 60],   // array2d[1][0]  array2d[1][1]  array2d[1][2]
    [70, 80, 90],
];
```

各要素の添え字の書き方を示します。

▼各要素の添え字の書き方

	X軸0	X軸1	X軸2
Y軸0	array2d[0][0]	array2d[0][1]	array2d[0][2]
Y軸1	array2d[1][0]	array2d[1][1]	array2d[1][2]
Y軸2	array2d[2][0]	array2d[2][1]	array2d[2][2]

このような2次元配列は、ゲームの盤面だけでなく、エクセルのような表形式のデータにも、よく用いられます。

盤面を表す変数

それでは盤面を表す変数を作りましょう。「rev-data.js」に書き加えます。

変数名は`board`にします。先手番の黒石を`0`、後手番の白石を`1`、空マスを`8`で表現します。

chapter-2/2/js/rev-data.js

```
let board = [           // 盤面
    [8, 8, 8, 8, 8, 8, 8, 8],
    [8, 8, 8, 8, 8, 8, 8, 8],
    [8, 8, 8, 8, 8, 8, 8, 8],
    [8, 8, 8, 1, 0, 8, 8, 8],
    [8, 8, 8, 0, 1, 8, 8, 8],
    [8, 8, 8, 8, 8, 8, 8, 8],
    [8, 8, 8, 8, 8, 8, 8, 8],
    [8, 8, 8, 8, 8, 8, 8, 8]
];
```

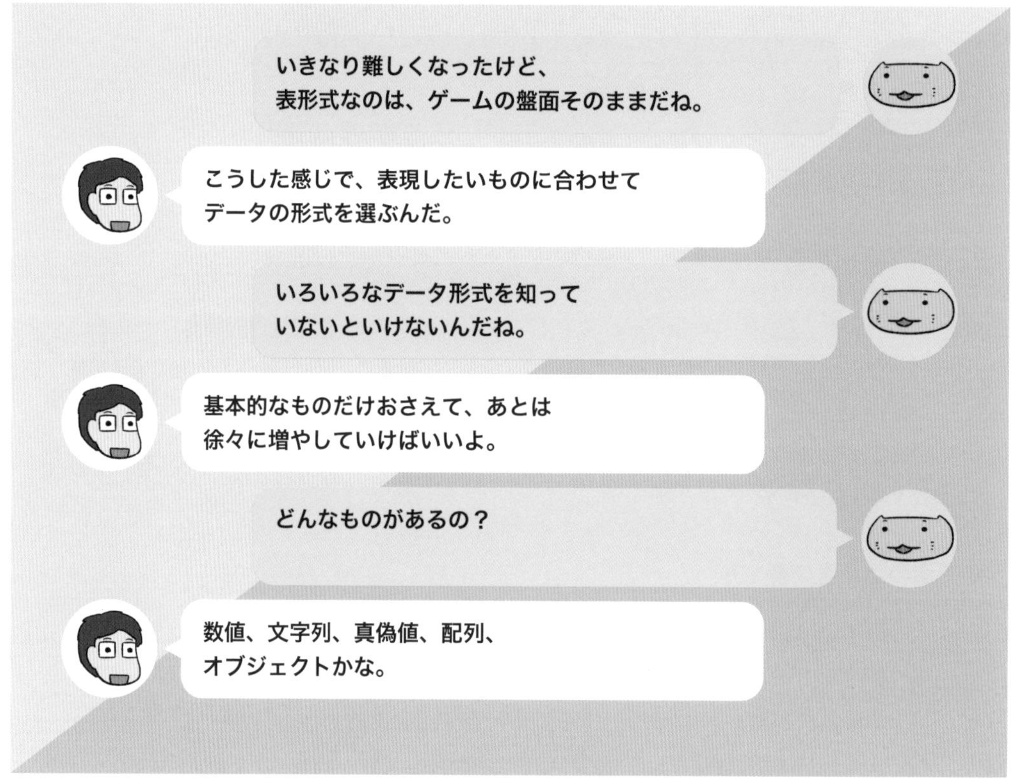

2-7 プレイヤーが石を置いた場所を表そう（オブジェクト①）

コンピューターゲームらしく、石を置いたときに演出を加えたいです。そのためには、プレイヤーが石を置いたマスを、記録しておく必要があります。

オブジェクト

盤面のX座標とY座標をそれぞれ別の変数にしてもよいですが、ここではまとめて1つの変数で表します。そのために**オブジェクト**を使います。

前に説明した配列は「要素の番号」で値を管理しました。オブジェクトは「名前」で値を管理します。この名前と値のセットを**プロパティ**といいます。

▼オブジェクト

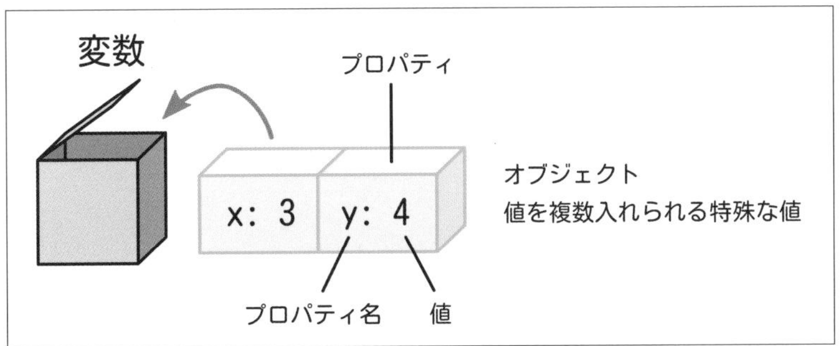

配列は`[ ]`で作りましたが、オブジェクトは`{ }`で作ります。各プロパティは`名前: 値`のセットで書きます。複数のプロパティを作るときは`,`で区切ります。

```
let object = {x: 3, y: 4};
```

プロパティの読み書き

プロパティを読み書きする方法は2つあります。1つは`.`を使う方法です。`オブジェクト.プロパティ名`と書くことで読み書きできます。

```
let object = {x: 3, y: 4};
console.log(object.x);        // 「3」と出力
object.y = 5;                 // yの値を「5」に書き換え
```

もう1つは`[ ]`を使う方法です。`オブジェクト['プロパティ名']`と書くことで読み書きできます。こちらの方法では、プロパティ名を文字列で書きます。

```
let object = {x: 3, y: 4};
console.log(object['x']);   // 「3」と出力
object['y'] = 5;            // yの値を「5」に書き換え
```

石を置いた場所を表す変数

それでは、石を置いた場所を表す変数を作りましょう。「rev-data.js」を開いて書き加えます。

変数名は`putToken`にします。`x` `y`のプロパティを作り、盤面のx座標とy座標を保持できるようにします。

chapter-2/2/js/rev-data.js

```
let putToken = {x: 0, y: 0};     // ログ：石置き位置
```

▼石を置いた場所を表す変数

プロパティ名	値
x	0
y	0

メソッド

追加の説明です。プロパティの中には、何らかの処理をおこなうものもあります。

たとえば、これまで何度も出てきた`console.log`を見てみます。この記述は、`console`オブジェクトの`log`プロパティを示しています。こうした、機能を持つプロパティのことをメソッドといいます。

メソッドは、プロパティの値に関数（何らかの処理をおこなう命令）が入ったものです。関数についてはのちほど説明します。

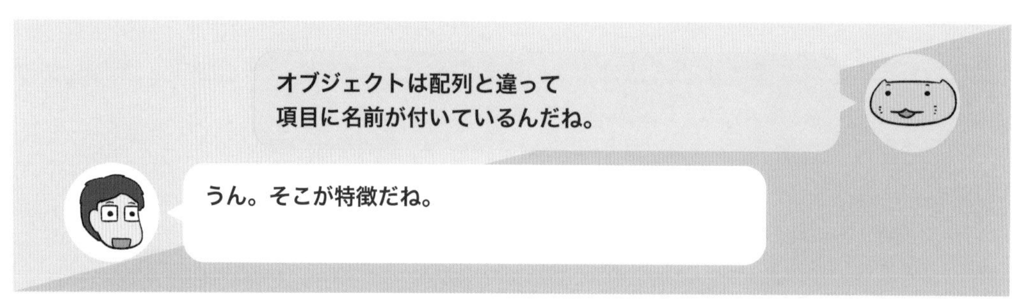

2-8 その他のデータにも名前を付けよう

コンピューターゲームとしてリバーシを表現するには、もう少しデータが必要です。ここでは、2つの変数を用意します。

石を置けるマスを記録する変数

まずは、石を置けるマスを記録する変数です。石を置けるマスに色を付けると、ゲームは遊びやすくなります。そのための変数`activeSquares`を用意します。

この変数には配列を代入します。この配列は、赤色に白点のマスの情報です。

chapter-2/2/js/rev-data.js

```
let activeSquares = [];            // 配置可能マス配列
```

▼赤色に白点のマス

`activeSquares`配列の各要素は、`putToken`と同じような`x`と`y`のプロパティを持つオブジェクトです。

`activeSquares`にデータが格納された例を示します。この例は、ゲーム開始時の状態です。

```
activeSquares = [ {x: 3, y: 2}, {x: 2, y: 3}, {x: 5, y: 4}, {x: 4, y: 5} ];
```

▼石を置けるマスを記録する変数

配列の要素	値
要素0	`{x: 3, y: 2}`
要素1	`{x: 2, y: 3}`
要素2	`{x: 5, y: 4}`
要素3	`{x: 4, y: 5}`

裏返した石を記録する変数

もう1つは、裏返した石を記録する変数です。プレイヤーが石を裏返したあと、そのマスにエフェクトを加えると、ゲームは楽しくなります。そのための変数`revTokens`を用意します。

chapter-2/2/js/rev-data.js

```
let revTokens = [];      // ログ：裏返した石の配列
```

▼裏返したマスのエフェクト（回転している枠）

この変数にも配列を代入します。配列の各要素は、`x`と`y`のプロパティを持つオブジェクトです。

`revTokens`にデータが格納された例を示します。

```
revTokens = [ {x: 3, y: 3}, {x: 3, y: 4}, {x: 4, y: 3} ];
```

▼裏返した石を記録する変数

配列の要素	値
要素0	`{x: 3, y: 3}`
要素1	`{x: 3, y: 4}`
要素2	`{x: 4, y: 3}`

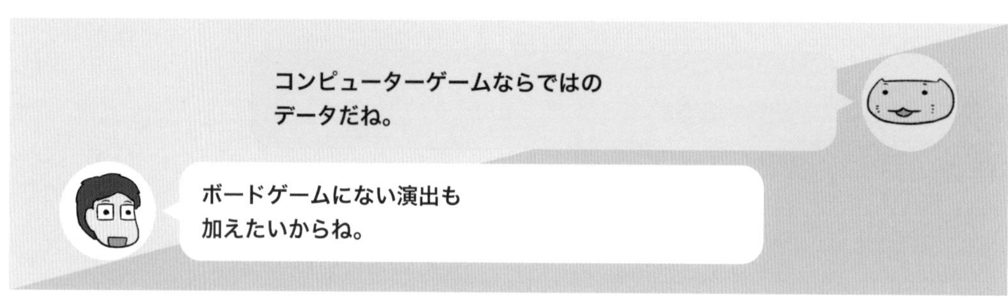

2-9 JavaScriptには どんな値があるのか知ろう

数値、真偽値、配列、文字列、オブジェクトとさまざまな種類のデータを紹介してきました。ここで少し立ち止まって、JavaScriptの値について説明します。

プリミティブ値

JavaScriptの値は大きく分けて2つあります。プリミティブ値とオブジェクトです。プリミティブ値は、数値や真偽値、文字列のような単純な値です。それ以外の値は全てオブジェクトです。たとえば配列はオブジェクトの一種です。

JavaScriptのプリミティブ値のデータ型（データの種類）をいくつか表で示します。リバーシを作るときに使わないデータ型は省きます。

▼プリミティブ値のデータ型

型	説明
数値型	`123`や`1.23`といった数値
論理型	`true`や`false`といった真偽値
文字列型	`'abc'`といった文字列
Null型	`null`
Undefined型	`undefined`

nullとundefined

まだ出てきていないデータ型が2つ出てきました。

Null型は`null`の値だけをとるデータ型です。この値は、オブジェクトの値が「存在しない」ことを表すために用います。たとえば、データを検索して適切な結果が存在しないようなときに、結果を`null`にします。

Undefined型は`undefined`の値だけをとるデータ型です。この値は、データが「未定義」であることを表すために用います。たとえば変数を宣言して、何も値を代入していないときは、変数の中身は`undefined`になります。

```
let data;
console.log(data);  // 「undefined」とコンソールに表示
```

この`null`と`undefined`は、JavaScriptのプログラムでよく出てきます。

2-10 データをひとまとめにしよう①（オブジェクト②）

データをグループ化する

作成したリバーシのデータは、ゲームの各所から利用します。そうなると、他の場所で宣言した変数と区別が付かず、分かりづらいです。グループ化して名前を付けると分かりやすくなります。

変数をグループ化する方法はいくつかあります。ここでは、これまで学んだオブジェクトを利用しましょう。`revData`という変数を作り、オブジェクトを代入します。このオブジェクトのプロパティとして、リバーシの値を作成します。

chapter-2/3/js/rev-data.js

```
let revData = {
    player: 0,           // 現在手番のプレイヤー
    isEnd: false,        // 終了フラグ
    scores: [0, 0],      // 獲得石数
    types: ['MAN', 'COM'],  // プレイヤー種類
    board: [             // 盤面
        [8, 8, 8, 8, 8, 8, 8, 8],
        [8, 8, 8, 8, 8, 8, 8, 8],
        [8, 8, 8, 8, 8, 8, 8, 8],
        [8, 8, 8, 0, 1, 8, 8, 8],
        [8, 8, 8, 1, 0, 8, 8, 8],
        [8, 8, 8, 8, 8, 8, 8, 8],
        [8, 8, 8, 8, 8, 8, 8, 8],
        [8, 8, 8, 8, 8, 8, 8, 8]
    ],
    putToken: {x: 0, y: 0},      // ログ：石置き位置
    activeSquares: [],           // 配置可能マス配列
    revTokens: []        // ログ：裏返した石の配列
};
```

このようにすると、`revData.player`、`revData.isEnd`のように、値をグループ化して使えます。

作成した`revData`のプロパティには配列やオブジェクトが入っています。このように、オブジェクトや配列は入れ子にできます。

2-11 データをひとまとめにしよう②（クラス）

クラスとインスタンス

変数をグループ化する方法は1つではありません。オブジェクト以外にも**クラス**という方法もあります。

クラスはオブジェクトの雛形や設計図のようなものです。クラスを使うと、同じプロパティを持つオブジェクトを手軽に作れます。このとき、クラスから作ったオブジェクトを**インスタンス**（実体）といいます。

▼クラスとインスタンス

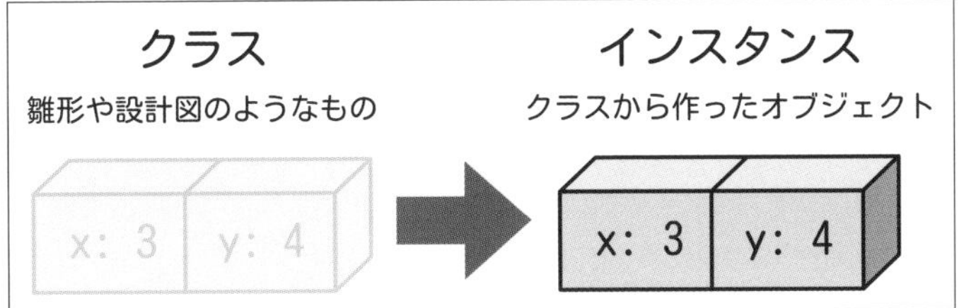

class文

クラスは`class`文を使って作ります。クラスの名前は慣例として大文字で始めます。

クラスにはコンストラクター（`constructor`、構築子）という領域があります。コンストラクター内では、`this.プロパティ名`と書いて、作成するオブジェクトの初期値を設定します。

例として、X座標、Y座標の値をあつかう`Position`クラスを作ります。

chapter-2/4-a/js/position.js

```
class Position {
    constructor() {
        this.x = 0;
        this.y = 0;
    }
}
```

作成したクラスは`new クラス名()`と書くことで、インスンタス（実体のオブジェクト）を作れます。

```
008 let position = new Position();
009 console.log(position);  // 「{x: 0, y: 0}」と出力
```

8行目では、変数positionに、クラスPositionから作ったインスタンスを代入します。

9行目で、変数positionの中身をコンソールに表示すると、{x: 0, y: 0}というオブジェクトが出力されます。

初期値を設定できるコンストラクター

コンストラクターの( )の中に変数を書くと、値を受け取り、初期値にできます。こうした値を受け取る変数のことを、**引数**（ひきすう）といいます。

chapter-2/4-b/js/position.js

```
001 class Position {
002     constructor(x, y) {
003         this.x = x;     // プロパティxに、引数xの値を代入
004         this.y = y;     // プロパティyに、引数yの値を代入
005     }
006 }
007 
008 let position = new Position(3, 4);
009 console.log(position);  // 「{x: 3, y: 4}」とコンソールに表示
```

2行目のx, yの部分が引数です。変数x yで値を受け取ります。

3行目ではthis.xに、引数xの値を代入します。インスタンスのプロパティxの値が、引数xの値になります。

4行目ではthis.yに、引数yの値を代入します。インスタンスのプロパティyの値が、引数yの値になります。

8行目では、new Position(3, 4)と、初期値3 4を指定してインスタンスを作ります。

9行目で、変数positionの中身をコンソールに表示すると、{x: 3, y: 4}というオブジェクトが出力されます。

クラスでデータをまとめる

それでは、リバーシのデータをクラスを使ってまとめましょう。ゲームは終了するごとに、最初の状態に戻って再開します。ゲームが始まるごとに、新しいオブジェクトを作ることを想定します。

chapter-2/4-c/js/rev-data.js

```
001 class RevData {
002     constructor() {
003         this.player = 0;        // 現在の手番プレイヤー
004         this.isEnd = false;     // 終了フラグ
005         this.scores = [2, 2];   // 獲得石数
006         this.types = ['MAN', 'COM'];    // プレイヤー種類
007         this.board = [          // 盤面
008             [8, 8, 8, 8, 8, 8, 8, 8],
009             [8, 8, 8, 8, 8, 8, 8, 8],
010             [8, 8, 8, 8, 8, 8, 8, 8],
011             [8, 8, 8, 1, 0, 8, 8, 8],
012             [8, 8, 8, 0, 1, 8, 8, 8],
013             [8, 8, 8, 8, 8, 8, 8, 8],
014             [8, 8, 8, 8, 8, 8, 8, 8],
015             [8, 8, 8, 8, 8, 8, 8, 8]
016         ];
017         this.putToken = {x: 0, y: 0};   // ログ：石置き位置
018         this.activeSquares = [];        // 配置可能マス配列
019         this.revTokens = [];    // ログ：裏返した石の配列
020     }
021 }
022 
023 let revData = new RevData();
024 console.log(revData);
```

23～24行目は、データの確認をおこなうプログラムです。

23行目で変数`revData`に、クラス`RevData`から作ったインスタンスを代入します。

24行目で変数`revData`の中身を出力すると、「データをひとまとめにしよう①」と同じ内容のオブジェクトが出力されます。

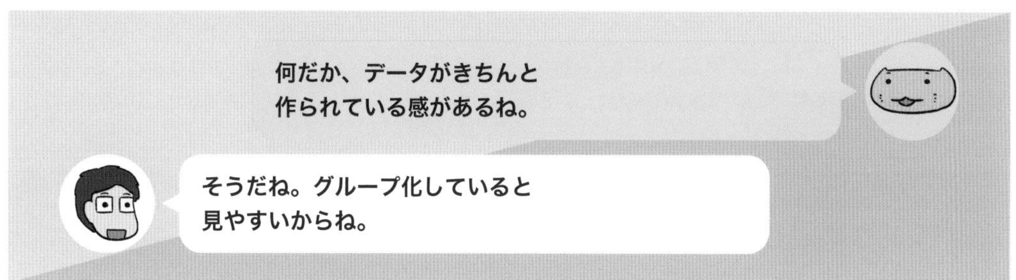

2-12 まとめたデータを便利にしよう（静的プロパティ）

静的プロパティとインスタンスプロパティ

クラスは、データをまとめてあつかう便利な仕組みです。このクラスには、インスタンスを作る以外にも利用方法があります。クラス自体にプロパティを作り、インスタンスを作らず直接値を利用できます。

こうしたクラス固有のプロパティのことを**静的プロパティ**といいます。また、インスタンスのプロパティのことを、**インスタンスプロパティ**といいます。

▼静的プロパティとインスタンスプロパティ

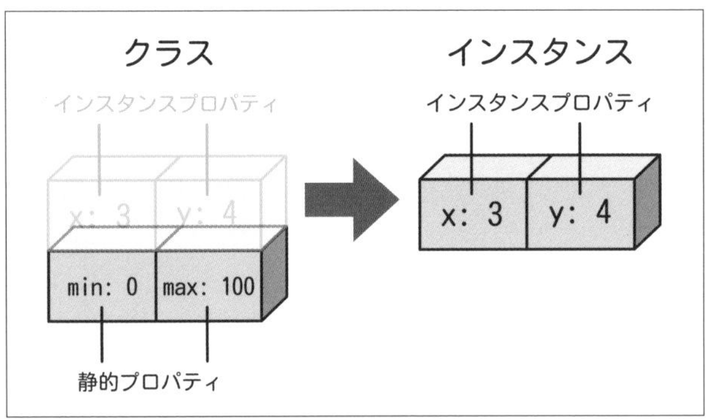

静的プロパティは、そのクラス固有の値にします。上の図では、最小値の`min`と最大値の`max`という、クラス全体に関わる値にしています。

静的プロパティの書き方

静的プロパティは、クラス内に`static`と書くことで作れます。利用するときは`クラス名.静的プロパティ名`で読み書きします。

chapter-2/5-a/js/position.js

```
class Position {
    static min = 0;
    static max = 100;

    constructor(x, y) {
        this.x = x;
        this.y = y;
```

```
    }
}

console.log(Position.min);  // 「0」と出力
console.log(Position.max);  // 「100」と出力
```


リバーシ データ用の静的プロパティを書く

リバーシ データ用の静的プロパティを書きます。盤面の横幅`w`（widthの略）と高さ`h`（heightの略）、X軸とY軸の最小値`x` `y`、空マスの数値`blank`を設定します。これらは、1ゲームごとの情報ではなく、リバーシ全体の共通情報になります。

chapter-2/5-b/js/rev-data.js

```
class RevData {
    static w = 8;    // 盤面横幅
    static h = 8;    // 盤面高さ
    static x = 0;    // 範囲判定用の最小X座標
    static y = 0;    // 範囲判定用の最小Y座標
    static blank = 8;    // 空マス（石マスはプレイヤー番号0,1）
}

console.log(`盤面横幅: ${RevData.w}`);
console.log(`盤面高さ: ${RevData.h}`);
console.log(`範囲判定用の最小X座標: ${RevData.x}`);
console.log(`範囲判定用の最小Y座標: ${RevData.y}`);
console.log(`空マス: ${RevData.blank}`);
```

上のプログラムを実行すると、次のようにコンソールに表示されます。

コンソール

```
盤面横幅: 8
盤面高さ: 8
範囲判定用の最小X座標: 0
範囲判定用の最小Y座標: 0
空マス: 8
```

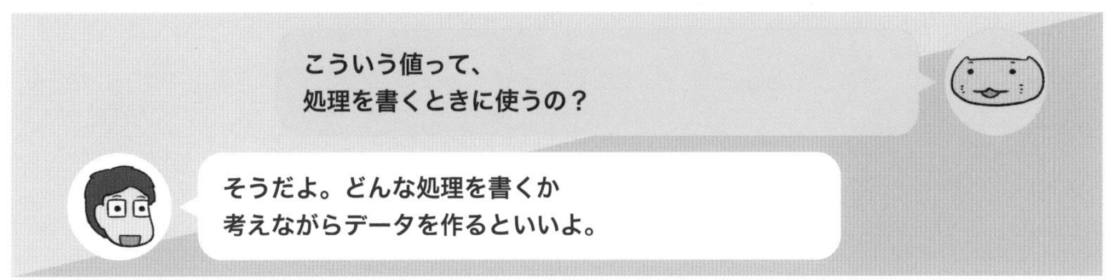

2-13 リバーシのデータを振り返ろう

完成したリバーシのデータ

最後に、`RevData`クラスの、コンストラクターと静的プロパティの内容をまとめます。こちらが完成した「rev-data.js」ファイルです。

chapter-2/6/js/rev-data.js

```
// リバーシ データ
class RevData {
    // 静的プロパティ
    static w = 8;    // 盤面横幅
    static h = 8;    // 盤面高さ
    static x = 0;    // 範囲判定用の最小X座標
    static y = 0;    // 範囲判定用の最小Y座標
    static blank = 8;    // 空マス（石マスはプレイヤー番号0,1）

    // コンストラクター
    constructor() {
        this.player = 0;        // 現在の手番プレイヤー
        this.isEnd = false;     // 終了フラグ
        this.scores = [2, 2];   // 獲得石数
        this.types = ['MAN', 'COM'];    // プレイヤー種類
        this.board = [          // 盤面
            [8, 8, 8, 8, 8, 8, 8, 8],
            [8, 8, 8, 8, 8, 8, 8, 8],
            [8, 8, 8, 8, 8, 8, 8, 8],
            [8, 8, 8, 1, 0, 8, 8, 8],
            [8, 8, 8, 0, 1, 8, 8, 8],
            [8, 8, 8, 8, 8, 8, 8, 8],
            [8, 8, 8, 8, 8, 8, 8, 8],
            [8, 8, 8, 8, 8, 8, 8, 8]
        ];
        this.putToken = {x: 0, y: 0};    // ログ：石置き位置
        this.activeSquares = [];         // 配置可能マス配列
        this.revTokens = [];    // ログ：裏返した石の配列
    }
}
```

全ての値をまとめた表です。

▼静的プロパティ（固定の値）

プロパティ	値	説明
`.w`	`8`	盤面の横幅（8マス）
`.h`	`8`	盤面の高さ（8マス）
`.x`	`0`	範囲判定用の最小X座標（左端のマス）
`.y`	`0`	範囲判定用の最小Y座標（上端のマス）
`.blank`	`8`	空マス（石マスは`0`と`1`）

▼インスタンス プロパティ（ゲームごとの値）

プロパティ	値	説明
`.player`	`0`	現在の手番プレイヤー（`0`か`1`）
`.isEnd`	`false`	終了フラグ（終了時は`true`）
`.scores`	`[2, 2]`	獲得石数（要素0がプレイヤー0、要素1がプレイヤー1）
`.types`	`['MAN', 'COM']`	プレイヤー種類（要素0がプレイヤー0、要素1がプレイヤー1）
`.board`	要素数64の配列	盤面（空マスは`8`、石マスは`0`と`1`）
`.putToken`	`{x: 0, y: 0}`	ログ：石置き位置
`.activeSquares`	`[{x: 0, y: 0}, ...]`	配置可能マス配列
`.revTokens`	`[{x: 0, y: 0}, ...]`	ログ：裏返した石の配列

リバーシのデータを利用する

「main.js」ファイルを作成して、HTMLファイルから読み込みます。

chapter-2/6/index.html

```
    <script src="js/rev-data.js"></script>
```

そして、「main.js」ファイル内で、`RevData`クラスを利用します。

chapter-2/6/js/main.js

```
document.addEventListener('DOMContentLoaded', function() {
```

```
002     let revData = new RevData();
003     console.log(revData.scores);    // 「{2, 2}」とコンソールに表示
004 });
```

2行目では、RevDataクラスのインスタンスを作り、変数revDataに代入します。3行目では、revDataのscoresプロパティをコンソールに表示します。

作成したプログラムについて

今後リバーシの処理を書くときは、「rev-data.js」ファイルを読み込んでいるものとします。

また、これから作るファイルも、作成したあとは同様に読み込むものとします。

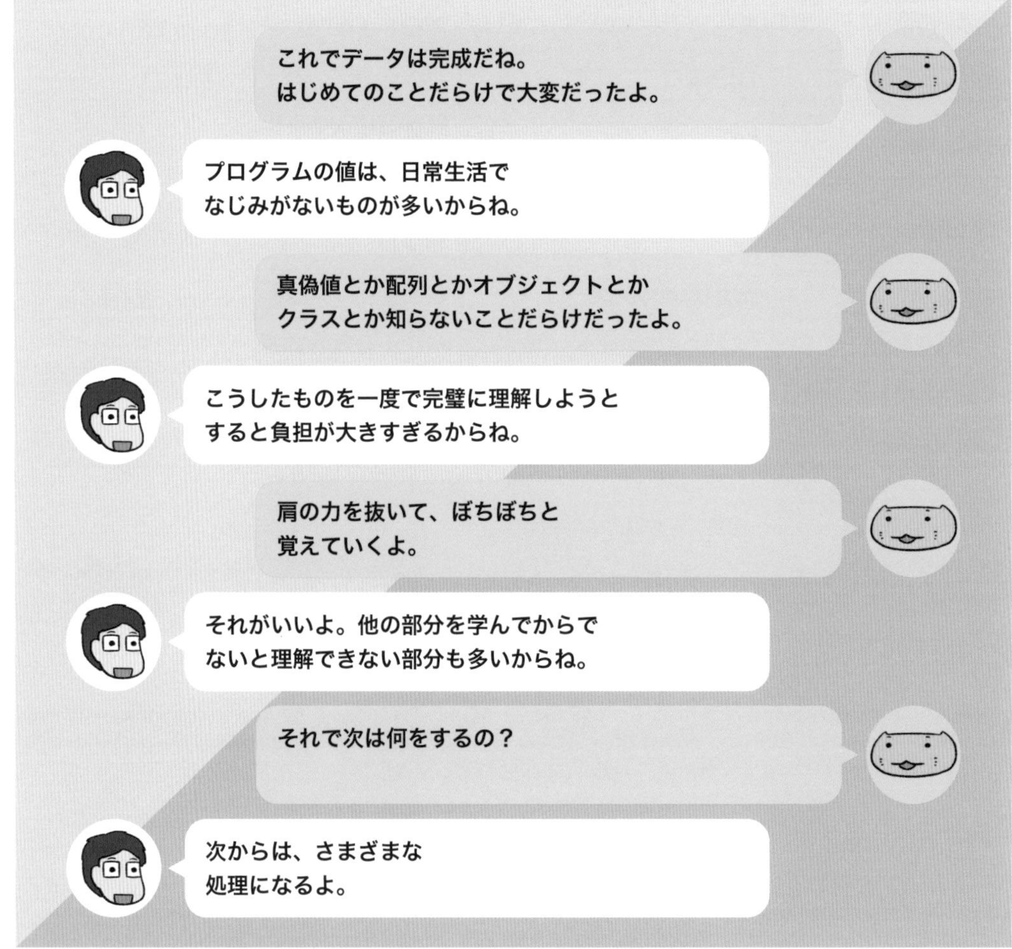

第3章

画面を表示するキャンバスを作ろう

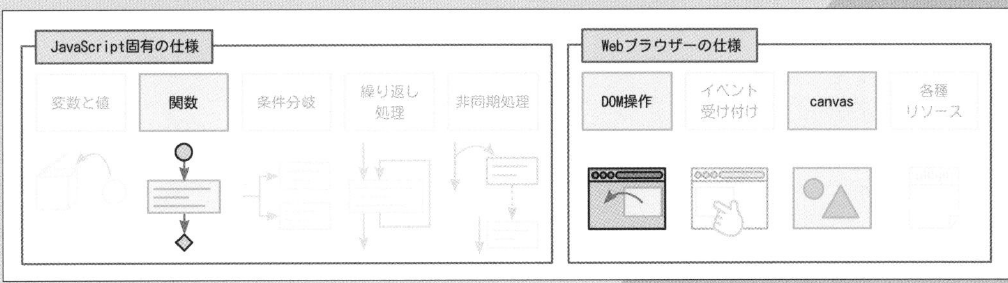

データばかり作っていたから、
今度は見えるものが作りたいよ。

そうだね。今回はCanvasを作って
そこに図形を描こう。

Canvasって何？

Webページの要素の1つで、JavaScriptで
あつかえる描画用の領域だよ。

そこに図形を描くの？

うん。まずは、簡単な
四角形を描いてみよう。

3-1 描画の基本を知ろう

Webページの描画の流れ

Webページ内で絵を描くには、canvas要素を使います。この章では、次の流れで描画の準備をします。

1. canvas要素を作る。
2. 作ったcanvas要素をWebページに追加する。
3. canvas要素から描画用のコンテクストを取り出す。
4. コンテクストに描画をおこなう。

1から3は、描画の前の準備として一度おこなえばよいです。その後はコンテクストに描画していきます。2は、1以降ならどのタイミングでおこなってもよいです。

▼描画の基本

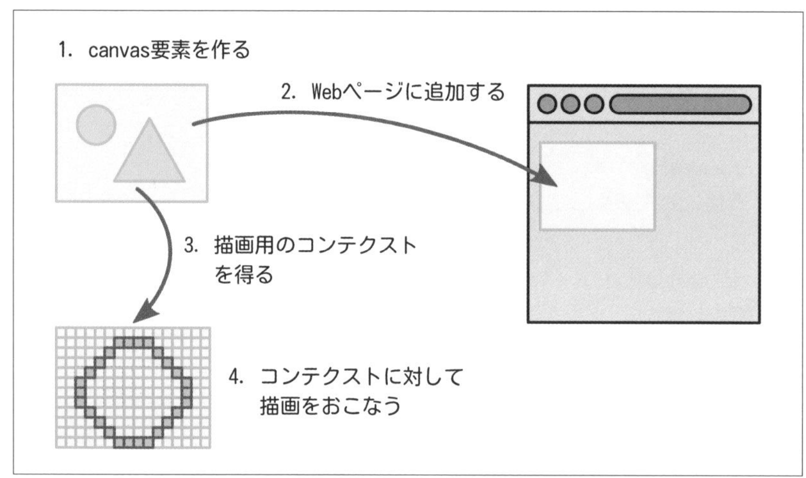

コンテクスト

コンテクストという単語は、プログラムでは時折出てきます。日本語に訳すと「文脈」という意味ですが、プログラミングでは、文脈に応じて変化する「抽象化した何か」を意味します。

プログラムのコンテクストは、分かりにくい単語です。たとえば装置を抽象化した何かの場合には、デバイスコンテクスト、描画を抽象化した何かの場合には、グラフィックスコンテクストといった使い方をします。

canvasのコンテクストは、描画を「抽象化した何か」です。2次元の描画をおこなう`"2d"`や、3次元の描画をおこなう`"webgl"`など、いくつかのコンテクストが存在します。それぞれ使える機能は大きく違いますが、canvasのグラフィックスを操作するための何かであることは共通しています。

コンテクストへの描画

コンテクスト（2次元コンテクスト、2Dコンテクスト）は左上が原点です。描画は、ピクセル単位の座標をもとにおこないます。

▼左上を原点とした座標

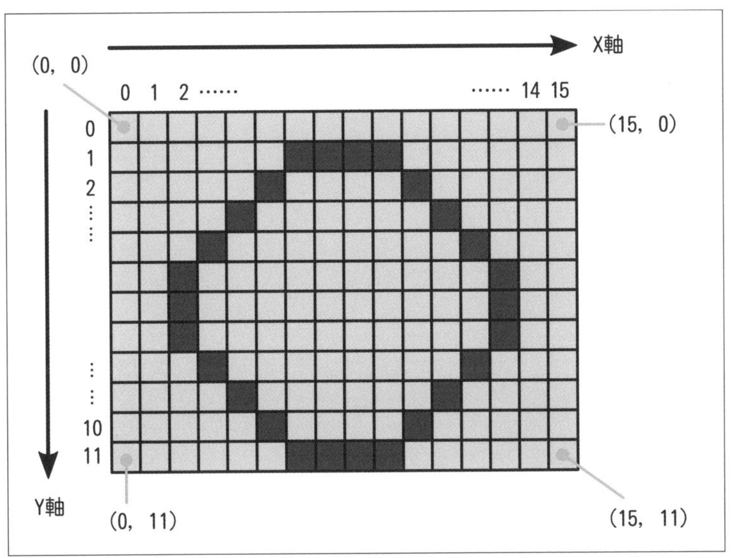

コンテクストはオブジェクトです。このオブジェクトのプロパティに、色などの設定を代入したあと、メソッド（処理をおこなう命令）で図形や画像を描画します。

▼コンテクストのプロパティやメソッド

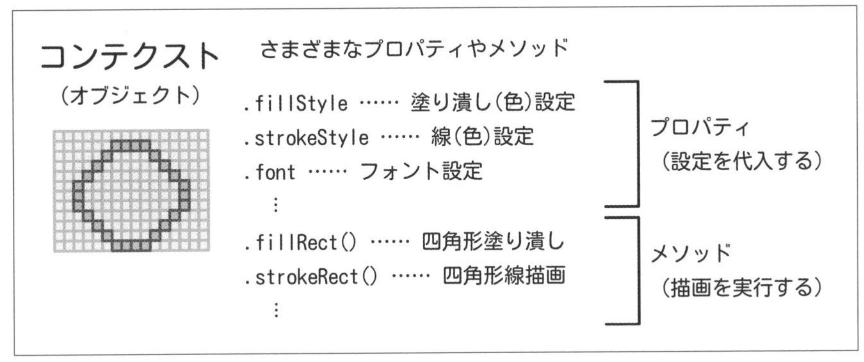

3-2 プログラムの処理の単位を知ろう（関数）

関数を利用する

これまで値を利用する以外にも、console.log()のような処理をおこなう命令を利用してきました。このような命令のことを関数といいます。また、オブジェクトのプロパティで、値が関数のものを特別にメソッドといいます。

同じ関数でも、オブジェクトに注目したときはメソッドと呼び、関数自体に注目したときは関数と呼びます。

関数は、既存のものを使うだけでなく、作ることもできます。今回は使い方を説明して、作り方はのちほど説明します。

関数は、関数名のあとに( )を書いて呼び出します。オブジェクトのメソッドも同じです。メソッド名のあとに( )を書いて呼び出します。

```
functionName();           // 関数名のあとに()と書く
object.methodName();      // オブジェクトのメソッド名のあとに()と書く
```

引数

( )の中には、引数という値を,区切りで書けます。引数を書くことで、関数に値を渡せます。

```
functionName(num);                 // 引数を1つ
functionName(string1, string2); // 引数を2つ
```

戻り値

関数は、処理をおこなったあとに結果の値を返すことがあります。この値のことを戻り値あるいは返り値といいます。

戻り値は値なので、変数に代入したり、処理の中でそのまま利用したりできます。

```
let res = functionName();
let message = '結果は' + functionName();
```

関数の基本的な構造

関数は、引数で値を受け取り、処理をおこない、戻り値を返します。

▼関数の基本的な構造

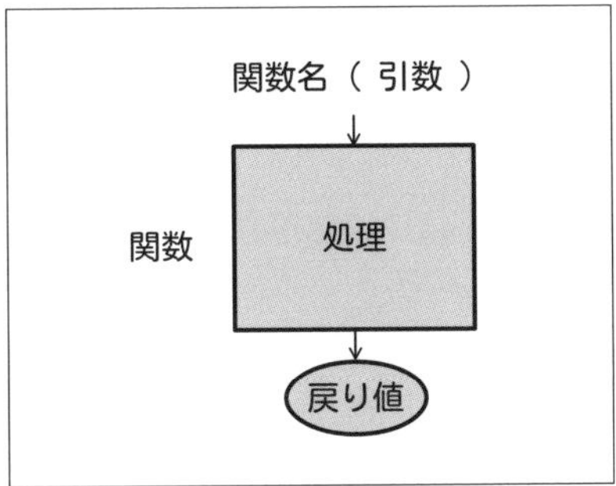

関数によっては、引数がないことや、戻り値がないこともあります。また、引数も戻り値もないこともあります。

組み込み関数

JavaScriptには、さまざまな組み込み関数があります。また、組み込みクラスやオブジェクトが用意されており、多くのメソッドが存在します。

ここでは文字列を引数にとり、整数に変換して戻り値にする、`parseInt()`関数を紹介します。

chapter-3/1/js/main.js

```
let str = '123';             // 文字列「'123'」
let num = parseInt(str);     // 文字列「'123'」を、数値「123」に変換

console.log(typeof str);     // 「string」とコンソールに表示
console.log(typeof num);     // 「number」とコンソールに表示
```

▼関数の引数と戻り値

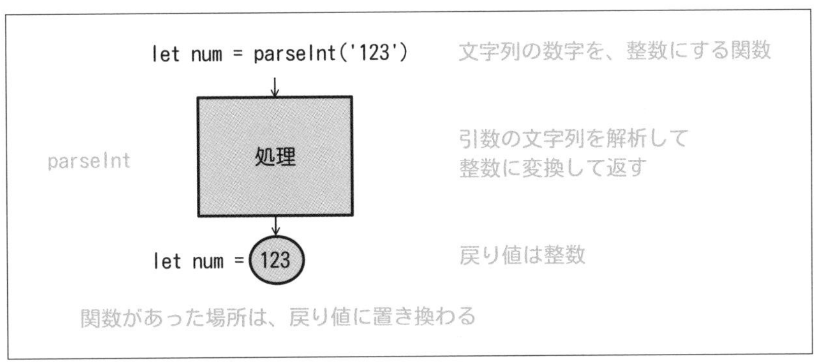

このプログラムは文字列の`'123'`を、数値の`123`に変換します。そして変数`str`と`num`の値のデータ型を、`typeof`で調べてコンソールに表示します。

`typeof`は、そのあとに変数や値を書くことで、そのデータ型を調べて文字列で返します。

プログラムの詳細を見ていきます。

1行目では、変数`str`を宣言して、文字列`'123'`を代入します。

2行目では、変数`num`を宣言して、`parseInt()`関数で数値に変換した`123`を代入します。

4行目では、`typeof`で変数`str`の値を調べて、結果を`console.log()`メソッドでコンソールに表示します。コンソールには「string」と表示されます。

5行目では、`typeof`で変数`num`の値を調べて、結果を`console.log()`メソッドでコンソールに表示します。コンソールには「number」と表示されます。

4行目と5行目の表示から、文字列が数値に変換されたことが分かります。

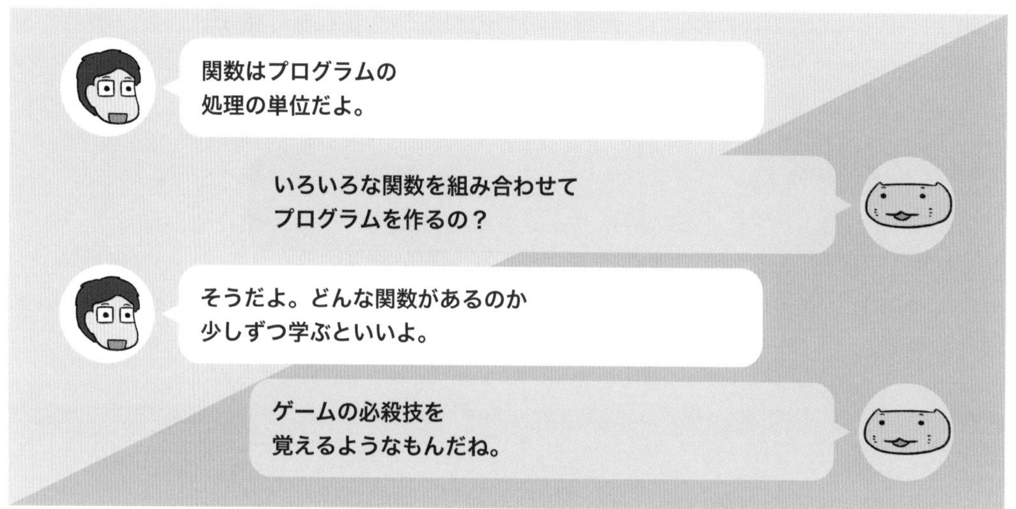

3-3 キャンバスを作って描画の準備をしよう

それではcanvas要素を作って、コンテクスト（2Dコンテクスト）を取り出しましょう。

要素を作る

Webページの要素を作るにはdocument.createElement()メソッドを使います。引数にタグ名を書くと、そのタグの要素を作ります。ここでは'canvas'と書き、canvas要素を作ります。

chapter-3/2/js/main.js

```
let canvas = document.createElement('canvas');     // 生成
```

▼canvas要素を作る

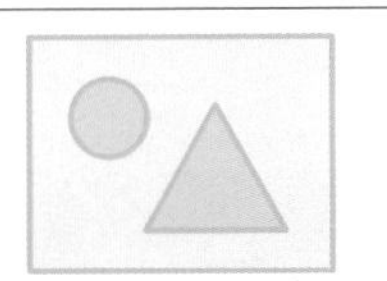

要素の属性を設定する

作った直後のcanvas要素は横幅と高さが0なので、それぞれのサイズを設定します。サイズの設定はwidth（横幅）とheight（高さ）のプロパティに値を代入しておこないます。ここでは横幅1200、高さ800にします。

```
canvas.width = 1200;     // 横幅設定
canvas.height = 800;     // 高さ設定
```

▼横幅と高さを決める

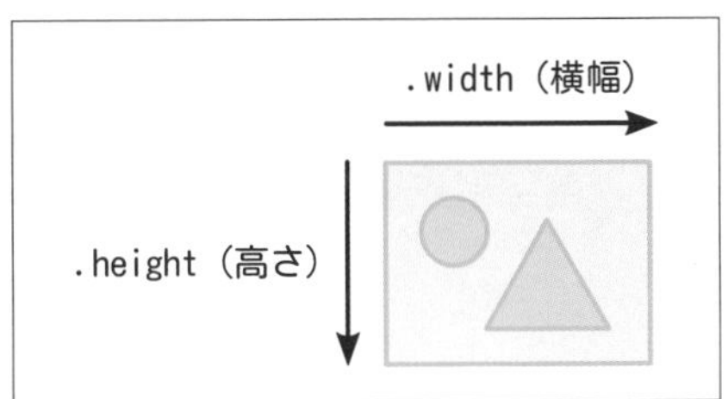

コンテクストを得る

最後に、作成したcanvasオブジェクトのgetContext()メソッドを使い、コンテクストを得ます。ここでは'2d'と書き、2Dコンテクストを得ます。

```
let context = canvas.getContext('2d');     // 2Dコンテキスト
```

▼コンテクストを得る

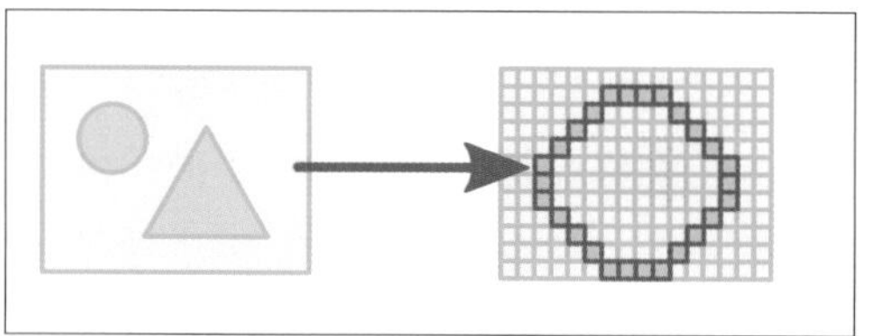

まとめ

今回のプログラムをまとめて掲載します。canvas要素を作り、サイズを設定して、コンテクストを取り出す流れを確かめてください。最後にcanvasとcontextをコンソールに表示します。

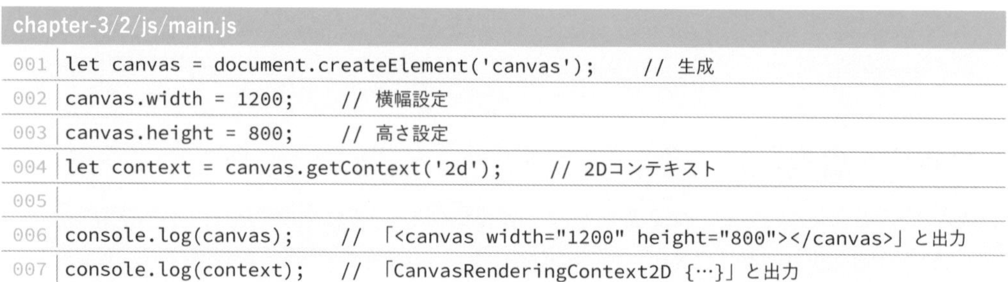

chapter-3/2/js/main.js

```
let canvas = document.createElement('canvas');     // 生成
canvas.width = 1200;     // 横幅設定
canvas.height = 800;     // 高さ設定
let context = canvas.getContext('2d');     // 2Dコンテキスト

console.log(canvas);     // 「<canvas width="1200" height="800"></canvas>」と出力
console.log(context);    // 「CanvasRenderingContext2D {…}」と出力
```

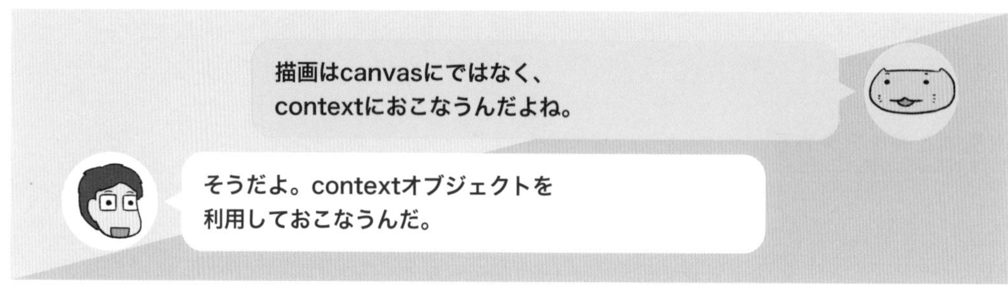

3-4 キャンバスをWebページに追加しよう

DOMツリーへの追加

作った`canvas`要素は、そのままではWebページに表示されません。WebページのDOMツリーに追加する必要があります。ここでは「id属性の値がtarget」の`div`要素の下に追加します。

chapter-3/3/index.html

```
    <div id="target"></div>
```

この状態にする

```
    <div id="target">
        <canvas width="1200" height="800">
    </div>
```

プログラムの実例

今回は、DOMツリーに要素を追加します。そのため、DOMの内容の読み込みを待ってから処理を始めます。

処理の全体を`document.addEventListener('DOMContentLoaded', function() { })`で囲います。

`canvas`要素を作り、DOMツリーに追加する実際のプログラムを示します。

chapter-3/3/js/main.js

```
001 document.addEventListener('DOMContentLoaded', function() {
002     let canvas = document.createElement('canvas');    // 生成
003     canvas.width = 1200;    // 横幅設定
004     canvas.height = 800;    // 高さ設定
005 
006     canvas.style.background = 'url(image/bg.png)';  // 背景画像を設定
007     let target = document.querySelector('#target'); // idがtargetの要素を選択
008     target.append(canvas);  // canvas要素を追加
009 });
```

2~4行目では`canvas`要素を作り、サイズを設定します。この部分は前回と同じです。

6~8行目は新しい部分です。

まずは6行目です。DOMの要素では`.style.background`に文字列を代入することで、背景の色や画像を設定できます。ここでは'url(image/bg.png)'（背景画像のパス）を設定して、画像を背景にしています。

次は7行目です。document.querySelector()メソッドは、引数に書いたセレクターで、要素を選択します。指定したセレクターは'#target'（idがtargetの要素）です。選択した要素を、変数targetに代入します。

最後は8行目です。選択した要素のappend()メソッドを使い、作成したcanvas要素を追加します。次のようなツリー構造になります。

▼DOMツリー

```
+ <div id="target">
    + <canvas width="1200" height="800">
```

Webページでの見た目も確認します。プログラムで書いた内容が反映されます。

▼canvas要素をWebページに追加

documentや要素の、プロパティやメソッド

documentや要素には、さまざまなプロパティやメソッドがあります。この本で出てくるものを、いくつか紹介します。

まずはdocumentのメソッドです。documentは、文書の最上位にあるオブジェクトです。

▼documentのメソッド

メソッド	説明
`.querySelector(セレクター)`	「セレクター」で指定した要素を選択する。
`.createElement(要素名)`	「要素名」の要素を作成する。
`.addEventListener(イベント名, 関数)`	「イベント名」のイベントが発生したら「関数」を実行する。

次は要素のメソッドです。`document`と同じメソッドも多いです。

▼要素のメソッド

メソッド	説明
`.querySelector(セレクター)`	自身の配下に限定して、「セレクター」で指定した要素を選択する。
`.addEventListener(イベント名, 関数)`	「イベント名」のイベントが発生したら「関数」を実行する。
`.append(要素)`	自身の配下に、「要素」を追加する。
`.remove()`	自身の要素を削除する。

`document`も要素も、実際にはもっと多くのメソッドがあります。

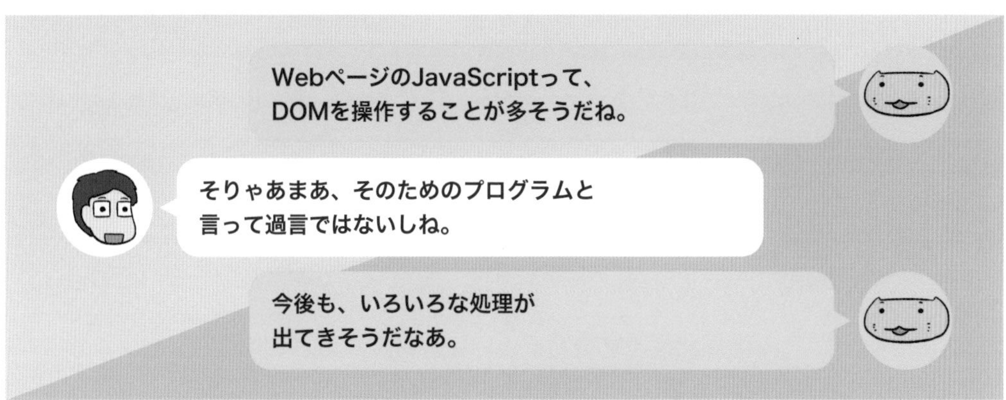

3-5 キャンバスを塗りつぶそう

canvasを塗りつぶすプログラム

ここでは、作成したキャンバスを四角く塗りつぶします。`fillStyle`プロパティで、塗りつぶす色を設定し、`fillRect()`メソッドで、四角く塗りつぶします。`rect`は「rectangle（長方形）」の略です。

今回は全体のプログラムとWebページの表示を先に示します。11～15行目が、新しく追加したところです。

chapter-3/4/js/main.js

```
001 document.addEventListener('DOMContentLoaded', function() {
002     let canvas = document.createElement('canvas');    // 生成
003     canvas.width = 1200;    // 横幅設定
004     canvas.height = 800;    // 高さ設定
005     const context = canvas.getContext('2d');    // 2Dコンテキスト
006 
007     canvas.style.background = 'url(image/bg.png)';  // 背景画像を設定
008     let target = document.querySelector('#target'); // idがtargetの要素を選択
009     target.append(canvas);  // canvas要素を追加
010 
011     context.fillStyle = '#004488';  // 塗りつぶし色
012     context.fillRect(50, 100, 600, 400);   // 四角く塗りぶつし
013 
014     context.fillStyle = '#ee6666';  // 塗りつぶし色
015     context.fillRect(350, 300, 800, 400);   // 四角く塗りぶつし
016 });
```

▼塗りつぶし

色の書き方

11行目と、14行目では色を指定しています。

```
011    context.fillStyle = '#004488';  // 塗りつぶし色
```

```
014    context.fillStyle = '#ee6666';  // 塗りつぶし色
```

`'#004488'`や`'#ee6666'`は、Webページで色を指定するときの書き方です。

この文字列は、先頭の「#」を除いて2文字ずつ分けます。たとえば`'#004488'`なら、「00」「44」「88」と分けます。

この値は、それぞれ**16進数**の数値です。この数値を日常生活で使う10進数に直すと「0」「68」「136」になります。

16進数というのは、16で桁が上がるプログラム向けの数え方です。「0、1、2、3、4、5、6、7、8、9、A(10)、B(11)、C(12)、D(13)、E(14)、F(15)」の16文字で1桁分を表します。たとえば16進数で「1F」なら、10進数では「1×16+15」で「31」になります。

▼16進数と10進数の対応

16進数	0	1	2	3	4	5	6	7	8	9	A	B	C	D	E	F
10進数	0	1	2	3	4	5	6	7	8	9	10	11	12	13	14	15

16進数	10	11	12	13	14	15	16	17	18	19	1A	1B	1C	1D	1E	1F
10進数	16	17	18	19	20	21	22	23	24	25	26	27	28	29	30	31

11行目の3種類の数値「0」「68」「136」のうち、最初の数字「0」は赤（**R**ed）、次の数字「68」は緑（**G**reen）、最後の数字「136」は青（**B**lue）の色の強さ（明るさ）です。赤と緑と青を合わせて**RGB**といいます。Webページの色指定では、それぞれの色は「00～FF」(0～255）の値をとります。`'#004488'`は、少し濃い目の青色になります。

▼色1

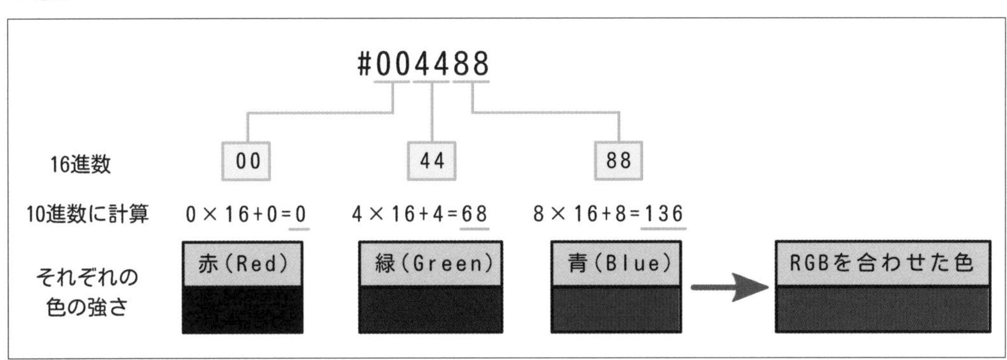

14行目の塗りつぶし色は`'#ee6666'`です。「ee」「66」「66」と分けます。アルファベットの部分は、大文字「EE」でも小文字「ee」でもかまいません。

この数値を日常生活で使う10進数に直すと「238」「102」「102」になります。赤は「238」、緑は「102」、青は「102」の意味です。`'#ee6666'`は、少し濃い目のピンク色になります。

▼色2

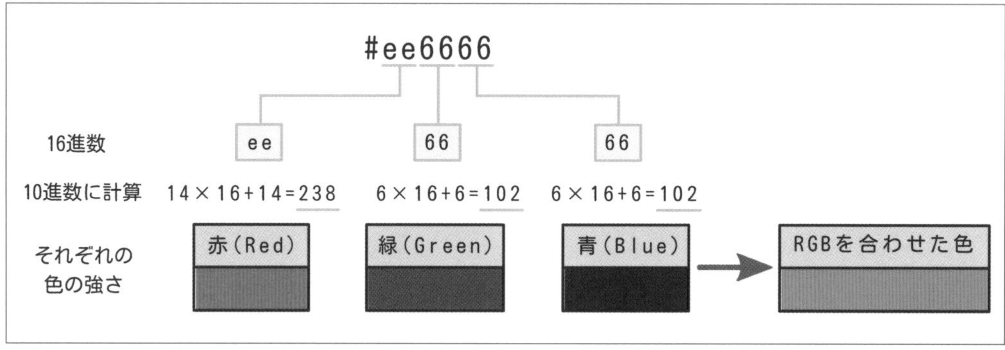

色の設定と塗りつぶし

11～12行目のプログラムを見ていきます。

```
011    context.fillStyle = '#004488';  // 塗りつぶし色
012    context.fillRect(50, 100, 600, 400);   // 四角く塗りぶつし
```

11行目で、`context.fillStyle`に色を代入します。

12行目では、`context.fillRect()`メソッドを使い、色を塗りつぶします。`context.fillRect()`メソッドは、`x`、`y`、`width`（横幅）、`height`（高さ）の引数をとります。塗りつぶす範囲は、開始のX座標が`50`、Y座標が`100`、横幅が`600`、高さが`400`です。

▼描画位置とサイズ1

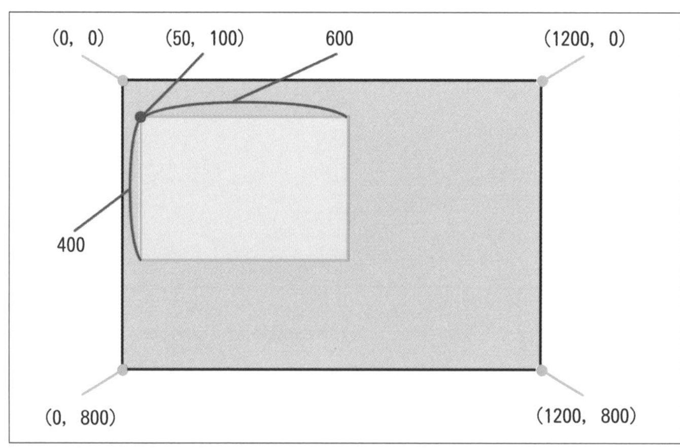

次に、14～15行目のプログラムを見ていきます。

```
014    context.fillStyle = '#ee6666';  // 塗りつぶし色
015    context.fillRect(350, 300, 800, 400);   // 四角く塗りぶつし
```

14行目で、`context.fillStyle`に色を代入します。

15行目では、`context.fillRect()`メソッドを使い、色を塗りつぶします。塗りつぶす範囲は、開始のX座標が`350`、Y座標が`300`、横幅が`800`、高さが`400`です。

▼描画位置とサイズ2

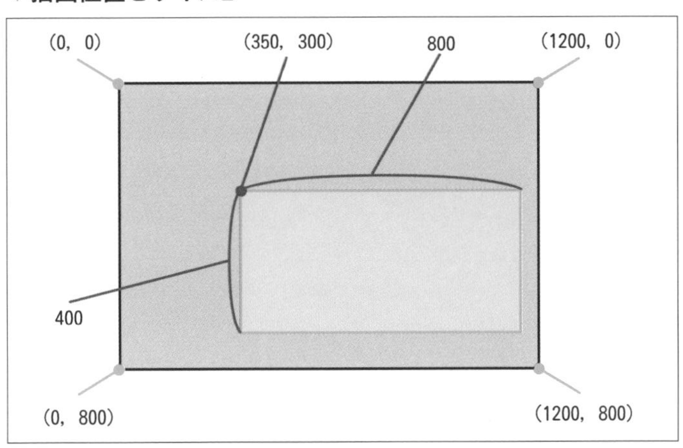

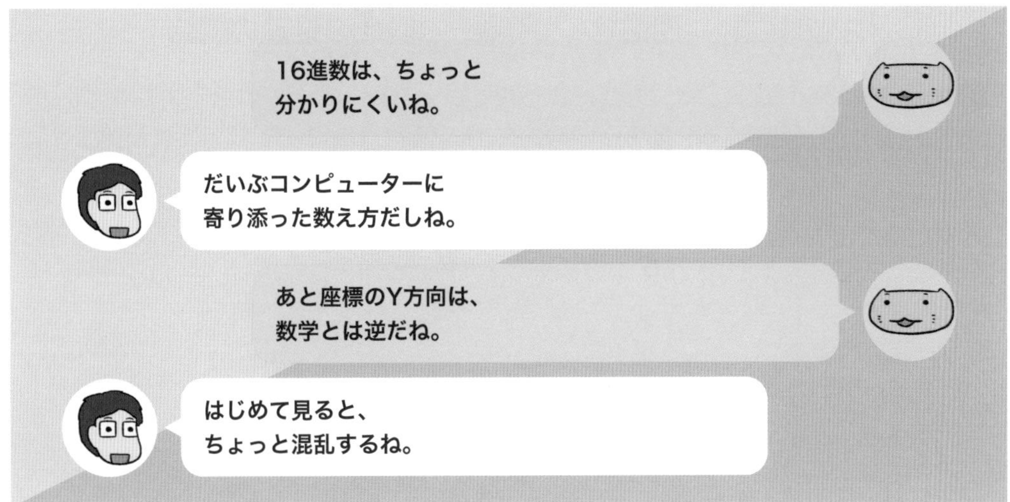

3-6 処理をまとめよう（ユーザー関数）

これまではJavaScriptに組み込まれている関数やメソッドを使ってきました。ここでは関数を自分で作ります。こうした関数を特別にユーザー関数と呼ぶこともあります。

関数を書いてみる

関数を作るときは`function`という構文を使います。まずは最も基本的な関数の例です。2つの引数をもとに、その合計値を返します。

chapter-3/5-a/js/main.js

```
// 2つの数値を足す関数
function add(arg1, arg2) {        // 引数「arg1」「arg2」をとる
    let sum = arg1 + arg2;        // 計算処理をおこなう
    return sum;                   // 戻り値を返す
}
```

上のプログラムの`arg`は「argument（引数）」の略です。

関数の基本的な構造を次に示します。

▼関数の基本的な構造

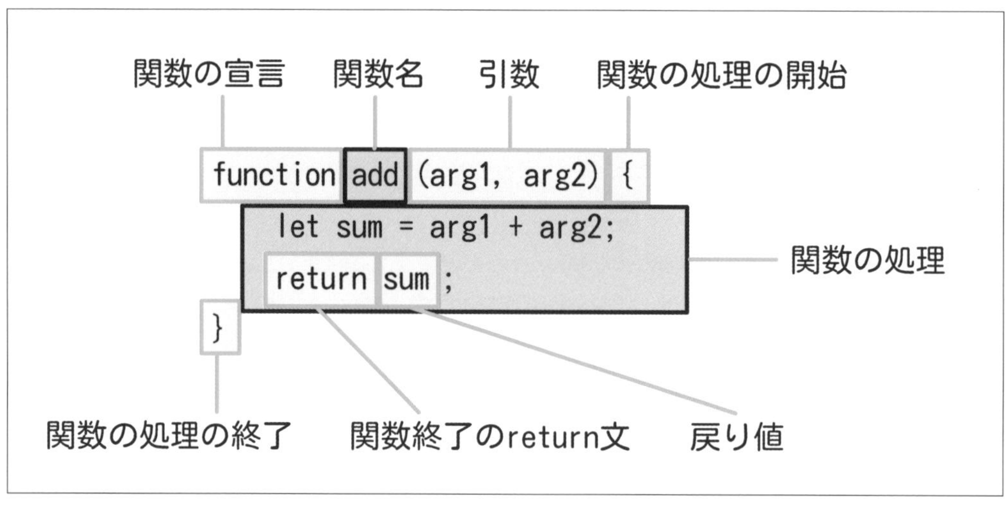

関数は`function`で始めます。関数名は、通常の変数名と同じようなプログラム内での名前です。引数は、値を受け取る特別な変数です。引数は`( )`の中に書きます。複数あるときは`,`で区切ります。

関数の処理部分は`{ }`で囲います。関数の処理部分は、これまでのプログラムと同じです。

関数の内部は、インデントしてから書きます。インデントは半角スペース4文字でお

こなうことが多いです。「VSCode」の設定も、初期状態では4文字スペースのインデントです。

関数の処理が終了したら`return`文で終了します。このとき、`return`のあとに書いた値が戻り値になり、関数の呼び出し元に返されます。`return`と戻り値のあいだには半角スペースが必要です。

VSCodeのインデント機能

「VSCode」のインデント機能を説明します。

インデントはTabキーを押すとおこなえます。複数行選択してTabキーを押すと、まとめてインデントできます。

Shift＋Tabキーを押すと、インデントを1つ解除します。複数行選択してShift＋Tabキーを押すと、まとめてインデントを1つ解除します。

また、インデントされた行で改行キーを押すと、次の行もインデントされた状態になります。

関数を使ってみる

作成した関数`add`を利用するプログラムを書きます。

```
007 let res = add(100, 200);            // 関数を利用
008 console.log(res);                   // 「300」とコンソールに表示
```

ユーザー関数は、これまでの組み込み関数やメソッドと同じように利用できます。

このプログラムを実行すると、7行目の`add()`の2つの引数`100`と`200`が、2行目の`add()`関数に渡されます。2行目の`add()`関数では、この2つの値を受け取り、足し算をおこないます。そして、足し算の結果`300`を、戻り値として返します。

7行目の`add()`関数を書いた場所は、関数の戻り値`300`に置き換わります。この値を、変数`res`に代入します。

`res`はプログラムでよく出てくる略語です。「result（結果）」や「response（反応）」の省略として使われます。

関数の他の書き方

関数の書き方は他にもあります。変数に、関数を代入する方法で書いてみます。

chapter-3/5-b/js/main.js

```
// 2つの数値を足す関数
let add = function(arg1, arg2) {     // 引数「arg1」「arg2」をとる
    let sum = arg1 + arg2;          // 計算処理をおこなう
    return sum;                     // 戻り値を返す
};
```

ここでは、functionのあとの関数名を省略しています。そしてfunctionで作成した関数オブジェクトを、変数addに代入しています。この変数addも、先ほどと同じように関数として使えます。

```
let res = add(100, 200);          // 関数を利用
console.log(res);                 // 「300」とコンソールに表示
```

こうした名前のない関数は、実はこれまでにも出てきました。DOMの内容の読み込みを待つ処理です。addEventListener()メソッドの、2つめの引数が関数オブジェクトです。

```
document.addEventListener('DOMContentLoaded', function() {
});
```

名前のない関数は、このように変数に代入せずに使うこともあります。こうした名前のない関数を匿名関数（無名関数）と呼ぶこともあります。

引数や戻り値がないとき

引数や戻り値は、必ずしも必要ではありません。必要ないときは書かないこともできます。

引数が不要なときは、丸括弧の中を空にします。戻り値が不要なときは、return文のあとに戻り値を書かなくてよいです。また、return文自体を省略してもよいです。

引数や戻り値がない例

```
function meow() {
    console.log('ニャー');
}
```

return文で処理を打ち切る

return文は、そこで関数の処理を打ち切るという構文です。return文が実行されたあとの関数内の処理は無視されます。のちほど出てくる条件分岐と組み合わせて、特定の条件で処理を打ち切ったり、異なる戻り値を返したりします。

return文で処理を途中で打ち切る

```
function meow() {
    console.log('ニャー');
    return;      // ここで処理は打ち切られる
    console.log('ニャー！ニャー！');     // ここは処理されない
}
```

3-7 キャンバスを作る処理をまとめよう

プログラム作成の準備

新しいJavaScriptファイル「game-canvas.js」を作り、HTMLファイルから読み込みます。

chapter-3/6-a/index.html

```
    <script src="js/game-canvas.js"></script>
```

「game-canvas.js」を開いてプログラムを書きます。これから書くプログラムでは、同じグループの関数を、同じオブジェクトのプロパティにして管理します。そのために変数`gameCanvas`を作り、空のオブジェクト`{}`を代入します。

chapter-3/6-a/js/game-canvas.js

```
// ゲーム キャンバス
const gameCanvas = {};
```

ここでは`let`で変数を宣言するのではなく、`const`で定数として宣言しています。あとで再代入する予定のない値は、定数として作った方が、バグ（誤り）が出にくくなります。間違って、別の値を代入してしまうことがなくなるからです。

キャンバスを生成する関数

次に、`gameCanvas`の`genCanvas`プロパティに、`canvas`要素を生成する関数を代入します。JavaScriptでは、オブジェクトのプロパティやメソッドをあとで追加できます。

`genCanvas`の`gen`は、「generate（生成）」の略です。

```
// キャンバスの生成
gameCanvas.genCanvas = function(w, h) {
    const canvas = document.createElement('canvas');    // 生成
    canvas.width = w;    // 横幅設定
    canvas.height = h;  // 高さ設定
    const context = canvas.getContext('2d');    // 2Dコンテキスト
    return {canvas, context, w, h};
};
```

この関数は、引数として`w`（widthの略、横幅）と、`h`（heightの略、高さ）の値を受け取ります。このサイズで`canvas`要素を作り、`getContext()`メソッドでコンテクストを取り出します。

6～9行目は、これまで説明してきたプログラムの内容と同じです。

略記プロパティ名

10行目の`return`文で返す戻り値は、`{ }`で作ったオブジェクトです。ここは少し説明が必要です。

```
010     return {canvas, context, w, h};
```

この部分を分解して書くと、次のようになります。

```
010     let object = {canvas: canvas, context: context, w: w, h: h};
011     return object;
```

このときの`canvas: canvas`の部分は、左の`canvas`がプロパティ名です。そして、右の`canvas`は、変数`canvas`の値を代入することを意味します。

こうした書き方は冗長なため、省略する書き方がJavaScriptには用意されています。

オブジェクトのプロパティを、変数から作るときは、`{canvas, context, w, h}`のように変数名だけを書くと、自動で変数名をプロパティ名にして、変数の値をプロパティの値にしてくれます。

こうした書き方を**略記プロパティ名**といいます。

作成した関数の利用

「main.js」を作り、この関数を利用します。

chapter-3/6-a/js/main.js

```
let canvas = gameCanvas.genCanvas(1200, 800);
console.log(canvas);
```

コンソールに、関数の戻り値が表示されます。

コンソール

```
{
    canvas: canvas,
    context: CanvasRenderingContext2D,
    h: 600,
```

```
    w: 800
}
```

クラスの静的メソッドを利用する方法

今回は関数の整理のためにオブジェクトを利用しました。他の整理方法としては、クラスを作り、静的メソッドにする方法もあります。その例を次に示します。

chapter-3/6-b/js/game-canvas.js

```
// ゲーム キャンバス
class GameCanvas {
    // キャンバスの生成
    static genCanvas(w, h) {
        const canvas = document.createElement('canvas');    // 生成
        canvas.width = w;   // 横幅設定
        canvas.height = h;  // 高さ設定
        const context = canvas.getContext('2d');    // 2Dコンテキスト
        return {canvas, context, w, h};
    }
}
```

chapter-3/6-b/js/main.js

```
let canvas = GameCanvas.genCanvas(1200, 800);
console.log(canvas);
```

クラスの名前は大文字から始めるので、`gameCanvas`を`GameCanvas`に改めています。あとは基本的に同じです。

この本では、関数を個別に説明しやすい、オブジェクトを利用した方法で書いていきます。

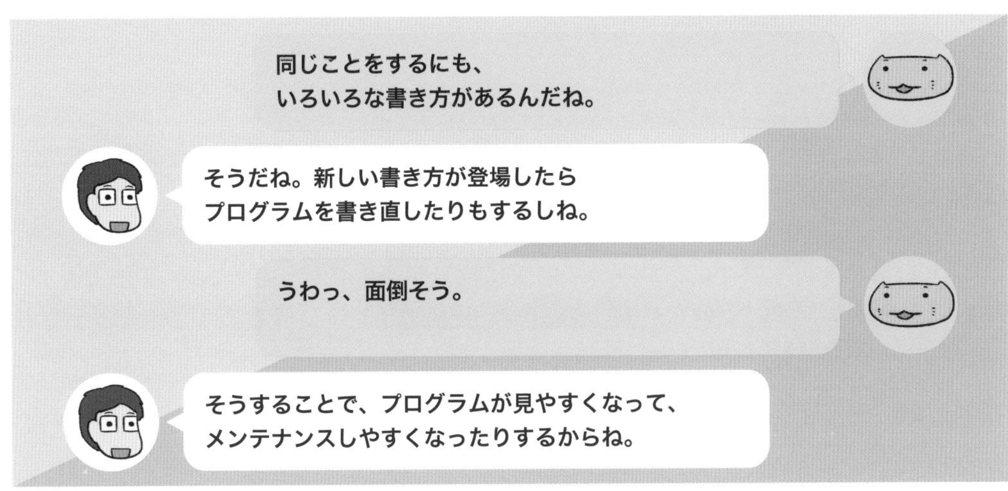

3-8 キャンバスをWebページに追加する処理をまとめよう

キャンバスをWebページに追加する処理

次は、canvas要素をWebページに追加する処理を関数にまとめます。「game-canvas.js」にaddCanvas()関数を追加します。

chapter-3/7/js/game-canvas.js

```
013 // 指定要素下に、指定サイズでキャンバスを作成して格納
014 gameCanvas.addCanvas = function(selector, w, h) {
015     const cobj = this.genCanvas(w, h);
016     const element = document.querySelector(selector);
017     element.append(cobj.canvas);
018     return cobj;
019 };
```

この関数は、引数としてselector（要素を選択するセレクター）、w（widthの略、横幅）と、h（heightの略、高さ）の値を受け取ります。

15行目では、genCanvas()関数を使い、引数のサイズでcanvas要素を作ります。そして戻り値を、変数cobjに代入します。

16行目では、document.querySelector()メソッドを使い、selectorで要素を選択します。そして選択した要素を、変数elementに代入します。

17行目では、element要素のappend()メソッドを使い、作成したcanvas要素を追加します。

最後の18行目では、genCanvas()関数の戻り値のオブジェクトを、return文で返します。

this

注目してほしいのはthis.genCanvas(w, h)の部分です。先ほど作成した関数をthis.genCanvas()という書き方で使っています。

このaddCanvas()関数は、gameCanvasオブジェクトのプロパティです。このとき、thisというキーワードは、プロパティの親に相当するオブジェクトgameCanvasオブジェクトを指します。そのためthis.genCanvas()という書き方でgameCanvas.genCanvas()関数を利用できます。

▼thisの場所

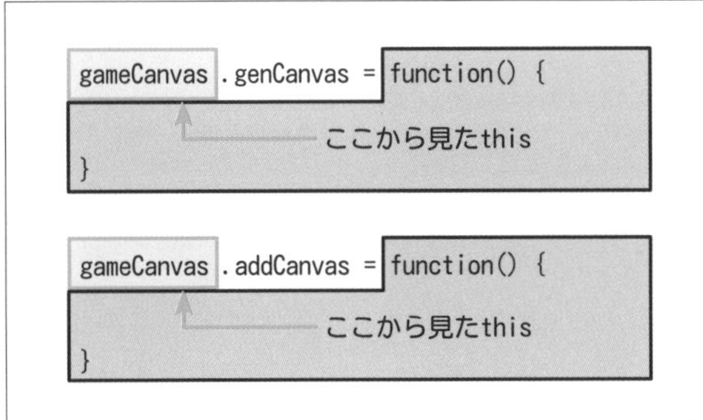

cobj

`genCanvas()`の戻り値は、変数`cobj`に代入しました。この`cobj`の名前は「canvasが入っているobject」という程度の意味です。そうした用語があるわけではありません。さまざまなプロパティが入っているために、こうした名前にしています。

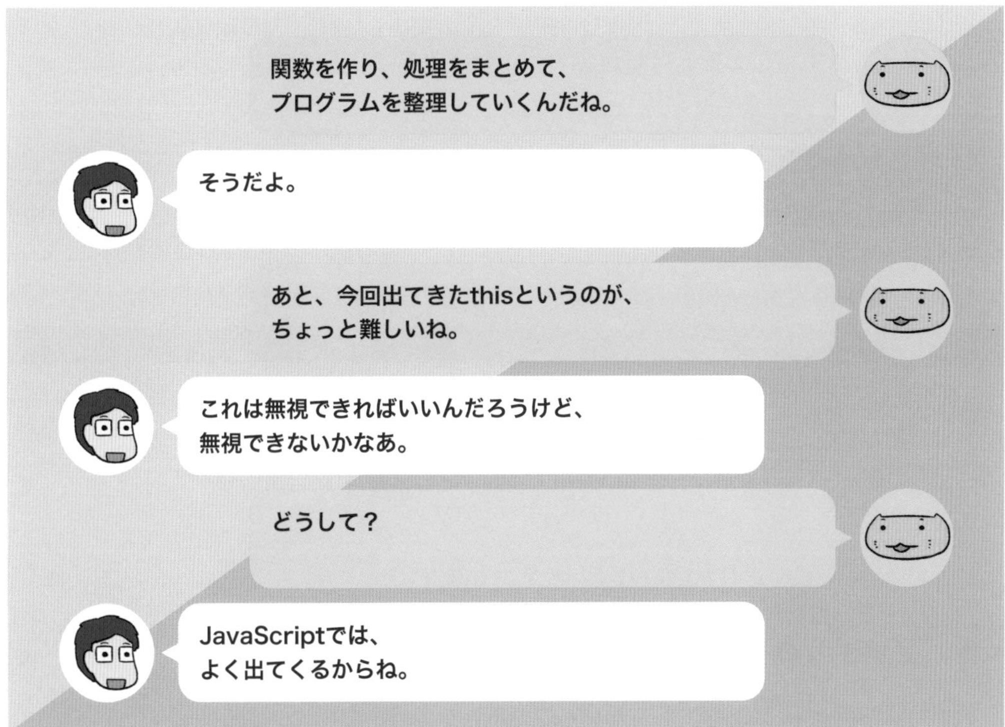

3-9 背景付きキャンバスをWebページに追加する処理をまとめよう

背景付きキャンバスをWebページに追加する関数

次は、背景付きキャンバスをWebページに追加する処理を、関数にまとめます。「game-canvas.js」に`addBgCanvas()`関数を追加します。

chapter-3/7/js/game-canvas.js

```
021 // 指定要素下に、指定サイズで背景用キャンバスを作成して格納
022 gameCanvas.addBgCanvas = function(selector, w, h) {
023     const cobj = this.addCanvas(selector, w, h);
024     cobj.canvas.style.background = 'url(image/bg.png)';
025     return cobj;
026 };
```

24行目で、`canvas`要素の`style.background`に`'url(image/bg.png)'`を代入します。こうすることで、背景付きの`canvas`要素を作ります。

作成した関数の利用

それでは、今回作成した関数を利用して、プログラムを書きましょう。「main.js」に処理を書きます。

chapter-3/7/js/main.js

```
document.addEventListener('DOMContentLoaded', function() {
    let cobj = gameCanvas.addBgCanvas('#target', 1200, 800);
    cobj.context.fillStyle = '#004488';         // 塗りつぶし色
    cobj.context.fillRect(100, 100, 1000, 600); // 四角く塗りぶつし
});
```

Webページに追加された`canvas`要素を示します。

▼作成した関数の利用

第4章

紙芝居のように画面を書き換えよう

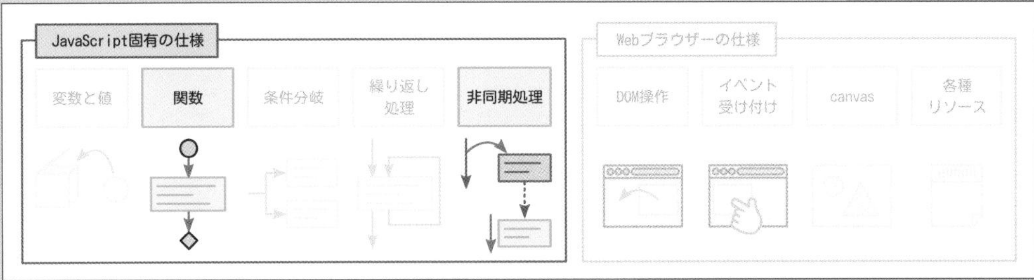

図形を描いたけど、止まったままだったよね。
ゲームの画面は書き換わるよね。

そうだね。
書き換えたいの？

うん。リバーシも盤面が変わるしね。
でも、いきなりアニメーションは難しそう。

じゃあ、紙芝居はどう？
少し時間を空けて、違う図形を描くんだ。

そんなこと、できるの？

JavaScriptには、そうした仕組みが
いくつかあるよ。

4-1 時間とともに処理をおこなおう

この章ではリバーシの作成は進めません。少しだけ立ち止まって、この先に必要な知識を学びます。

setTimeoutとsetInterval

ここではまず、時間を置いて処理をおこなう方法を学びます。`setTimeout()`と`setInterval()`の2つの関数が登場します。下の引数の「時間」の単位はミリ秒(1/1000秒)です。

▼時間を置いて処理をおこなう関数

関数	説明
`setTimeout(関数, 時間)`	引数2の時間が経過したら、引数1の関数を実行する。
`setInterval(関数, 時間)`	引数2の時間が経過するごとに、引数1の関数を実行する。

`setTimeout()`は、一定時間後に「1回だけ」処理をおこないます。`setInterval()`は、一定時間ごとに「何度も」処理をおこないます。

コールバック関数

`setTimeout()`や`setInterval()`は、関数を引数にします。こうした「引数として利用する関数」のことを**コールバック関数**といいます。

コールバック関数を受け取った関数は、処理の中でコールバック関数を使用します。

▼コールバック関数

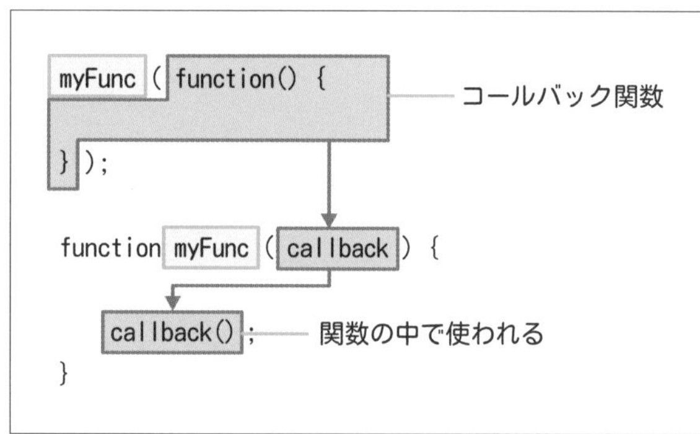

setTimeoutを使った例

setTimeout()関数を使った例を示します。

chapter-4/1-a/js/main.js

```
001 console.log('開始1');
002 setTimeout(function() {
003     console.log('処理を実行');
004 }, 1000);
005 console.log('開始2');
```

コンソール

```
開始1
開始2
処理を実行 ◀―――― (1000ミリ秒後に表示)
```

出力された情報の順番に注目してください。

まず1行目で、「開始1」とコンソールに表示します。

2～4行目では、setTimeout()関数に、コールバック関数を渡します。ここでは、あとで実行する処理を登録するだけで、実行はしません。

次の5行目では、「開始2」とコンソールに表示します。

そして、setTimeout()関数で指定した1000ミリ秒経過したあとに、コールバック関数を実行します。コールバック関数は、「処理を実行」とコンソールに表示します。

▼setTimeout()関数

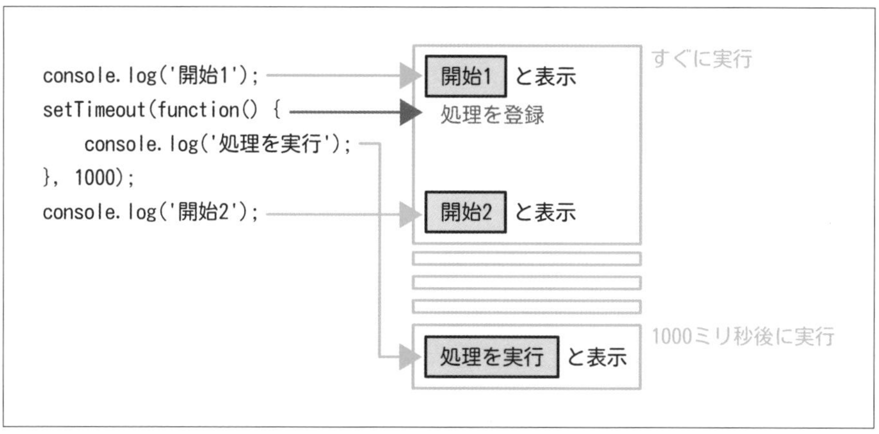

setIntervalを使った例

setInterval()関数を使った例を示します。

chapter-4/1-b/js/main.js

```
console.log('開始1');
setInterval(function() {
    console.log('処理を実行');
}, 1000);
console.log('開始2');
```

コンソール
開始1
開始2
処理を実行 ◀――― (1000ミリ秒後に表示)
処理を実行 ◀――― (さらに1000ミリ秒後に表示)
処理を実行 ◀――― (さらに1000ミリ秒後に表示)
⋮

出力の順番はsetTimeout()関数のときと同じです。setInterval()関数に渡したコールバック関数は、あとで実行されます。

setTimeout()関数とsetInterval()関数の違いは、コールバック関数を実行する回数です。setTimeout()関数では1回のみでしたが、setInterval()関数は何度も実行します。

▼setInterval()関数

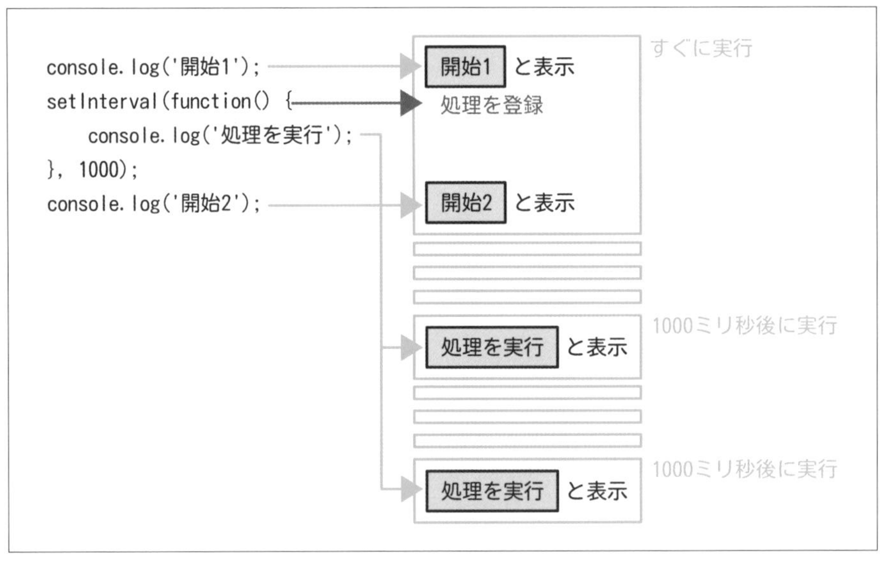

処理の停止

setTimeout()関数を止めるにはclearTimeout()関数を使います。

setTimeout()関数は戻り値としてtimeoutIdを返します。このtimeoutIdをclearTimeout()関数の引数にすると、登録した処理を止められます。

```
let timeoutId = setTimeout(function() {}, 1000);
clearTimeout(timeoutId);
```

setInterval()関数を止めるにはclearInterval()関数を使います。setInterval()関数は戻り値としてintervalIdを返します。このintervalIdをclearInterval()関数の引数にすると、登録した処理を止められます。

```
let intervalId = setInterval(function() {}, 1000);
clearInterval(intervalId);
```

処理の停止の例

停止の例を、プログラムで示します。

chapter-4/1-c/js/main.js

```
001 let id = setInterval(function() {
002     console.log('処理を実行');
003 }, 1000);
004 setTimeout(function() {
005     clearInterval(id);
006     console.log('処理を停止');
007 }, 2500);
```

コンソール

```
処理を実行 ◀―――― (1000ミリ秒後に表示)
処理を実行 ◀―――― (さらに1000ミリ秒後に表示)
処理を停止 ◀―――― (開始から2500ミリ秒後に表示)
```

1行目で、変数idに、setInterval()関数の戻り値を代入します。そして5行目で、この変数idとclearInterval()関数を使い、setInterval()関数の処理を止めます。

実際の処理の流れも見ていきます。setInterval()関数に渡したコールバック関数を2回実行したあと、setTimeout()関数に渡したコールバック関数が実行されます。このコールバック関数の中で、一定時間ごとの処理を止めます。

▼clearInterval()関数

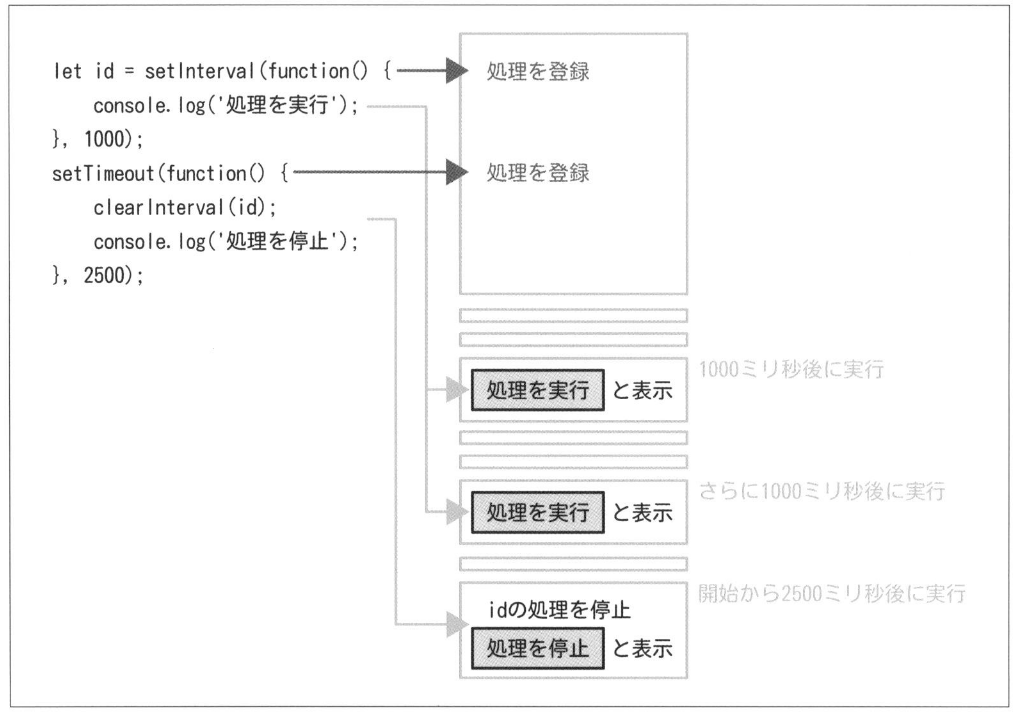

同期処理と非同期処理

通常のプログラムは、処理が終わったあとに次の処理をおこないます。こうした順番どおりの処理を同期処理といいます。

対して、`setTimeout()`や`setInterval()`は書いた順番どおりに動作せず、プログラムを書いた順番から切り離されて処理がおこなわれます。こうした処理のことを非同期処理といいます。

JavaScriptでは、非同期処理をコールバック関数で書くことが多いです。

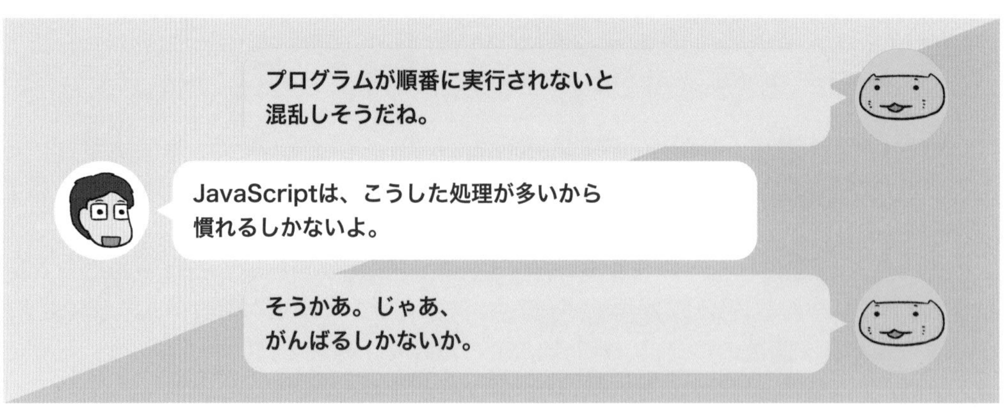

4-2 紙芝居をおこなおう

前回の続きです。`setTimeout()`関数を利用して、紙芝居的に表示します。ここでは、前の章で作成した「game-canvas.js」を利用します。

chapter-4/1-d/js/main.js

```
document.addEventListener('DOMContentLoaded', function() {
    let cobj = gameCanvas.addBgCanvas('#target', 1200, 800);

    cobj.context.fillStyle = '#002040';
    cobj.context.fillRect(100, 50, 600, 400);

    setTimeout(function() {
        cobj.context.clearRect(0, 0, cobj.w, cobj.h);
        cobj.context.fillStyle = '#004060';
        cobj.context.fillRect(300, 200, 600, 400);

        setTimeout(function() {
            cobj.context.clearRect(0, 0, cobj.w, cobj.h);
            cobj.context.fillStyle = '#006080';
            cobj.context.fillRect(500, 350, 600, 400);
        }, 1000);   // 1000ミリ秒後の、さらに1000ミリ秒後
    }, 1000);       // 1000ミリ秒後
});
```

最初に長方形を描いたあと、1000ミリ秒後、2000ミリ秒後に、位置をずらして長方形を描きます。

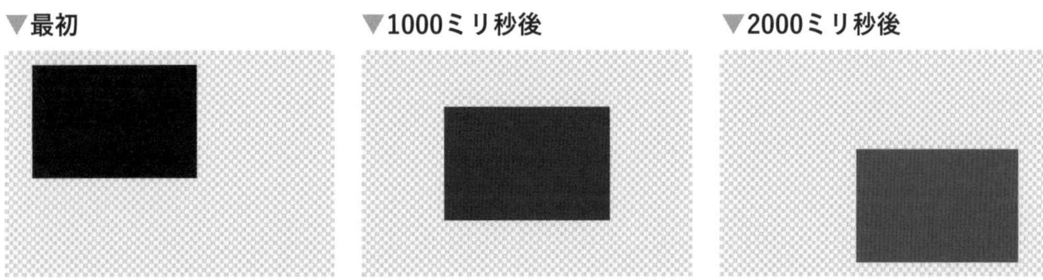

▼最初　▼1000ミリ秒後　▼2000ミリ秒後

それでは、処理を詳しく見ていきましょう。

canvasを四角形で消す

`context.clearRect()`は、四角形の内側の、描画内容を消すメソッドです。引数は`fillRect()`と同じ、X座標、Y座標、横幅、高さです。この座標とサイズで描画内容を消します。

ここでは、X座標`0`、Y座標`0`、横幅`cobj.w`（canvasの横幅）、高さ`cobj.w`（canvasの高さ）で、四角形の領域を消します。この結果、`canvas`の見た目が初期状態（透明）に戻ります。

一度、描画内容を消したあとに描画することで、前回の内容を残さずに、新しい内容を表示できます。

▼一度、描画内容を消したあとに描画

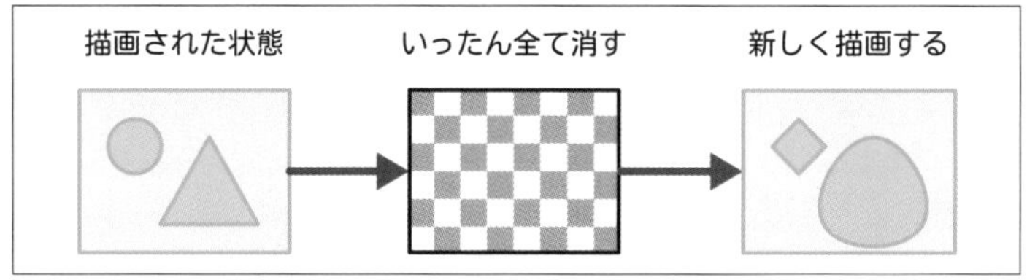

コールバック関数の入れ子

先ほど書いたプログラムは、コールバック関数が入れ子になっています。今回は入れ子が少ないですが、数が増えればプログラムが見づらくなります。

入れ子が多いプログラムの例を示します。

```
setTimeout(function() {
    処理
    setTimeout(function() {
        処理
        setTimeout(function() {
            処理
            setTimeout(function() {
                処理
            }, msec);
        }, msec);
    }, msec);
}, msec);
```

理想の読みやすいプログラムは、次のような状態です。

```
sleep(msec);    // 処理を待つ
処理
sleep(msec);    // 処理を待つ
処理
sleep(msec);    // 処理を待つ
処理
sleep(msec);    // 処理を待つ
処理
```

この章では、こうした読みやすいプログラムを書く手法を紹介します。

近年のJavaScriptでは、Promiseやasync/awaitという仕組みを利用して、プログラムの読みやすさを実現しています。

4-3 待ってから続きの処理をおこなおう（Promise）

setTimeout()関数は、書いた順番に処理がおこなわれない非同期処理です。ここでは、setTimeout()関数のような処理を、読みやすく書くための第1歩を学びます。

この段階では、あまり読みやすくなりませんが（むしろ複雑になりますが）、次の段階に進むと、とても読みやすくなります。そのため、ここは我慢してください。

Promiseとresolve

ここではPromiseという仕組みを紹介します。Promiseの仕様は多くありますが、ここでは最小限にとどめます。複雑ですので一度で理解しようとせず、ある程度先に進んで、実例を多く見たあとに読み直すとよいでしょう。

Promiseの意味は「約束」です。Promiseは、new Promise(コールバック関数)という形で新しいPromiseオブジェクトを作ります。

このコールバック関数は、function(resolve) {〜}のようにresolveという引数をとります。resolveの意味は「解決」です。Promiseを作ったときの「約束」は、resolve()関数の実行で「解決」します。

Promiseを作り、1秒後にresolve()を実行する例を示します。

chapter-4/2/js/main.js

```
001 function sleep() {
002     let promise = new Promise(function(resolve) {
003         setTimeout(function() {
004             resolve();
005         }, 1000);
006     });
007     return promise;
008 }
```

このsleep()関数は、2行目でPromiseオブジェクトを作り、変数promiseに代入します。そして7行目のreturn文で戻り値として返します。

▼Promise

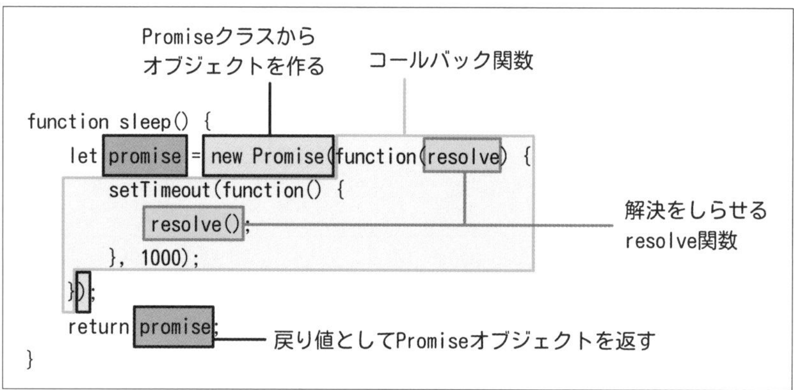

then

作成したPromiseオブジェクトには、いくつかのメソッドがあります。その中で最も重要なのはthen()メソッドです。thenの意味は「その次に」です。

then()メソッドは引数にコールバック関数をとります。このコールバック関数は、Promiseオブジェクトのresolve()が実行されると、「その次の処理」として実行されます。

▼Promise

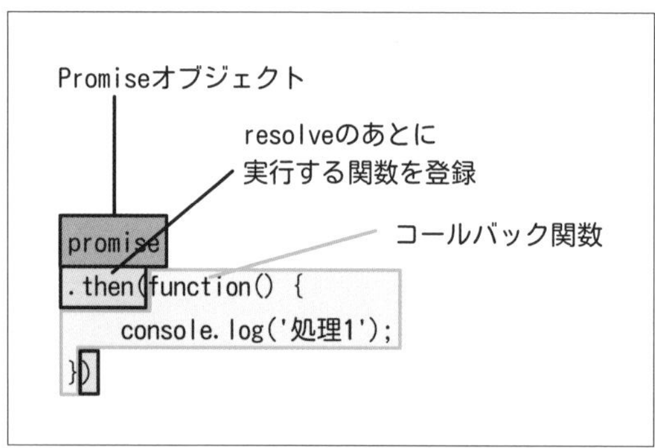

then()メソッドは、戻り値としてPromiseオブジェクトを返します。そのため.then().then()のように数珠繋ぎできます。

この数珠繋ぎした処理を、1つずつ待つ方法もあります。then()メソッドのコールバック関数内のreturn文で、Promiseオブジェクトを返すようにします。すると、そのPromiseオブジェクトのresolve()が実行されたタイミングで、次のthen()メソッドのコールバック関数が実行されます。

▼Promise

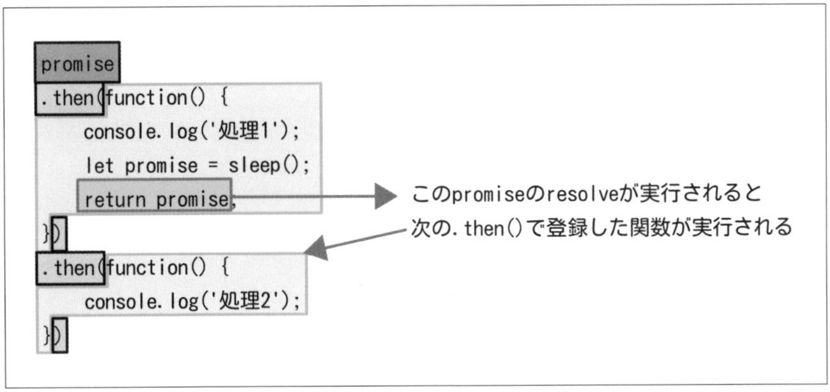

```
promise
.then(function() {
    console.log('処理1');
    let promise = sleep();
    return promise;
})
.then(function() {
    console.log('処理2');
})
```

このpromiseのresolveが実行されると
次の.then()で登録した関数が実行される

処理を3つ数珠繋ぎにした例です。実行1000ミリ秒後に「処理1」、その1000ミリ秒後に「処理2」、その1000ミリ秒後に「処理3」とコンソールに表示されます。

chapter-4/2/js/main.js

```
let promise = sleep();

promise
.then(function() {
    console.log('処理1');
    let promise = sleep();
    return promise;
})
.then(function() {
    console.log('処理2');
    let promise = sleep();
    return promise;
})
.then(function() {
    console.log('処理3');
});
```

コンソール

```
処理1 ◀──── （実行開始の1000ミリ秒後に表示）
処理2 ◀──── （さらに1000ミリ秒後に表示）
処理3 ◀──── （さらに1000ミリ秒後に表示）
```

Promiseを使うことでsetTimeout()のコールバック関数を入れ子にしなくてよくなりました。しかし、けっして読みやすいプログラムではありません。次はasync/awaitの仕組みを使い、人間にとって読みやすくします。

4-4 待つ処理を簡単に書く方法を知ろう(async/await)

async/await

Promiseを使ったプログラムは、コールバック関数の入れ子を解決してくれましたが冗長でした。async/awaitを使うと、こうしたプログラムをすっきりと書けます。

async/awaitを使う手順を示します。まず、functionの前にasyncを付けます。asyncが付いた関数内では、awaitを利用できます。

```
async function() {
}
```

次に、Promiseオブジェクトを返す関数の前にawaitを付けます。こうするとresolve()が実行されるのを待ってから、次の処理に進みます。

```
async function() {
    await sleep();
}
```

Promiseを使って書いた処理を、async/awaitで書き換えます。非常にすっきりします。

chapter-4/3-a/js/main.js

```
async function main() {
    await sleep();
    console.log('処理1');
    await sleep();
    console.log('処理2');
    await sleep();
    console.log('処理3');
}

main();
```

Promiseの処理の戻り値

Promiseを使った処理では、戻り値も設定できます。戻り値はresolve()の引数に書きます。

resolve()に引数を書き、then()とawaitの2つの方法で受け取る例を示します。まずはsleep()関数を書き換え、reolve('待機終了')と書きます。

chapter-4/3-b/js/main.js

```
function sleep() {
    let promise = new Promise(function(resolve) {
        setTimeout(function() {
            resolve('待機終了');
        }, 1000);
    });
    return promise;
}
```

then()を使った例です。変数resで、'待機終了'を受け取ります。

chapter-4/3-b/js/main.js

```
let promise = sleep();

promise
.then(function(res) {
    console.log(res);
});
```

awaitを使った例です。変数resで、'待機終了'を受け取ります。

chapter-4/3-c/js/main.js

```
async function main() {
    let res = await sleep();
    console.log(res);
}

main();
```

このようにして、Promiseを使った処理の戻り値を受け取れます。

一時停止用の関数を作る

リバーシの処理で実際に使う一時停止関数を作ります。「js」フォルダーの中に「game-util.js」というファイルを作り、HTMLファイルから読み込みます。

chapter-4/3-d/index.html

```
    <script src="js/game-util.js"></script>
```

続いて「game-util.js」ファイルに`gameUtil.sleep()`関数を書きます。この関数は、引数`time`で待機時間を指定できるようにします。

chapter-4/3-d/js/game-util.js

```
// ゲーム ユーティリティ
const gameUtil = {};

// 一時停止
gameUtil.sleep = function(time) {
    let promise = new Promise(function(resolve) {
        setTimeout(resolve, time)
    });
    return promise;
};
```

一時停止用の関数を使う

この関数を利用して、この章のはじめに作った紙芝居的表示のプログラムを書き換えます。コールバック関数の入れ子が解消されて読みやすくなりました。

chapter-4/3-d/js/main.js

```
document.addEventListener('DOMContentLoaded', async function() {
    let cobj = gameCanvas.addCanvas('#target', 1200, 800);
    cobj.canvas.style.background = 'lightgray'; // 背景を明るい灰色にする

    cobj.context.fillStyle = '#002040';
    cobj.context.fillRect(100, 50, 600, 400);

    await sleep(1000);  // 1000ミリ秒
    cobj.context.clearRect(0, 0, cobj.w, cobj.h);
    cobj.context.fillStyle = '#004060';
    cobj.context.fillRect(300, 200, 600, 400);

    await sleep(1000);  // 1000ミリ秒
    cobj.context.clearRect(0, 0, cobj.w, cobj.h);
    cobj.context.fillStyle = '#006080';
    cobj.context.fillRect(500, 350, 600, 400);
});
```

4-5 関数を短く書く方法を知ろう（アロー関数）

アロー関数

プログラマーには「プログラムを短く書きたい」という欲求があります。簡潔にプログラムを書くと読みやすくなるからです。

JavaScriptの関数は`function`キーワードを使って書きます。しかし`function`は文字数が長いです。もっと短い書き方が、のちに登場しました。それが**アロー関数**です。アロー関数は`=>`（アロー記号）を使って関数を書きます。

次の2つは同じように使える関数です。アロー関数の方が文字数が少なく、記述がすっきりしています。

通常の関数

```
let func = function(arg1, arg2) {
    return 'res';
};
```

アロー関数

```
let func = (arg1, arg2) => {
    return 'res';
};
```

さらに短く書く

アロー関数は、関数を短く書くことにこだわった記法です。そのため、さまざまな「短く書く」方法が用意されています。

まずは、引数が1つのときです。丸括弧を省略できます。

引数が1つのとき

```
let func = arg1 => {
    return 'res';
};
```

ただし、引数が0のときは省略できずに丸括弧のみを書きます。

引数が0のとき

```
let func = () => {
    return 'res';
};
```

処理が1行のときは`{ }`を省略できます。このときは、最後に書いた処理の結果が戻り値になります。

処理が1行のとき

```
let func = (arg1, arg2) => 'res';
```

一時停止関数を短く書く

前に作った`gameUtil.sleep()`関数の`Promise`の部分を、アロー関数を使って短く書きます。

引数が0のとき

```
// 一時停止
gameUtil.sleep = function(time) {
    return new Promise(r => setTimeout(r, time));
};
```

とても短くなりました。

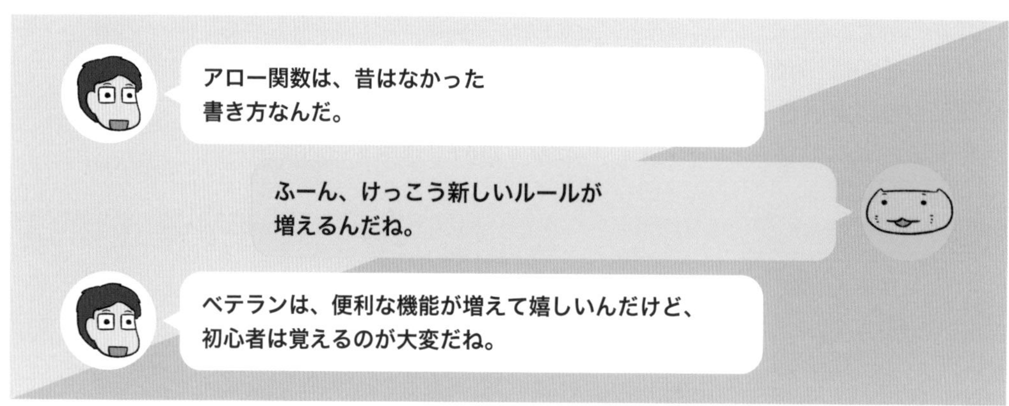

4-6 ふつうの関数とアロー関数の違いを知ろう

ふつうの関数とアロー関数の違い

functionを使った関数と、アロー関数は、ほぼ同じように使えますが、小さな差異があります。それはthisのあつかいです。そのためthisを使うときは注意が必要です。

ここは難しいので、この先のプログラムを読み、疑問を持ったタイミングで読むとよいでしょう。

functionの例1

まずは、これまで学んだthisの例です。関数をオブジェクトのメソッドにします。

chapter-4/5-a/js/main.js

```
const parent = {name: 'parent'};
parent.child = function() {
    console.log(this);
};
parent.child();
```

コンソール

```
{name: 'parent', child: ƒ}
```

← childの「ƒ」は関数オブジェクトを表す記号です。

thisはparentオブジェクトを指します。

▼thisの示す先

```
+ parent
    + child
```

← ここがthisになる。

アロー関数の例1

次に、アロー関数をオブジェクトのメソッドにします。

chapter-4/5-b/js/main.js

```
const parent = {name: 'parent'};
parent.child = () => {
```

```
    console.log(this);
};
parent.child();
```

コンソール

```
Window {window: Window, self: Window, document: document, …}
```

thisはwindowオブジェクトを指します。windowオブジェクトは、WebブラウザーのJavaScriptで、最上位のオブジェクト（グローバルオブジェクト）です。

▼thisの示す先

```
+ window ◀─── ここがthisになる。
    + parent
        + child
```

アロー関数は、functionを使った関数とは違い、thisの指す対象が変わらない特徴を持ちます。そのため、オブジェクトのメソッドにせず、次のように実行したのと同じ状態になります。

```
const parent = {name: 'parent'};
console.log(this);
```

▼thisの示す先

```
+ window ◀─── ここがthisになる。
    + parent
    + console.log(this);
```

functionの例2

次は、オブジェクトのメソッド内でfunctionを使った例です。

chapter-4/5-c/js/main.js

```
const parent = {name: 'parent'};
parent.child = function() {
    let inner = function() {
        console.log(this);
    };
    inner();
};
parent.child();
```

コンソール

```
Window {window: Window, self: Window, document: document, …}
```

inner()関数のthisはwindowになります。関数に親オブジェクトがないときは、グローバルオブジェクトのwindowがthisになります。

この挙動は、プログラムに'use strict'を書き、厳格モードにすると変わります（JavaScriptには、プログラムの自由度を制限する、厳格モードというものがあります）。

chapter-4/5-d/js/main.js

```
'use strict';
const parent = {name: 'parent'};
parent.child = function() {
    let inner = function() {
        console.log(this);
    };
    inner();
};
parent.child();
```

コンソール

```
undefined
```

親オブジェクトがないときはundefined（未定義）になります。こちらの方が素直な挙動で分かりやすいです。

アロー関数の例2

オブジェクトのメソッド内でアロー関数を使った例です。

chapter-4/5-e/js/main.js

```
const parent = {name: 'parent'};
parent.child = function() {
    let inner = () => {
        console.log(this);
    };
    inner();
};
parent.child();
```

コンソール

```
{name: 'parent', child: ƒ}
```

inner()関数のthisはparentになります。アロー関数は、thisの指す対象が変わりません。そのため、次のように実行したのと同じ状態になります。

```
const parent = {name: 'parent'};
parent.child = function() {
    console.log(this);
};
parent.child();
```

アロー関数のコールバック関数での活用

アロー関数はthisの指す内容が変わらないために、メソッド内でコールバック関数を書くときに便利です。

chapter-4/5-f/js/main.js

```
const parent = {name: 'parent'};
parent.child = function() {
    setTimeout(() => {
        console.log(this.name);
    }, 1);
};
parent.child();
```

コンソール

```
parent
```

メソッド内でthisが指す対象が変わらないので、素直にプログラムを書けます。こうした違いは初心者には高度ですので、いきなり理解する必要はないです。

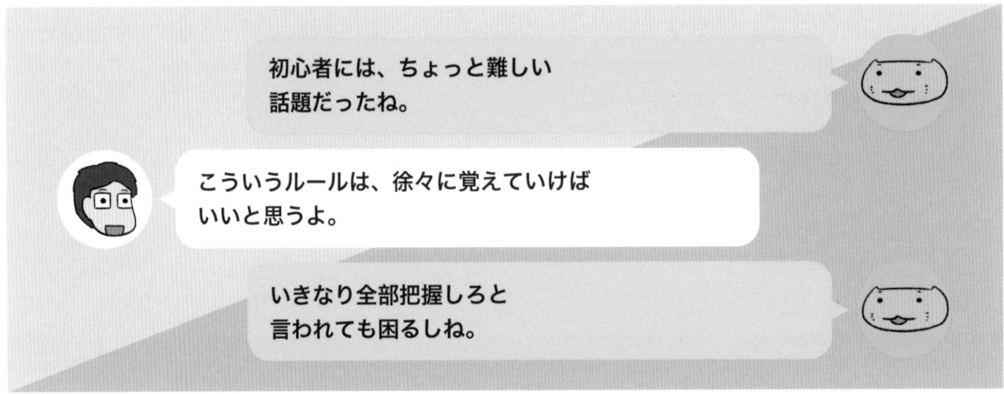

第5章

画像を読み込んで描画しよう

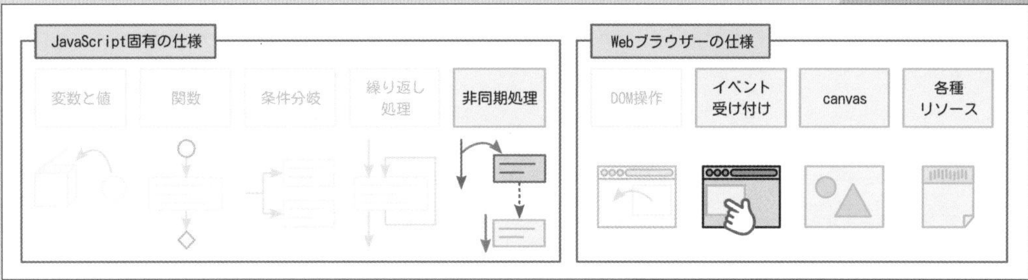

前回はなぜPromiseや
async/awaitを学んだの？

ゲームでは画像を読み込んで描画するよね。
実はその読み込みで使うんだ。

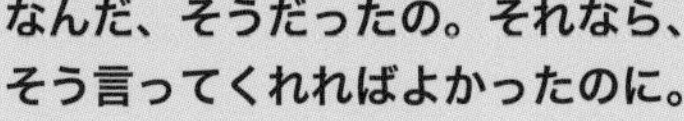

なんだ、そうだったの。それなら、
そう言ってくれればよかったのに。

というわけで今回は、画像の
読み込みと描画をおこなうよ。

図形の描画より、ぐっと
ゲームの画面っぽくなるね。

うん。そこまでできたら、
次はゲームの画面を作るからね。

5-1 画像描画の基本を知ろう

JavaScriptでの画像の読み込み

Webブラウザーが画像を利用するときは、サーバーから画像をダウンロードして表示します。ダウンロードが完了するまでの時間は、サーバーの状態や通信状態により変わります。そのため、読み込みがどのタイミングで終わるかは分かりません。

JavaScriptで画像の読み込みと描画をおこなうときは、次のような流れになります。

▼JavaScriptで画像の読み込みと描画をおこなうときの処理の流れ

画像を読み込むときに、コールバック関数を登録しておく。
　↓
画像を読み込み終わったタイミングで、コールバック関数が実行される。
　↓
コールバック関数の中で、その画像を描画する。

この処理をプログラムで書くと次のようになります。4～8行目が、該当部分です。画像の読み込みには、4行目の`Image`オブジェクトを使います。

chapter-5/1-a/js/main.js

```
001 document.addEventListener('DOMContentLoaded', function() {
002     let cobj = gameCanvas.addBgCanvas('#target', 1200, 800);
003 
004     let image = new Image();
005     image.onload = function() {
006         cobj.context.drawImage(image, 0, 0);
007     };
008     image.src = 'image/token0.png';
009 });
```

▼画像の読み込みと描画

画像の読み込み

画像の読み込みは次のようにおこないます。

```
004    let image = new Image();
005    image.onload = function() {

007    };
008    image.src = 'image/token0.png';
```

まず4行目でImageオブジェクトを作り、変数imageに代入します。

そして5行目で、onloadプロパティに、画像の読み込みが終わったあとに実行する関数を代入します。読み込む前に描画すると何も表示されませんので注意が必要です。

8行目では、srcプロパティに読み込む画像のパスを代入します。

こうすることで、画像を読み込んだあとに、処理をおこなえます。

on+イベント名

これまでは、Webページでイベントが発生したときの処理をaddEventListner()メソッドで登録していました。今回はonloadプロパティに処理を登録しました。どちらの方法でも、イベントが発生したときの処理を登録できます。

onloadで書いたプログラムを、addEventListner()メソッドで書き換えてみます。結果は同じです。

chapter-5/1-b/js/main.js

```
    let image = new Image();
    image.addEventListener('load', function() {
        cobj.context.drawImage(image, 0, 0);
    });
    image.src = 'image/token0.png';
```

onloadはonと「イベント名」(load) を組み合わせたものです。この「イベント名」の部分を、addEventListner()メソッドのイベント名にすれば、同じように処理を登録できます。

各要素の「onイベント名」プロパティには、イベント発生時の処理を書けます。この処理は、Webページに直接書くこともできます。すでに出てきたHTMLファイルにも、この方法で処理を書いている部分があります。

stable/index.html

```
<body oncontextmenu="return false;">
```

このoncontextmenuは、右クリックメニュー（コンテクストメニュー）を表示しようとしたときの処理です。return false;と書くことで、右クリックメニューの表示をキャンセルします。

このように、ほぼ同じに使えるon+イベント名プロパティとaddEventListner()

メソッドですが、違いもあります。on+イベント名プロパティでは、最後に代入した関数1つしか実行されません。addEventListner()メソッドでは、登録した処理は全て実行されます。

画像の描画

画像の描画はcontextのdrawImage()メソッドでおこないます。

```
006        cobj.context.drawImage(image, 0, 0);
```

drawImage()メソッドは、引数の数によって処理が異なります。

▼drawImage()の引数

引数	説明
image, dx, dy	画像imageを、X座標dx、Y座標dyの位置に描画
image, dx, dy, dw, dh	画像imageを、X座標dx、Y座標dyの位置に、横幅dw、高さdhで描画
image, sx, sy, sw, sh, dx, dy, dw, dh	画像imageを、X座標sx、Y座標sy、横幅sw、高さshで参照して、X座標dx、Y座標dy、横幅dw、高さdhに描画

最後の書き方は、引数が多くて複雑なので図を示します。それぞれsは「source（送り元）」、dは「destination（送り先）」の略です。

▼drawImage()の引数

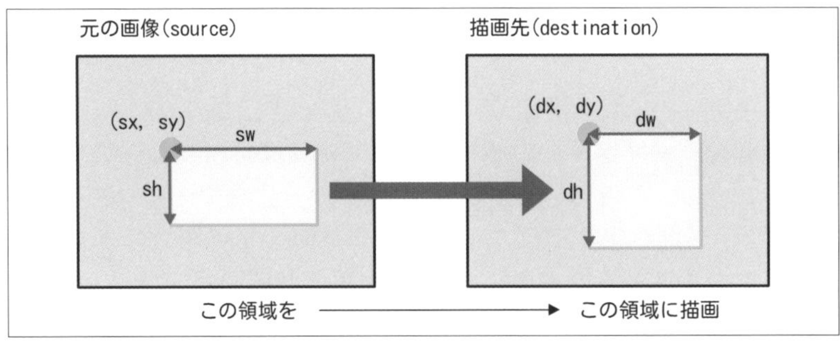

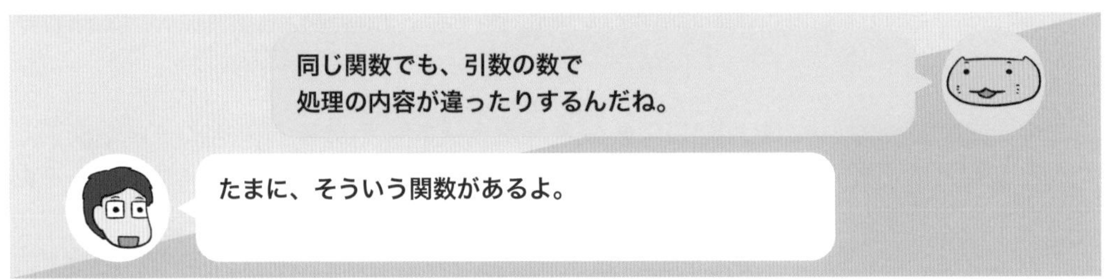

5-2 複数の画像を読み込んで描画しよう

前回は、1つの画像を読み込んで描画しました。しかし、前回の方法では、2つ以上の画像を好きな順番で描画するのが難しいです。ゲームでは、一度読み込んだ画像を、進行に合わせて自由に描画したいです。

2つの画像の読み込み

次のプログラムでは「token0.png」（黒猫）と「token1.png」（白猫）の画像の、どちらが先に読み込まれるか決まっていません。そのため何度もリロードすると、描画の順番が変わります（「token1.png」が先に描画される頻度は、かなり低いです）。

chapter-5/2-a/js/main.js

```
document.addEventListener('DOMContentLoaded', function() {
    let cobj = gameCanvas.addBgCanvas('#target', 1200, 800);

    let image0 = new Image();
    image0.src = 'image/token0.png';
    image0.onload = function() {
        cobj.context.drawImage(image0, 0, 0);
    };

    let image1 = new Image();
    image1.src = 'image/token1.png';
    image1.onload = function() {
        cobj.context.drawImage(image1, 150, 0);
    };
});
```

▼「token0.png」（黒猫）が先に描画

▼「token1.png」（白猫）が先に描画

Promiseとasync/awaitの利用

こうした問題を避けるには、2つの画像の読み込みを待ってから描画を始めなければなりません。また、プログラム自体も読みにくいので、読みやすく書き換えたいです。

これらの問題を解決するために、`Promise`と`async`/`await`を使ってプログラムを書き換えます。

第5章　画像を読み込んで描画しよう

まずは、画像の読み込みをおこなう`load()`関数を作ります。

chapter-5/2-b/js/main.js

```
001 // 画像の読み込み
002 let load = function(url) {
003     return new Promise(resolve => {
004         const image = new Image();
005         image.onload = () => {
006             resolve(image);     // 読み込み後の処理
007         }
008         image.src = url;    // URLを指定
009     });
010 };
```

2行目で、引数として`url`を受け取ります。そして、3行目の`return`文で`Promise`オブジェクトを返します。

`Promise`オブジェクトのコールバック関数の中（4～8行目）では、画像の読み込みをおこないます。

4行目で`Image`オブジェクトを作り、変数`image`に代入します。

5行目では`image`に、読み込み後の処理をおこなう関数を登録します。

8行目では、`image`の`src`に、引数の`url`を代入して画像を読み込みます。

5行目で登録した関数の処理について書きます。6行目で、`resolve()`を実行して、読み込んだ`image`オブジェクトを返します。

こうすることで`await load(url)`の戻り値として、読み込み終わった画像を受け取れます。

次は、作成した`load()`関数を使います。

chapter-5/2-b/js/main.js

```
012 document.addEventListener('DOMContentLoaded', async function() {
013     let cobj = gameCanvas.addBgCanvas('#target', 1200, 800);
014 
015     let image0 = await load('image/token0.png');
016     let image1 = await load('image/token1.png');
017 
018     cobj.context.drawImage(image0, 0, 0);
019     cobj.context.drawImage(image1, 150, 0);
020 });
```

12行目の`function`に、`async`を付けます。

15～16行目では、読み込んだ「token0.png」「token1.png」を、変数`image0` `image1`に代入します。このタイミングで、画像の読み込みは完了します。

そして、18～19行目で、それぞれの画像を描画します。

このように、2つの画像の読み込みを待ってから描画すれば、読み込みタイミングの問題は発生しなくなります。プログラムもすっきりして読みやすくなりました。

5-3 読み込んだ画像を管理して使おう

画像を管理するオブジェクトを作る

前回は、2つの画像を読み込んで描画しました。それぞれの画像に変数を用意しましたが、画像の数が増えると、個別の変数での管理は困難になります。

今回は、画像を管理する`holder`オブジェクトを用意して、まとめて管理します。

`load()`関数の引数を変えて、登録用の`id`を用意します。そしてこの`id`をプロパティ名にして、`holder[id] = image`のように`Image`オブジェクトを代入します。

chapter-5/3-a/js/main.js

```
001 let holder = {};     // ホルダー（画像保持用のオブジェクト）
002 
003 // 画像の読み込み
004 let load = function(id, url) {
005     return new Promise(resolve => {
006         const image = new Image();
007         image.onload = resolve;      // 読み込み後の処理
008         image.src = url;             // URLを指定
009         holder[id] = image;          // ホルダーに格納
010     });
011 };
```

1行目に変数`holder`を用意して、空のオブジェクトを代入します。

4行目の引数は`id`と`url`の2つに変更しました。

7行目の`onload`に代入する関数は`resolve`に変更しました。読み込みが終わったら`resolve()`関数を実行するだけなので、これで大丈夫です。

最後の9行目では、変数`holder`のプロパティ`id`に、`image`を代入します。

画像を利用するときは、`holder['token0']`のように`holder`のプロパティを指定します。

新しい`load()`関数を使ってプログラムを書きます。

chapter-5/3-a/js/main.js

```
document.addEventListener('DOMContentLoaded', async function() {
    let cobj = gameCanvas.addBgCanvas('#target', 1200, 800);

    await load('token0', 'image/token0.png');
    await load('token1', 'image/token1.png');
```

```
018      await load('square', 'image/square.png');
019
020      cobj.context.drawImage(holder['token0'], 0, 0);
021      cobj.context.drawImage(holder['token1'], 300, 0);
022      cobj.context.drawImage(holder['square'], 600, 0);
023  });
```

▼画像をまとめて管理

16～18行目では、`id`を`'token0'` `'token1'` `'square'`と指定して画像を読み込みます。

20～22行目では、登録したIDを利用して`holder`オブジェクトから画像を得て描画します。

同時に読み込む

これまでの方法では、1つの画像を読み込むのを待って、次の画像を読み込みました。画像の枚数が少ないうちはよいですが、多くなってくるとゲーム開始までの時間が長くなります。

そこで、先ほどのプログラムを変更して、画像を同時に読み込むようにします。`Promise`には、こうしたことを実現する`Promise.all()`メソッドが用意されています。

`Promise.all()`は、`Promise`オブジェクトの配列を引数にします。そして、`resolve()`が全て実行されたら、次の処理に進みます。

例を示します。

chapter-5/3-b/js/main.js

```
document.addEventListener('DOMContentLoaded', async function() {
    let cobj = gameCanvas.addBgCanvas('#target', 1200, 800);

    let array = [];
    array.push(load('token0', 'image/token0.png'));
    array.push(load('token1', 'image/token1.png'));
    array.push(load('square', 'image/square.png'));
    await Promise.all(array);

    cobj.context.drawImage(holder['token0'], 0, 0);
```

```
023     cobj.context.drawImage(holder['token1'], 300, 0);
024     cobj.context.drawImage(holder['square'], 600, 0);
025 });
```

配列のpush()メソッド

ここでは`push()`という新しいメソッドが出てきます。このメソッドは、配列の末尾に要素を追加します。`push()`メソッドを使った例を示します。

```
let array = [10, 20];
array.push(30);
array.push(40);
console.log(array);     // 「[10, 20, 30, 40]」とコンソールに表示
```

先のプログラムの17～19行目では、`load()`関数の戻り値を、1つずつ配列`array`の末尾に追加しています。

Promise.all()を使うときの注意点

`Promise.all()`を使うときの注意点を書きます。引数は、`Promise`オブジェクトの配列にします。`array.push(await load(～))`のように`await`を付けてはいけません。

`load()`関数の戻り値は`Psomise`オブジェクトですが、`await load()`の戻り値は、`resolve()`の引数です。`await`を付けると、`Promise`オブジェクトの配列になりません。

▼戻り値の違い

処理	戻り値
`load(id, url)`	`Promise`オブジェクト
`await load(id, url)`	`resolve()`の引数、ここでは`undefined`（※）

※ `load()`関数内では`resolve()`に引数を指定していないので、戻り値は`undefined`（未定義）になる。

Promise.all()を使うときの処理の流れ

`await load()`を順番に実行するときと、`await Promise.all()`を使うときの処理の流れを示します。

`await load()`を順番に実行するときは、1画像ずつ読み込みを待ってから、次の画像を読み込みます。そのため時間がかかります。

▼await load() を順番に実行

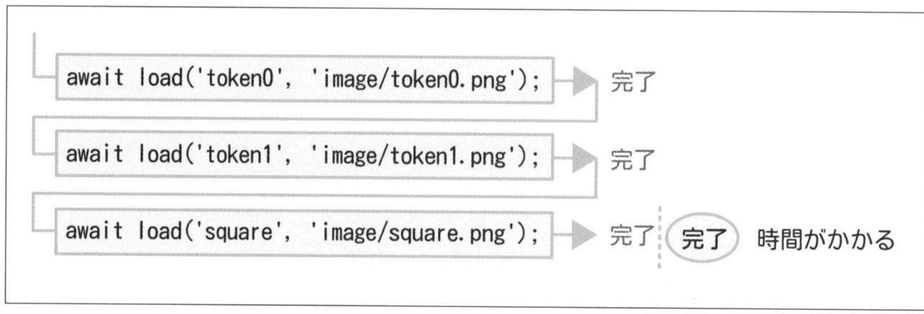

`await Promise.all()`を使うときは、画像を同時に読み込んで、全ての読み込みが終わったら、次の処理に進みます。1つずつ画像の読み込みを待たないので、読み込み完了が早くなります。

▼Promise.all() を使用

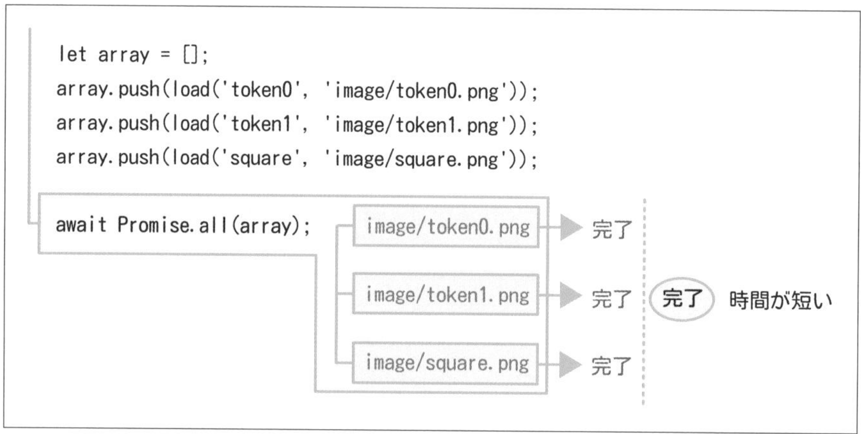

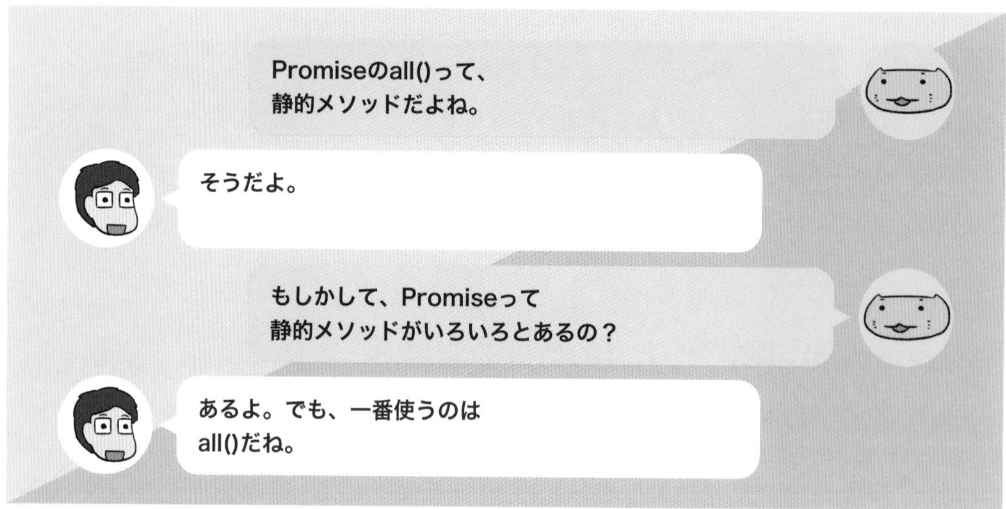

5-4 ゲームの画像を読み込もう

画像管理と描画をおこなう関数を作る

この章で書いたプログラムを整理しましょう。画像管理と描画をおこなう「res-image.js」ファイルを作り、HTMLファイルから読み込みます。

chapter-5/4-a/index.html

```
    <script src="js/res-image.js"></script>
```

プログラムを整理した「res-image.js」ファイルです。画像の描画をおこなう`resImage.draw()`関数も追加しています。

chapter-5/4-a/js/res-image.js

```
// リソース 画像
const resImage = {holder: {}};

// 画像の読み込み
resImage.load = function(id, url) {
    return new Promise(resolve => {
        const image = new Image();
        image.onload = resolve;      // 読み込み後の処理
        image.src = url;             // URLを指定
        this.holder[id] = image;     // ホルダーに格納
    });
};

// 画像の描画
resImage.draw = function(id, cobj, x, y, w, h) {
    cobj.context.drawImage(this.holder[id], x, y, w, h);
};
```

画像管理と描画をおこなう関数を使う

作成したプログラムを利用して、前回の「main.js」を書き換えます。`load`を`resImage.load`、`holder`を`resImage.holder`にします。

chapter-5/4-a/js/main.js

```
document.addEventListener('DOMContentLoaded', async function() {
    let cobj = gameCanvas.addBgCanvas('#target', 1200, 800);

    let promiseArray = [];
    promiseArray.push(resImage.load('token0', 'image/token0.png'));
    promiseArray.push(resImage.load('token1', 'image/token1.png'));
    promiseArray.push(resImage.load('square', 'image/square.png'));
    await Promise.all(promiseArray);

    resImage.draw('token0', cobj, 0, 0, 400, 400);
    resImage.draw('token1', cobj, 300, 0, 400, 400);
    resImage.draw('square', cobj, 600, 0, 400, 400);
});
```

実際のゲーム画像の読み込み部分を作る

次に、「app-resource.js」ファイルを作り、HTMLファイルから読み込みます。`app`は、「application（アプリケーション）」の略です。

chapter-5/4-b/index.html

```
    <script src="js/app-resource.js"></script>
```

chapter-5/4-b/js/app-resource.js

```
// アプリ リソース
const appResource = {};

// リソースの読み込み
appResource.load = async function() {
    const r = [];
    r.push(resImage.load('token0', 'image/token0.png'));
    r.push(resImage.load('token1', 'image/token1.png'));
    r.push(resImage.load('square', 'image/square.png'));
    r.push(resImage.load('active', 'image/active.png'));
    await Promise.all(r);
};
```

今回作るリバーシでは、4種類の画像を読み込みます。「app-resource.js」ファイルに`appResource.load()`関数を作り、読み込み処理を書きます。`load`に代入する関数には、`async`が付いていることに注意してください。

作った`appResource.load()`関数を「main.js」から呼び出します。

chapter-5/4-b/js/main.js

```
001 document.addEventListener('DOMContentLoaded', async function() {
002     console.log('load開始');
003     await appResource.load();
004     console.log('load終了');
005 });
```

3行目の`appResource.load()`の処理に`await`を付けています。先ほどの`async`と、今回の`await`の対応について説明します。

asyncが付いた関数の動作

「app-resource.js」ファイルの5行目で、`appResource.load`に代入している関数には`async`が付いています。`async function`は、`Promise`オブジェクトを返します。そして、処理が終わったときに自動で`resolve()`を実行します。

▼async functionの戻り値とresolve

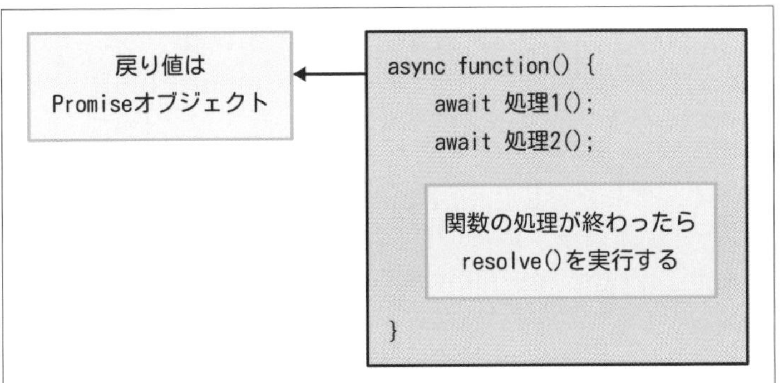

そのため`await appResource.load()`のように書くことで、`load`内の処理が全て終わってから、プログラムを進められます。

読み込んだ画像

これで、リバーシに必要な画像を読み込めました。次は、この画像を利用して、リバーシの盤面を作ります。

▼active.png

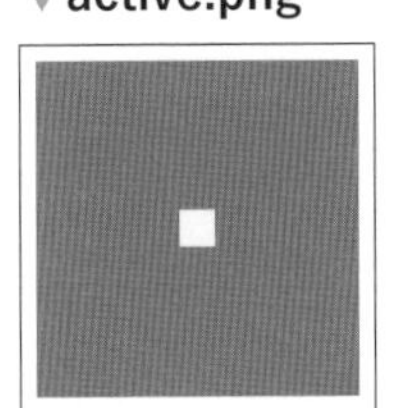

▼square.png

▼token0.png

▼token1.png

それぞれの画像は、横幅400ピクセル、高さが400ピクセルの正方形です。リバーシの盤面の8マス分並べると、3200ピクセルという大きなサイズになります。

こうした大きなサイズにしているのは、さまざまなサイズの画面に対応できるようにするためです。縦横3200ピクセルずつならば、たいていの場合は縮小されます。画像は拡大すると汚くなりますが、縮小してもそれほど汚くなりません。そのために、わざと大きなサイズにしています。

それぞれの画像についても説明しておきます。

石を置ける場所を表す「active.png」には、白い点を中央に打っています。これは、人によって赤色と緑色の区別が付きにくいためです。過去にリバーシを公開していて、色覚多様性のために石を置けるマスの区別が付かないという指摘がありました。そのため、色だけでなく形状で区別が付くようにしています。

▼**緑色が見えにくい場合の見た目**

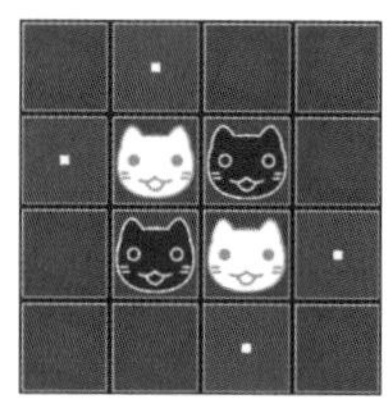

マスを表す「square.png」は、緑一色ではなく、わずかに模様を入れています。単一の色だと、のっぺりとするので、少しだけ変化が付くようにしています。

黒石を表す「token0.png」には、白いフチを付けています。これは盤面との区別が付きやすくするためです。同様に、白石を表す「token1.png」には、オレンジ色のフチを付けています。

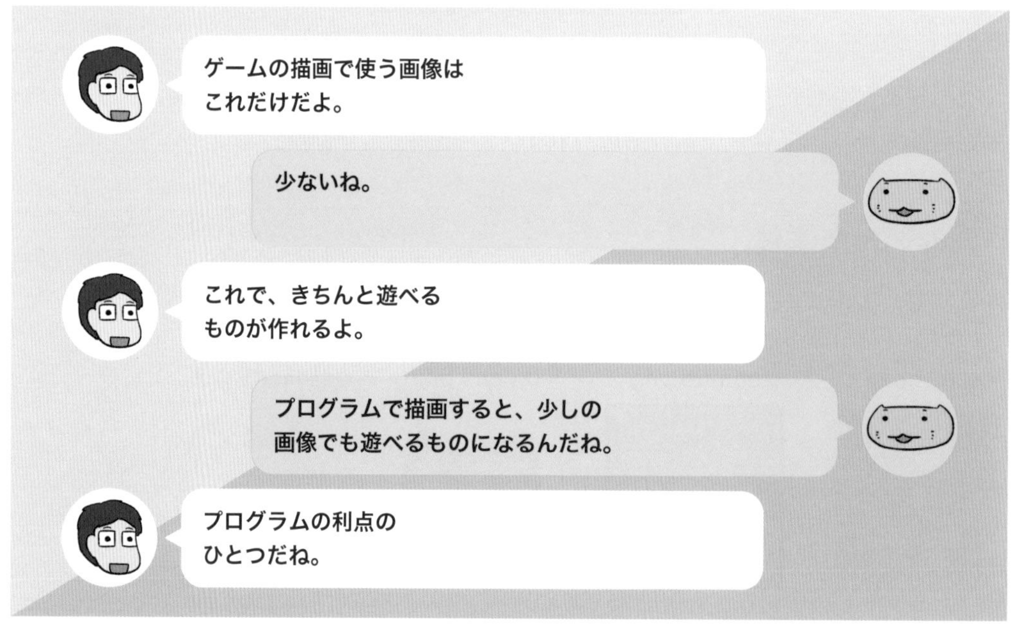

第6章

リバーシの盤面を作ろう

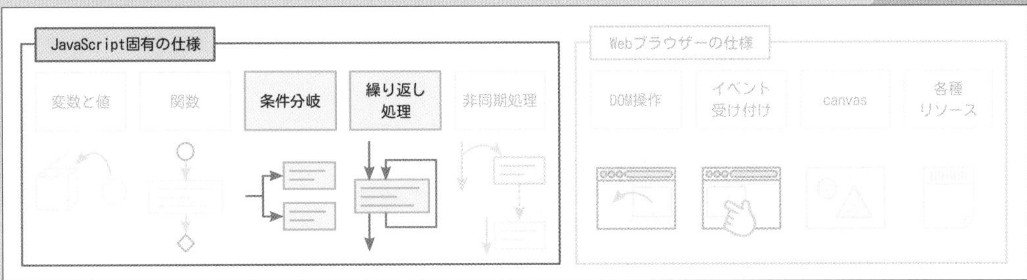

次はリバーシの盤面を作るんだよね。
何か気を付けることはある？

1つめは、レイアウトを
数値で決めることかな。

「ここらへん」では、駄目だものね。

2つめは、画面の位置と、盤面の位置を
相互に変換することかな。

どういうこと？

各マスの描画置を計算したり、
クリックしたのがどのマスか調べないとね。

なるほど。人間には一目瞭然でも、
コンピューターには分からないもんね。

6-1 レイアウトを決めよう

最終的なレイアウト

ゲーム画面は正方形にします。次の画像は最終的なレイアウトです。上部のスコアは、この章ではあつかいません。この章では、それ以外の描画をおこないます。

▼最終的なレイアウト

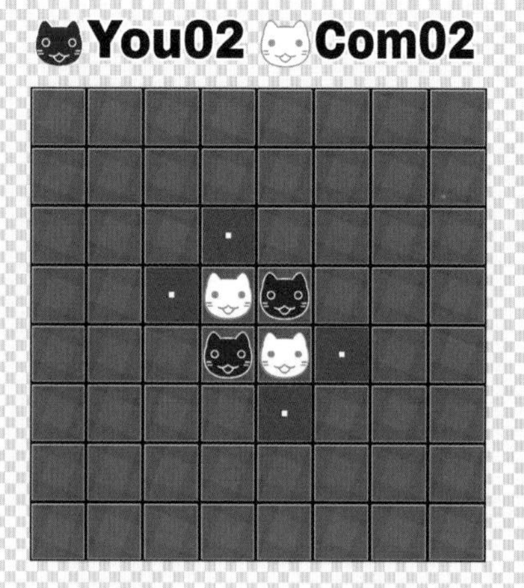

ゲーム画面のレイアウト

「app-layout.js」ファイルを作り「index.html」から読み込みます。このファイルでは、ゲーム画面のレイアウトを決めます。

chapter-6/1/index.html

```
    <script src="js/app-layout.js"></script>
```

chapter-6/1/js/app-layout.js

```
// アプリ レイアウト
const appLayout = {};

// レイアウトの初期化
appLayout.init = function() {
    this.fitSize = Math.min(window.innerWidth, window.innerHeight);
    this.unit = Math.trunc(this.fitSize * 0.1);

```

```
009     const u = this.unit;
010     this.rectBoard = {x: u, y: u * 1.5, w: u * 8, h: u * 8};
011     this.scoreTexts = [
012         {x: u * 3.4, y: u * 0.75, w: u * 2.8},
013         {x: u * 7.4, y: u * 0.75, w: u * 2.8}
014     ];
015     this.scoreImages = [{x: u, y: u * 0.25}, {x: u * 5, y: u * 0.25}];
016 };
```

`init()`関数の中で、レイアウトの設定を用意します。`init`は、「initialize（初期化）」の略です。プログラムでは、よく出てくる略語です。

それぞれの値は`this.～`と書いて、`appLayout`オブジェクトのプロパティとして作ります。そのため`this.fitSize`や`this.unit`は、関数の外から`appLayout.fitSize`、`appLayout.unit`と書いて利用できます。

「app-layout.js」のプログラムを順を追って見ていきます。

ウィンドウにぴったり合わせる

まずは6行目です。ゲーム画面のサイズを、ウィンドウにぴったり合わせるための計算です。

```
006     this.fitSize = Math.min(window.innerWidth, window.innerHeight);
```

`fitSize`は、ゲーム画面の正方形の、一辺の長さです。この値は、Webページの横（`window.innerWidth`）と縦（`window.innerHeight`）のうち、短い方とします。

`Math.min()`メソッドを使うと、複数の値から最も小さい値を得られます。横と縦の長さのうち、短い方の数値を得ることで、横長の画面でも、縦長の画面でも、画面の内側にフィットしたサイズになります。

▼内側にフィットしたサイズ

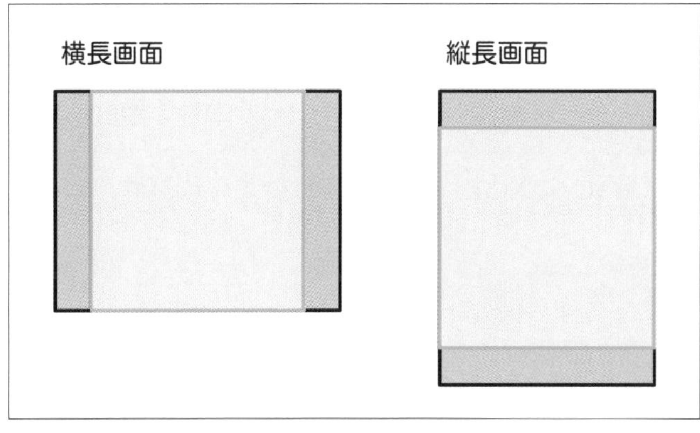

描画単位を決める

7行目では、描画の基準になる長さを決めます。

```
007    this.unit = Math.trunc(this.fitSize * 0.1);
```

`*`は、プログラムの掛け算の記号です。`fitSize`の0.1倍の長さを、描画単位`unit`にします。この描画単位は、盤面の1マスのサイズに相当します。

`Math.trunc()`メソッドを使えば、小数点数を整数にできます。たとえば、`fitSize`の0.1倍が「80.1」だったとします。このときは、端数を切り捨てて「80」にします。

盤面の位置やサイズを計算

続いて、各部品の位置やサイズを計算します。まずは9行目です。`this.unit`と毎回書くと大変なので、短い変数名`u`を用意して、値を代入します。

```
009    const u = this.unit;
```

10行目の`rectBoard`は、盤面の四角形です。X位置`x`、Y位置`y`、横幅`w`、高さ`h`のプロパティを持ちます。

```
010    this.rectBoard = {x: u, y: u * 1.5, w: u * 8, h: u * 8};
```

位置やサイズは描画単位をもとに計算します。X位置は描画単位の1倍、Y位置は描画単位の1.5倍、横幅は描画単位の8倍（8マス分）、高さは描画単位の8倍（8マス分）です。

直接の数値ではなく「描画単位の何倍」としているのは、Webブラウザーのサイズがプレイヤーごとに異なるためです。描画単位をもとに計算することで、異なるWebブラウザーのサイズでも、同じように表示できます。

得点の位置やサイズを計算

11～14行目の`scoreTexts`は、得点の文字位置の配列です。得点の位置は、プレイヤーが2人いるので配列で保持します。各要素は、X位置`x`、Y位置`y`、横幅`w`のプロパティを持ちます。

```
011    this.scoreTexts = [
012        {x: u * 3.4, y: u * 0.75, w: u * 2.8},
```

```
013          {x: u * 7.4, y: u * 0.75, w: u * 2.8}
014      ];
```

文字の描画についてはのちほど解説しますが、左下、中心、右上など、さまざまな位置を基準にできます。今回のプログラムでは中心を基準にするので、x yの値は文字の中心位置です。

また、文字は最大の横幅を設定できるので、w（width：横幅）の値も設定しています。

続く15行目のscoreImagesは、得点の画像位置の配列です。X位置x、Y位置yのプロパティを持ちます。画像は左上を基準に描画するので左上のXY座標です。

```
015      this.scoreImages = [{x: u, y: u * 0.25}, {x: u * 5, y: u * 0.25}];
```

全体のレイアウト

全体のレイアウトを示します。数値は、描画単位の何倍かを表しています。

▼レイアウト

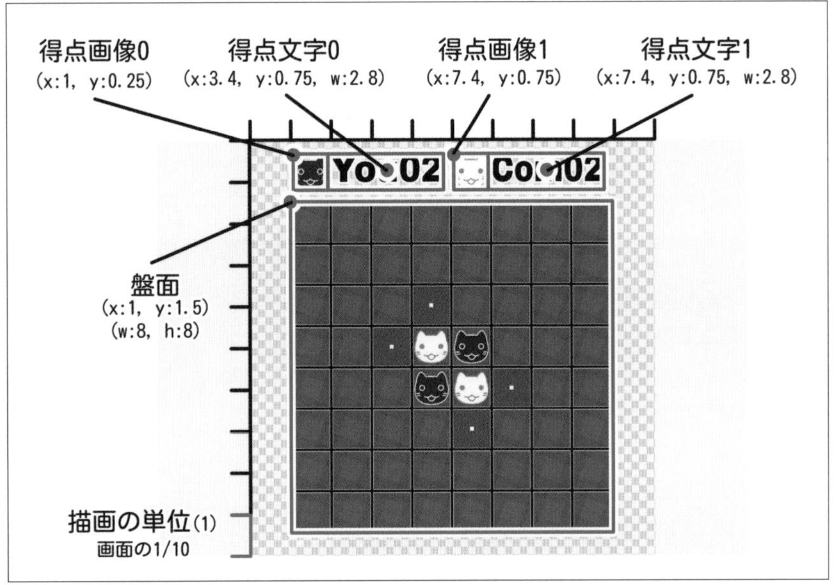

演算子

ここでは*という掛け算の記号が出てきました。こうした機能を持つ記号やフレーズのことを演算子といいます。

まずは数値の演算子を示します。おなじみの記号も多いです。

▼**数値の演算子**

種類	書き方	説明
足し算	a + b	数値aに数値bを足す
引き算	a - b	数値aから数値bを引く
掛け算	a * b	数値aに数値bを掛ける
割り算	a / b	数値aを数値bで割る 割り切れない場合は小数点数になる
余り	a % b	数値aを数値bで割った余りを求める

ここでは計算の演算子を示しましたが、代入の=や、クラスからインスタンスを作るnewも演算子です。

演算子には優先順位が存在します。数学で「掛け算と割り算」を「足し算と引き算」よりも先に計算するように、プログラムでも処理の順番があります。

この優先順位を変えるには、数学と同じように( )を使います。優先順位によって、計算結果が異なる例を示します。

```
let a = 3 + 4 * 5;          // 「4 * 5」を先に計算して20 → 3 + 20 = 23
console.log(a);             // 「23」とコンソールに表示
```

```
let b = (3 + 4) * 5;        // 「3 + 4」を先に計算して7 → 7 * 5 = 35
console.log(b);             // 「35」とコンソールに表示
```

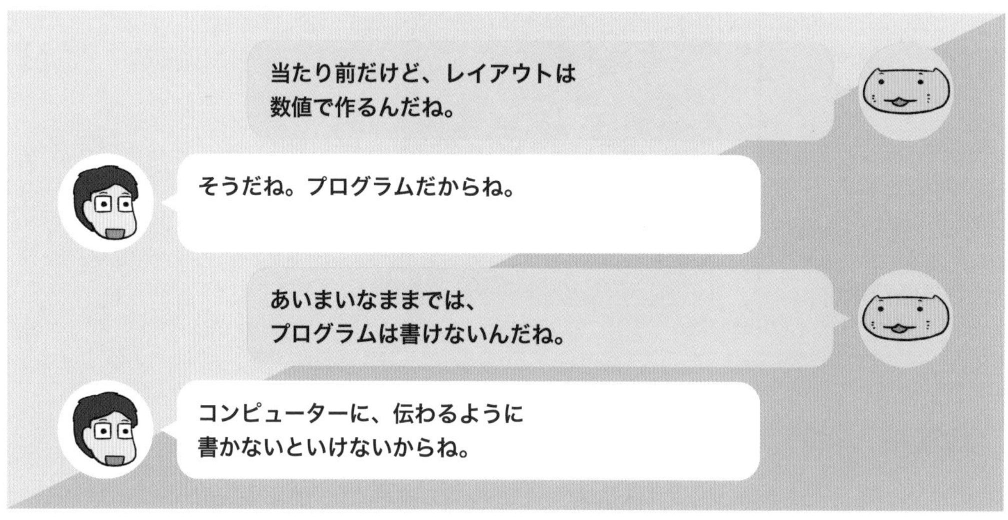

6-2 盤面のマス位置から画面上の位置を求めよう

リバーシの盤面のマス位置から、画面上のピクセル位置を求める処理を作ります。

盤面のマス位置から画面のピクセル位置を求める

盤面のマス位置から、画面のピクセル位置を求める計算は簡単です。盤面のXY位置を得たあと、マスの位置に応じて描画単位を足すだけです。

まず、左から何番目のマスかで、ピクセル位置を計算する式を示します。配列の要素と同じように、マスの位置は「0、1、2、……」と、0から数えます。

▼左から何番目のマスか

マス位置	計算式
n番目	基準X位置＋描画単位×n

次は上から何番目のマスかで計算する式を示します。

▼上から何番目のマスか

マス位置	計算式
n番目	基準Y位置＋描画単位×n

左から3マス目、上から2マス目の位置と、その計算式を図で示します。

▼左から3マス目、上から2マス目

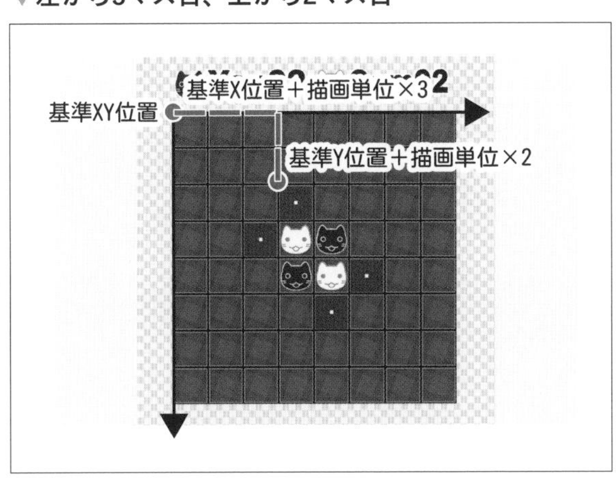

同じ計算をプログラムで書きます。盤面のX位置`appLayout.rectBoard.x`、Y位置`appLayout.rectBoard.y`、描画単位`appLayout.unit`を計算に利用します。

chapter-6/2/js/app-layout.js

```
// マスXYを画面XYに変換
appLayout.boardToPixel = function(posX, posY) {
    const {unit, rectBoard} = this;
    const x = rectBoard.x + unit * posX;
    const y = rectBoard.y + unit * posY;
    return {x, y};
};
```

分割代入

新しいプログラムの書き方が出てきました。分割代入という書き方です。

```
    const {unit, rectBoard} = this;
```

このプログラムは、下のプログラムを短く書いたものです。

```
    const unit = this.unit;
    const rectBoard = this.rectBoard;
```

分割代入では、変数の宣言部分を`{ }`で囲います。そして、オブジェクトのプロパティ名と同じ変数を書くことで、そのプロパティの値を代入できます。

```
let object = {name: "cat", age: 5};
let {name, age} = object;
```

この分割代入は配列にもあります。配列の場合は`[ ]`で囲い、変数の位置と同じ要素の値を得られます。下の2つのプログラムは同じ結果になります。

```
let array = [10, 20, 30];
let [a, b, c] = array;
```

```
let array = [10, 20, 30];
let a = array[0];
let b = array[1];
let c = array[2];
```

6-3 画面上の位置から盤面のマス位置を求めよう

前回とは逆の計算です。画面のピクセル位置から、リバーシの盤面のマス位置を求める処理を作ります。

画面のピクセル位置から盤面のマス位置を求める1

画面のピクセル位置を、盤面のマス位置に変換する処理は、先ほどよりも複雑です。まず盤面の範囲内かを確かめます。そして盤面の範囲内ならば、座標から、盤面の基準XY座標を引きます。そして描画単位で割って整数化します。

▼座標XYを盤面XYに変換

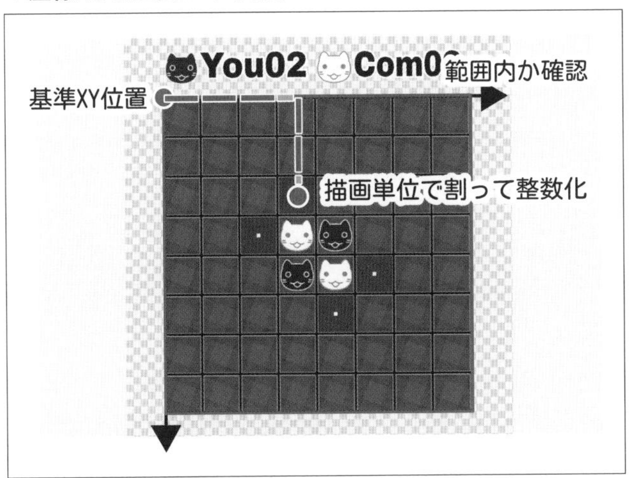

まずは「game-util.js」ファイルを開きます。そして「範囲内の確認」をおこなうための`gameUtil.inRange()`関数を追加します。

chapter-6/2/js/game-util.js

```
// 範囲内か判定
gameUtil.inRange = function(x, y, rect) {
    if (x < rect.x) return false;            // xが小さすぎる 範囲外
    if (rect.x + rect.w <= x) return false; // xが大きすぎる 範囲外
    if (y < rect.y) return false;            // yが小さすぎる 範囲外
    if (rect.y + rect.h <= y) return false; // yが大きすぎる 範囲外
    return true;
}
```

この関数の引数は、確認するX座標x、Y座標y、判定する四角形のオブジェクトrect（x y w hのプロパティを持つ）です。

条件分岐とif文

新たなプログラムの書き方が出てきました。条件分岐をおこなうif文です。
if文は、次のように書きます。

```
if (条件式) {
    true とみなせる場合の処理
}
```

if文では、( )内の条件式が、true（真、正しい）とみなせるなら、{ }内の処理をおこないます。また、false（偽、正しくない）とみなせるなら{ }内の処理を無視します。条件式には、変数や計算式を書きます。
「trueとみなせる」「falseとみなせる」値を示します。

▼true、falseとみなせる値

条件式	説明
trueとみなせる	true、0以外の数値、空文字以外の文字列、オブジェクト
falseとみなせる	false、数値の0、空文字、undefined、null

if文の処理は{ }で囲います。関数を作るときに、{ }で囲まれた関数ブロックをインデントしたように、if文の、{ }で囲まれたブロックもインデントします。
処理が1行のみならば、次のように{ }を省略できます。gameUtil.inRange()関数の処理では、こちらの書き方を使っています。

```
if (条件式) true とみなせる場合の処理
```

比較演算子

ここでは、もう1つのプログラムの書き方が出てきます。< <=という記号です。これらは比較演算子です。比較が正しい場合にtrue、正しくない場合にfalseを返します。
よく出てくる比較演算子を示します。下の表は、trueでないときはfalseになります。

▼比較演算子

演算子	説明
a < b	aがbより小さければ`true`
a > b	aがbより大きければ`true`
a <= b	aがb以下ならば`true`
a >= b	aがb以上ならば`true`

「より小さい」「より大きい」は同じ値を含みません。そのため`=`が付いていません。「以下」「以上」は同じ値を含みます。そのため`=`が付いています。

また、演算子には、同じかどうかを判定するものもあります。こちらも示します。

▼等価/不等価演算子

演算子	説明
a == b	aとbが同じとみなせるならば`true`
a != b	aとbが同じとみなせないならば`true`
a === b	aとbが厳密に同じならば`true`
a !== b	aとbが厳密に同じでないならば`true`

`==` `===`の演算子は、代入の演算子`=`と間違えて書くことが多いので注意が必要です。

また、上の表に「厳密に」という見慣れぬ表記があります。JavaScriptでは、たとえば数値の`10`と文字列の`'10'`を比較したとき、`==`演算子は「同じ」と判断します。しかし`===`演算子は、データ型（値の種類）が違うので「同じではない」と判断します。

この「同じとみなすかどうか」の条件は、初心者には難しいです。そのため、特に理由がなければ、厳密な判定をおこなう`===` `!==`の演算子を使った方がよいです。

プログラムを人間の言葉に翻訳

それでは、ここまで学んだ知識をもとに「範囲内か判定」のプログラムを人間の言葉に翻訳します。

日本語訳

```
// 範囲内か判定
gameUtil.inRange = 関数(引数は x, y, rect) {
    もし (引数x が 四角形のx より小さければ) 戻り値 false を返して終了
    もし (四角形のx 足す 四角形の横幅 が 引数x 以下ならば) 戻り値 false を返して終了
    もし (引数y が 四角形のy より小さければ) 戻り値 false を返して終了
```

```
    もし (四角形のy 足す 四角形の高さ が 引数y 以下ならば) 戻り値 false を返して終了
    戻り値 true を返して終了
}
```

「四角形の範囲外であるか」の条件を1つずつ判定していき、問題があれば`false`を返して終了します。全て問題なければ`true`を返して終了します。

この説明を図にしたものを示します。

▼四角形の範囲外であるならfalseを返す

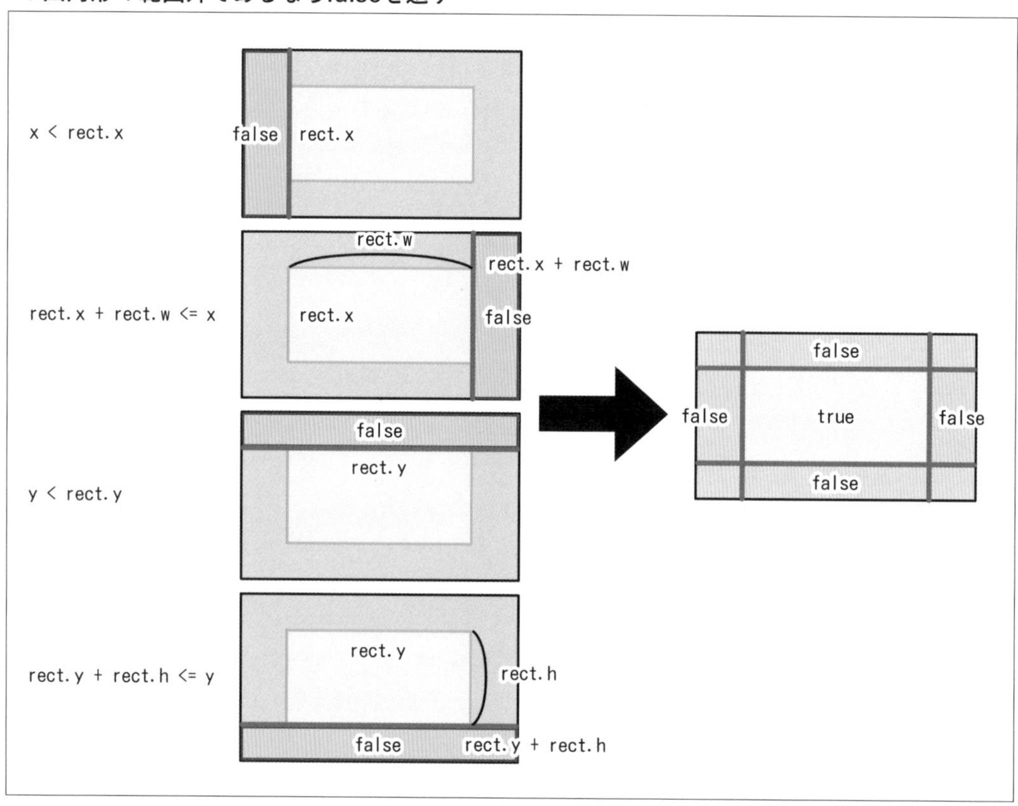

画面のピクセル位置から盤面のマス位置を求める2

「app-layout.js」ファイルを開きます。そして「画面位置から盤面位置を求める」`appLayout.pixelToBoard()`関数を追加します。

chapter-6/2/js/app-layout.js

```
// 画面XYをマスXYに変換
appLayout.pixelToBoard = function(pixelX, pixelY) {
```

```
028     const {unit, rectBoard} = this;
029     if (! gameUtil.inRange(pixelX, pixelY, rectBoard)) return null;
030     const x = Math.trunc((pixelX - rectBoard.x) / unit);
031     const y = Math.trunc((pixelY - rectBoard.y) / unit);
032     return {x, y};
033 };
```

まず28行目で、分割代入を利用して、`this`から`unit` `rectBoard`プロパティの値を得ます。

29行目では、`gameUtil.inRange()`関数を利用して、盤面の範囲内かを判定します。もし範囲外の場合は`null`を返して終了します。`null`を返すのは、返すべき値がないことを、呼び出し元にしらせるためです。

30行目は、盤面のX位置の計算です。画面のX位置`pixelX`から、四角形の基準X位置`rectBoard.x`を引き、描画単位`unit`で割ります。そして、`Math.trunc()`メソッドで整数化します。

31行目は、盤面のY位置の計算です。画面のY位置`pixelY`から、四角形の基準Y位置`rectBoard.y`を引き、描画単位`unit`で割ります。そして、`Math.trunc()`メソッドで整数化します。

最後に32行目で、`x` `y`のプロパティを持つオブジェクト`{x, y}`を、戻り値として返します。

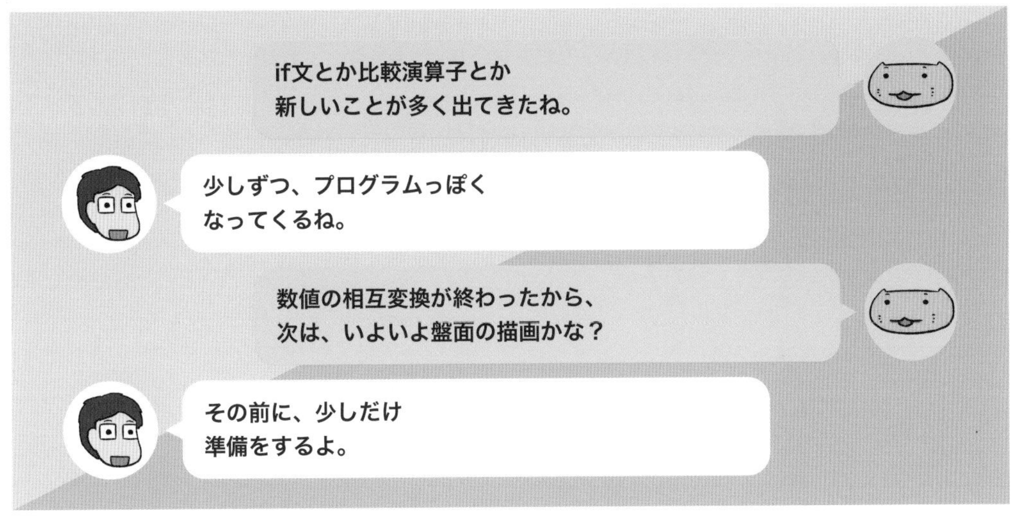

6-4 リバーシの描画の準備をしよう

リバーシの描画の準備

リバーシ描画用の「app-view.js」ファイルを作り「index.html」から読み込みます。

chapter-6/3/index.html

```
    <script src="js/app-view.js"></script>
```

そして初期化用の`init()`関数を書きます。また、この関数内で呼び出す、盤面描画用の`drawBoard()`関数を、仮に書いておきます。

chapter-6/3/js/app-view.js

```
001 // アプリ 表示
002 const appView = {};
003 
004 // 初期化
005 appView.init = function() {
006     appLayout.init();    // レイアウトを初期化
007 
008     // キャンバス系オブジェクトを作成
009     const size = appLayout.fitSize;
010     this.cobjBg = gameCanvas.addBgCanvas('#reversi', size, size);
011     this.cobj   = gameCanvas.addCanvas('#reversi', size, size);
012 
013     this.drawBoard();   // 盤面描画
014 };
015 
016 // 盤面描画
017 appView.drawBoard = function() {
018 };
```

ここでおこなっていることは単純です。

6行目では、すでに作成した、レイアウトを初期化する`appLayout.init()`関数を実行します。

9～11行目では、キャンバスを作成します。最後に13行目で、まだ作成していない`drawBoard()`関数を実行して盤面を描画します。

キャンバスを作成する部分

9～11行目の、キャンバスを作成する部分を詳しく見ていきます。

```
009     const size = appLayout.fitSize;
010     this.cobjBg = gameCanvas.addBgCanvas('#reversi', size, size);
011     this.cobj   = gameCanvas.addCanvas('#reversi', size, size);
```

まず9行目で、Webページに内接するサイズ`appLayout.fitSize`を変数`size`に代入します。この値は、`canvas`の横幅と高さの両方に使います。

続いて10行目では、`gameCanvas.addBgCanvas()`関数で、背景に使う`canvas`用オブジェクトを作ります。

このとき、セレクターは`'#reversi'`（`id`が`reversi`の要素）で、横幅と高さは、変数`size`の値です。作ったオブジェクトは、`this.cobjBg`に代入します。

11行目では、`gameCanvas.addCanvas()`関数で、前景に使う`canvas`用オブジェクトを作ります。

このとき、セレクターは`'#reversi'`（`id`が`reversi`の要素）で、横幅と高さは変数`size`の値です。作ったオブジェクトは、`this.cobj`に代入します。

背景と前景のcanvasを分ける理由

このように背景と前景の`canvas`を分けるのには理由があります。

`canvas`の描画処理はかなり重いです。連続して描画するとCPUをかなり使います。そのため背景`this.cobjBg`は一度だけ描画して、あとは描画を省略します。変化する内容は、前景`this.cobj`のみに書き込みます。

`canvas`要素は何も描画しなければ透明です。そのため重ね合わせることで、グラフィック系ソフトの「レイヤー」のように使うことができます。

▼背景 cobjBg（一度だけ描画）

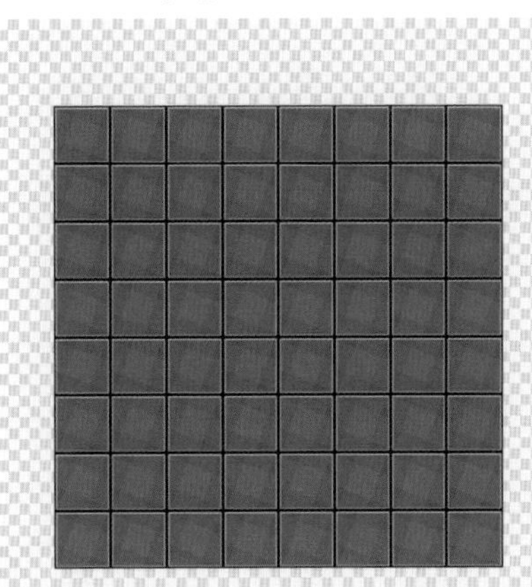

▼前景 cobj（黄色は透明部分）

今回作成した初期化処理を呼び出す

「main.js」から、今回作成した初期化処理を呼び出しましょう。

chapter-6/3/js/main.js

```
001 document.addEventListener('DOMContentLoaded', async function() {
002     await appResource.load();
003     appView.init();
004 });
```

3行目の`appView.init()`関数で、初期化処理を呼び出します。ここでは、まだ初期化のみなので、背景だけが表示されます。

▼背景のみ表示

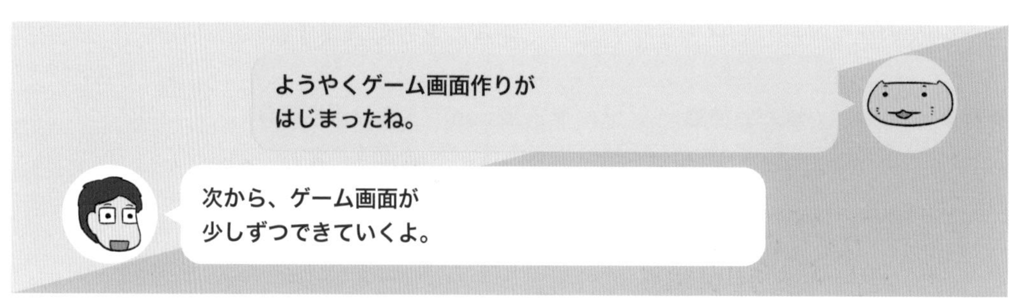

6-5 リバーシの盤面を描こう

前回作った空の関数`drawBoard()`の中身を作ります。横8個、縦8個のマスが並ぶ、リバーシの盤面を描きます。

for文

リバーシの盤面を作るには、8×8で64回のマスの描画が必要です。こうした「同じ処理を繰り返す」ときに使えるのが**for文**です。

`for`文は、一定の回数繰り返すことに適したプログラムの構文です。また、プログラミング初心者がつまづきやすいところでもあります。

`for`文の基本的な書き方を示します。変数`i`を`0`から始めて、`4`未満のあいだ、`1`ずつ大きくしていく処理です。

```
for (let i = 0; i < 4; i ++) {
    console.log('繰り返し ' + i);
}
```

コンソール

```
繰り返し 0
繰り返し 1
繰り返し 2
繰り返し 3
```

`for`文では、`( )`の中に`;`区切りで3つの式を書きます。**初期化式**と、**条件式**と、**変化式**です。

そして、`{ }`の中に繰り返す処理を書きます。`{ }`で囲んだブロックは、関数や`if`文と同じようにインデントして書きます。

▼for文

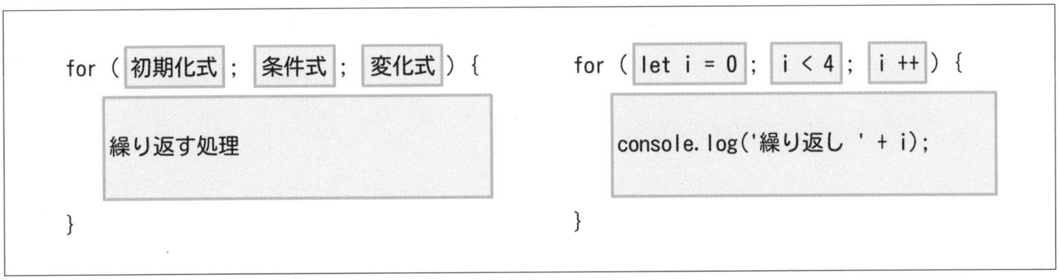

```
for ( 初期化式 ; 条件式 ; 変化式 ) {
    繰り返す処理
}
```

```
for ( let i = 0 ; i < 4 ; i ++ ) {
    console.log('繰り返し ' + i);
}
```

上の例の初期化式は`let i = 0`です。ここでは、変数`i`を宣言して`0`を代入します。

条件式は`i < 4`です。この式の結果が`true`とみなせるあいだ処理を続けます。この

条件式は、`if`文の条件式と同じように判定します。ここでは、比較演算子`<`を使って、変数`i`が`4`未満のあいだ（0, 1, 2, 3 のとき）`true`になります。

変化式は`i ++`です。変化式は、`{ }`内の処理が終わるたびに呼び出されます。ここでは、変数`i`の値を更新します。`i ++`は、`i = i + 1`を省略した書き方です。変数`i`の値を`1`大きくすることを意味します。

`{ }`のあいだは繰り返す処理です。ここでは、変数`i`の値が`0` `1` `2` `3`のときの合計4回繰り返されます。

for文の処理の流れを細かく見る

`for`文の処理の流れを、細かく分解して見ていきましょう。

初期化式を実行する。変数iの値を0にする。

```
for (let i = 0; i < 4; i ++) {
    console.log('繰り返し ' + i);
}
```

条件式を判定する。「0 < 4」はtrueなので、{ }内を実行する。

```
for (let i = 0; i < 4; i ++) {
    console.log('繰り返し ' + i);
}
```

「繰り返し 0」とコンソールに表示する。

```
for (let i = 0; i < 4; i ++) {
    console.log('繰り返し ' + i);
}
```

変化式を実行する。変数iの値を1増やして1にする。

```
for (let i = 0; i < 4; i ++) {
    console.log('繰り返し ' + i);
}
```

条件式を判定する。「1 < 4」はtrueなので、{ }内を実行する。

```
for (let i = 0; i < 4; i ++) {
    console.log('繰り返し ' + i);
}
```

「繰り返し 1」とコンソールに表示する。

```
for (let i = 0; i < 4; i ++) {
    console.log('繰り返し ' + i);
}
```

変化式を実行する。変数iの値を1増やして2にする。

```
for (let i = 0; i < 4; i ++) {
    console.log('繰り返し ' + i);
}
```

条件式を判定する。「2 < 4」はtrueなので、{ }内を実行する。

```
for (let i = 0; i < 4; i ++) {
    cconsole.log('繰り返し ' + i);
}
```

⋮

変化式を実行する。変数iの値を1増やして4にする。

```
for (let i = 0; i < 4; i ++) {
    console.log('繰り返し ' + i);
}
```

条件式を判定する。「4 < 4」はfalseなので終了する。{ }内は実行せず、for文を抜ける。

```
for (let i = 0; i < 4; i ++) {
    cconsole.log('繰り返し ' + i);
}
```

盤面の横方向の描画

for文を使い、変数の値を0~7まで変化させて8回描画すると、横あるいは縦のマスの並びを描けます。

それでは実際に横方向のマスを描いてみましょう（縦方向は、あとであつかいます）。

chapter-6/4-a/js/app-view.js

```
016 // 盤面描画
017 appView.drawBoard = function() {
018     const {unit} = appLayout;
019     for (let posX = 0; posX < 8; posX ++) {
020         const {x, y} = appLayout.boardToPixel(posX, 0);
021         resImage.draw('square', this.cobjBg, x, y, unit, unit);
022     }
023 };
```

まず18行目で、appLayoutから描画単位の値appLayout.unitを取り出して変数unitに代入します。分割代入を使い、{unit} = appLayoutと書いて取り出します。

19~22行目はfor文です。変数posXの値が0~7までのあいだ繰り返します。

20行目の座標の変換は、appLayout.boardToPixel()関数を利用します。盤面のY位置は0で固定します。この関数はx yのプロパティを持つオブジェクトを返します。そこで分割代入を使い、変数x yで値を受け取ります。

21行目では、resImage.draw()関数で盤面画像'square'を描画します。描画位置はx y、1マスの横幅と高さはunitの値です。

これで横方向1行分の盤面を描画できました。

▼横方向のマスの並び（赤枠は説明用のもの）

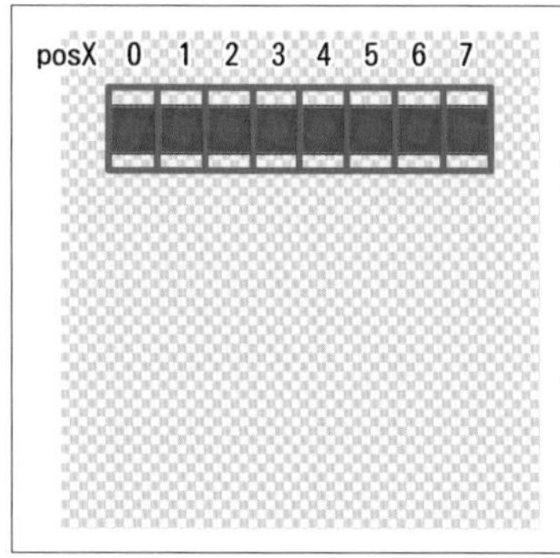

盤面の縦方向の描画

横方向の描画を、Y位置をずらしながら縦に8回繰り返せば盤面が完成します。

このような処理を実現するには、`for`文を入れ子にします。縦`posY`の`for`文の中に、横`posX`の`for`文を入れます。

chapter-6/4-b/js/app-view.js

```
018 	const {unit} = appLayout;
019 	for (let posY = 0; posY < 8; posY ++) {
020 		for (let posX = 0; posX < 8; posX ++) {
021 			const {x, y} = appLayout.boardToPixel(posX, posY);
022 			resImage.draw('square', this.cobjBg, x, y, unit, unit);
023 		}
024 	}
025 };
```

21行目の`appLayout.boardToPixel()`関数のY位置は`posY`に変更します。

「横のマスの並び」を「縦に8回」繰り返して盤面が完成しました。このように`for`文を入れ子にすることは多いです。

▼縦と横のマスの並び（赤枠は説明用のもの）

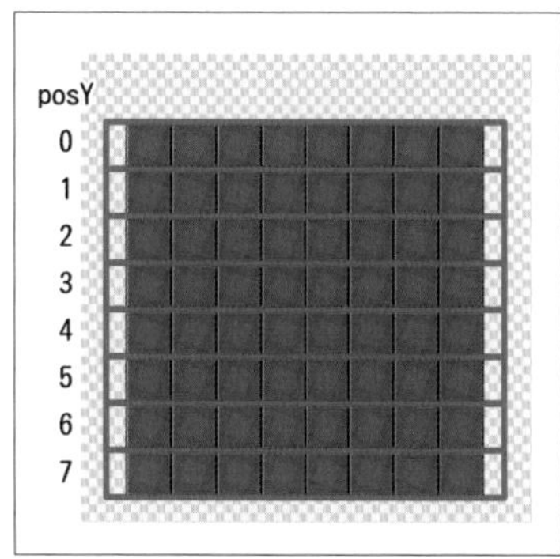

6-6 各マスを順に見ていく処理をまとめよう

前回、盤面の描画を作りました。このような「全マスに対する処理」は、これから何度か出てきます。そのたびに入れ子の`for`文を書くのは大変です。そこで全マスに対して処理をおこなう専用の関数を用意します。

全マスに対して処理をおこなう関数を作る

新しいファイル「rev-low.js」を作り、「index.html」から読み込みます。

chapter-6/5/index.html

```
    <script src="js/rev-low.js"></script>
```

そして「rev-low.js」に`revLow.scanBoard()`関数を書きます。

chapter-6/5/js/rev-low.js

```
001 // リバーシ 盤面読み取り低レベル
002 const revLow = {};
003 
004 // 盤面走査（要素番号、X、Y位置を関数に渡す）
005 revLow.scanBoard = function(func) {
006     for (let y = 0; y < RevData.h; y ++) {
007         for (let x = 0; x < RevData.w; x ++) {
008             func(x, y);
009         }
010     }
011 };
```

`scanBoard()`関数は、5行目で、コールバック関数`func`を引数にとります。

そして8行目で、`func(x, y)`を実行することで、盤面の位置`x` `y`を、コールバック関数`func`に送ります。

6行目では、条件式の`8`という数値を`RevData.h`に、7行目では、`RevData.w`に置き換えています。この値は、盤面の縦マス数と横マス数です。

盤面の縦横のマス数は、`RevData`クラスに定義しているので、この値を利用します。

全マスに対して処理をおこなう関数を使う

`revLow.scanBoard()`関数を使って、前回の処理を書き換えます。

chapter-6/5/js/app-view.js

```
// 盤面描画
appView.drawBoard = function() {
    const {unit} = appLayout;
    revLow.scanBoard((posX, posY) => {
        const {x, y} = appLayout.boardToPixel(posX, posY);
        resImage.draw('square', this.cobjBg, x, y, unit, unit);
    });
};
```

for文の入れ子がなくなり、すっきりしました。それだけではなく、for文という抽象的な構文ではなく、名前が付いた関数になりました。

関数には`scanBoard`という名前が付いています。そのため、盤面を走査して`posX`、`posY`を得て、各マスに描画するという意図が、プログラムから読み取れます。このように関数を利用することで、処理が分かりやすくなります。

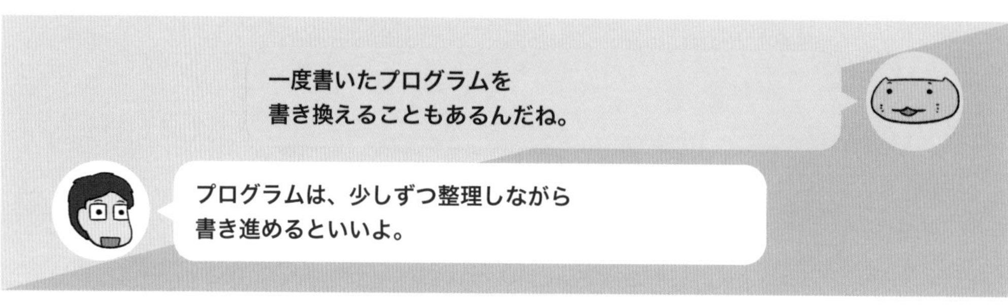

6-7 白や黒の石を描こう

リバーシのデータの初期化

ここからは、プレイ中のリバーシのデータを使います。そのためデータの初期化をおこなうファイルを用意します。

「rev-core.js」ファイルを作り「index.html」から読み込みます。そしてプログラムを書きます。

chapter-6/6/index.html

```
    <script src="js/rev-core.js"></script>
```

chapter-6/6/js/rev-core.js

```
// リバーシ 中核処理
const revCore = {};

// 初期化
revCore.init = function() {
    this.data = new RevData();  // リバーシ データ
};
```

また「main.js」を次のように変更します。

chapter-6/6/js/main.js

```
001 document.addEventListener('DOMContentLoaded', async function() {
002     revCore.init();
003     await appResource.load();
004     appView.init();
005     appView.drawToken();
006 });
```

2行目の`revCore.init()`関数で、リバーシのデータを初期化します。5行目の`appView.drawToken()`関数は、これから作る関数です。

石を描画する処理

ここまで準備ができたところで「app-view.js」ファイルに、石を描画する処理を追加します。

chapter-6/6/js/app-view.js

```
025 // 石描画
026 appView.drawToken = function() {
027     const {unit} = appLayout;
028     revLow.scanBoard((posX, posY) => {
029         const square = revCore.data.board[posY][posX];
030         if (square === RevData.blank) return;
031         const {x, y} = appLayout.boardToPixel(posX, posY);
032         resImage.draw(`token${square}`, this.cobj, x, y, unit, unit);
033     });
034 };
```

処理の内容を説明します。

27行目で、`appLayout`から`unit`プロパティの値を取り出します。これまでと同じ分割代入です。

28～33行目は、`revLow.scanBoard()`関数を使った各マスの処理です。

29行目は、盤面の2次元配列`revCore.data.board`から、マス位置`posX` `posY`の値を取り出して、変数`square`に代入します。

この行で注意すべきは`board[posY][posX]`の部分です。Y位置を先に書いています。これは縦（Y）の配列の中に、横（X）の配列が入っているためです。

このような入れ子にしているのは理由があります。これから先、テスト用の石の配置の盤面を作る必要が出てきます。その際、プログラムの見た目と、描画する盤面を揃えるためです。テスト用の石配置の例を示します。縦（Y）の配列の中に、横（X）の配列が入れ子になっています。

```
testRev.endWin = [
    [0, 0, 0, 0, 0, 0, 0, 0],   // 終了 勝利
    [0, 0, 0, 0, 0, 0, 0, 0],
    [0, 0, 0, 0, 0, 0, 0, 0],
    [0, 0, 0, 0, 0, 0, 0, 0],
    [0, 0, 0, 0, 0, 0, 0, 0],
    [0, 0, 0, 0, 0, 0, 0, 0],
    [1, 0, 0, 0, 0, 0, 0, 0],
    [8, 0, 0, 0, 0, 0, 0, 0]
];
```

`drawToken()`関数の説明に戻ります。

```
030         if (square === RevData.blank) return;
031         const {x, y} = appLayout.boardToPixel(posX, posY);
032         resImage.draw(`token${square}`, this.cobj, x, y, unit, unit);
```

30行目は、条件分岐の`if`文です。変数`square`の値が、`RevData.blank`（空マス）の値なら、`return`文で処理を終了します。このとき、31～32行目は無視されます。

31行目では、`appLayout.boardToPixel()`関数を使い、ピクセル位置`x` `y`を得ます。

最後の32行目で、`resImage.draw()`関数を使い、画像の描画をおこないます。

この行で注目すべきは`` `token${square}` ``の部分です、変数`square`の値が`0`なら、文字列`'token0'`になります。`1`なら、文字列`'token1'`になります。この`id`の画像を、前景の`canvas`に描画します。

▼石の描画

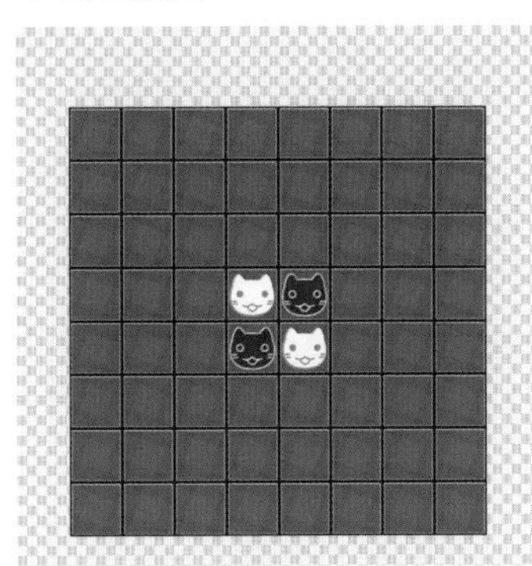

プログラムを人間の言葉に翻訳

今回のプログラムは少し複雑なので、日本語に翻訳したものも掲載します。

日本語訳

```
025 // 石描画
026 appView.drawToken = 関数() {
027     変数 unit に、appLayout.unit の値を代入
028     盤面の各マスを走査((引数は posX, posY) => {
029         変数 square に、盤面 revCore.data.board の、要素 posY、posXの 値を代入
030         もし (square が RevData.blank と同じなら) 処理を終了
031         変数 x, y に、マス位置 posX, posY を画面位置に変換した値を代入
032         画像を描画(token0 か token1, canvas用オブジェクト, x, y, 描画単位, 描画単位)
033     });
034 };
```

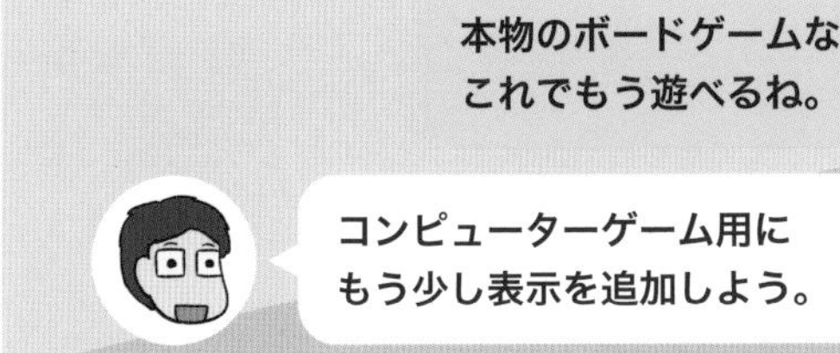

6-8 石を置けるマスを表示しよう

石を置けるマスを表示するプログラムを書きます。しかし、まだ石を置けるマスのデータはありません。

仮のデータを作る

プログラミングでは、仮のデータをもとに処理を書くことがよくあります。ここでは、石を置けるマスの仮のデータを、「rev-core.js」ファイルの`revCore.init()`関数に用意します。そして描画処理を書きます。

chapter-6/7-a/js/rev-core.js

```
004 // 初期化
005 revCore.init = function() {
006     this.data = new RevData();  // リバーシ データ
007     this.data.activeSquares = [
008         {x: 3, y: 2}, {x: 2, y: 3}, {x: 5, y: 4}, {x: 4, y: 5}
009     ];
010 };
```

7～9行目の、`data.activeSquares`に代入した配列が、仮のデータです。

石を置けるマスを描画する関数を作る

次に、「app-view.js」ファイルに、`appView.drawCanPut()`関数を追加します。

chapter-6/7-a/js/app-view.js

```
036 // 配置可能マスの描画
037 appView.drawCanPut = function() {
038     const {unit} = appLayout;
039     for (let i = 0; i < revCore.data.activeSquares.length; i ++) {
040         const square = revCore.data.activeSquares[i];
041         const {x, y} = appLayout.boardToPixel(square.x, square.y);
042         resImage.draw('active', this.cobj, x, y, unit, unit);
043     }
044 };
```

38行目では、`appLayout`から`unit`プロパティの値を取り出します。
39～43行目は、`revCore.data.activeSquares`配列の各要素に処理をおこなうための`for`文です。

40行目で、`revCore.data.activeSquares`配列から1マス分のデータを取り出して、変数`square`に代入します。

そして41行目で、`appLayout.boardPosToPixel()`関数を使い、画面のピクセル位置`x` `y`を得ます。

最後の42行目で、`resImage.draw()`関数を使い、配置可能位置の画像`'active'`を描画します。描画する対象は前景の`this.cobj`、位置は`x` `y`、横幅は`unit`、高さは`unit`です。

「main.js」ファイルからこの関数を呼び出します。6行目に`appView.drawCanPut()`関数を書きます。

chapter-6/7-a/js/main.js

```
005 	appView.drawToken();
006 	appView.drawCanPut();
007 });
```

▼配置可能位置の描画

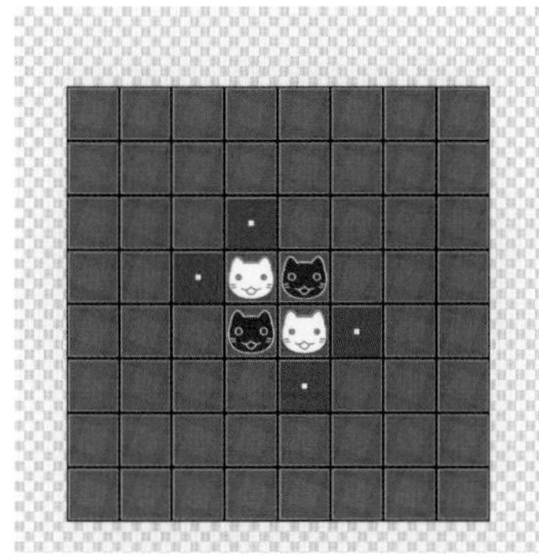

配列とfor文

配列と`for`文は組み合わせて利用することが多いです。配列の要素0から処理を始めて、配列の要素数未満まで処理をおこなえば、全ての要素に対して処理をおこなえます。配列の要素数は、`配列.length`で得られます。

▼配列とfor文

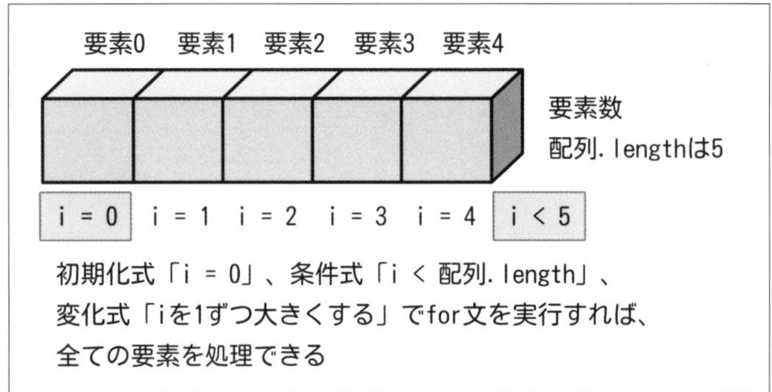

配列と`for`文を組み合わせた例を示します。変数`i`を`0`から始めて、`array.length`未満（3未満）のあいだ処理をおこないます。

```
let array = [10, 20, 30];
for (let i = 0; i < array.length; i ++) {
    console.log(i, array[i]);
}
```

コンソール

```
0 10
1 20
2 30
```

配列の全要素処理

古いJavaScriptのプログラムでは、配列と`for`文を組み合わせるのが一般的でした。しかし近年は他の方法が主流になっています。それは配列の`forEach()`メソッドを利用する方法です。

「for each」の意味は、「それぞれに」「～ごとに」です。`for`文で配列を処理するよりも、処理の意味が明確です。

`forEach()`メソッドは、これまで何度も出てきたコールバック関数で処理を書きます。コールバック関数は、第1引数に「要素」、第2引数に「何番目の要素かの数値」をとります。

先ほどの、配列と`for`文を組み合わせた例を`forEach()`メソッドで書き換えます。

```
let array = [10, 20, 30];
array.forEach(function(x, i) {
    console.log(i, x);
});
```

配列には、こうした「全ての要素に対して処理をおこなうメソッド」が何種類かあります。この本では他に`map()`、`filter()`が出てきます。それぞれ出てきたところで解説します。

石を置けるマスを描画する関数を作る forEach版

それでは`appView.drawCanPut()`関数を`forEach()`メソッドで書き換えましょう。表示結果は先ほどと同じです。

chapter-6/7-b/js/app-view.js

```
036 // 配置可能マスの描画
037 appView.drawCanPut = function() {
038     const {unit} = appLayout;
039     revCore.data.activeSquares.forEach(square => {
040         const {x, y} = appLayout.boardToPixel(square.x, square.y);
041         resImage.draw('active', this.cobj, x, y, unit, unit);
042     });
043 };
```

39行目で`forEach()`メソッドを使っています。for文とは違い、直接マスの値`square`を得られます。

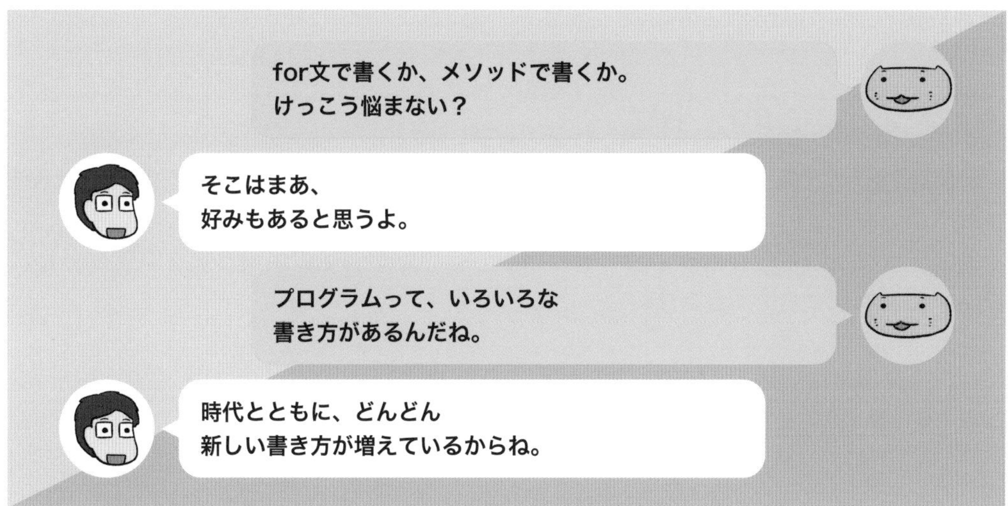

その他の繰り返し処理

その他の繰り返し処理についても触れておきます。このあとの「配列とfor...of文」「オブジェクトとfor...in文」は、読み飛ばしてかまいません。一度に多くのことを学ぼうとすると混乱するので、本を読み終えてしばらく経ったあとに目を通すとよいでしょう。

配列とfor...of文

配列を処理するには、`for...of`文を使う方法もあります。`for...of`文では、配列のようなオブジェクトから、要素を1つずつ取り出して処理できます。`for...of`文は、配列の要素を直接取り出すので、要素の番号を表す数値は利用しません。

配列の各要素を取り出して、コンソールに表示するプログラムを示します。

```
let array = [10, 20, 30];
for (let item of array) {
    console.log(item);
}
```

コンソール

```
10
20
30
```

オブジェクトとfor...in文

`for...of`文と似たものに、`for...in`文があります。こちらは、オブジェクトのプロパティを1つずつ取り出します。

オブジェクトの各プロパティ名を取り出して、プロパティの名前と値をコンソールに表示するプログラムを示します。

```
let animal = {name: 'cat', age: 10, color: 'black'};
for (let key in animal) {
    console.log(key, animal[key]);
}
```

コンソール

```
name cat
age 10
color black
```

第7章

スコアを表示しよう

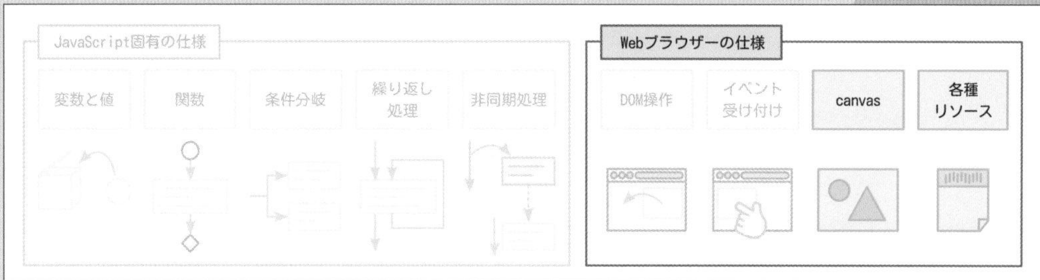

盤面や石は描けたね。あとはスコア表示をすれば完璧だね。

そのためにはWebフォントを読み込んでから描く必要があるよ。

また読み込みを待つの？もしかして面倒なの？

そんなに面倒ではないよ。

じゃあ、ぱぱっと片付けて先に進もう。

7-1 文字描画の基本を知ろう

Webフォント

Webフォントは、Webブラウザーが読み込んで使えるフォント（文字の形のデータ）です。canvas要素の描画では、Webフォントが使えます。

一般的なWebサイトでは、「Google Fonts」（Googleが運営しているサービス）を利用してWebフォントを読み込むことが多いです。この本ではローカルで完結させるために「Google Fonts」は使いません。Webフォントのファイルを無料で配布しているサイトから、ダウンロードして利用します。

> Archivo Black Font Free by Omnibus Type | Font Squirrel
> https://www.fontsquirrel.com/fonts/archivo-black

Webフォントの読み込み

Webフォントの読み込みはCSSファイルでおこないます。まずは次のようにファイルを用意します。「ArchivoBlack.woff」は、Web Open Font Formatファイルです。

▼ファイル構成

```
+ index.html
+ font/
    + ArchivoBlack.css
    + ArchivoBlack.woff
```

「ArchivoBlack.css」ファイルを、「index.html」から読み込みます。

chapter-7/1/index.html

```
    <link rel="stylesheet" type="text/css" href="font/ArchivoBlack.css">
```

「ArchivoBlack.css」ファイルに次のように書くことで、フォントファミリー名「ArchivoBlack」で、「ArchivoBlack.woff」を読み込みます。

chapter-7/1/font/ArchivoBlack.css

```
@font-face {
    font-family: "ArchivoBlack";
    src: url("ArchivoBlack.woff") format('woff');
}
```

こうすることで、Webページ上でWebフォントを利用できます。

文字の描画基準位置

Webフォントをゲームで利用するときにはいくつか注意点があります。

文字のデフォルト（既定）の描画基準位置は、画像と同じ左上ではありません。横方向は左端で同じですが、縦方向が異なります。アルファベットの底部を基準とした場所です。

いくつかの文字の描画基準位置を示します。

▼文字の描画基準位置

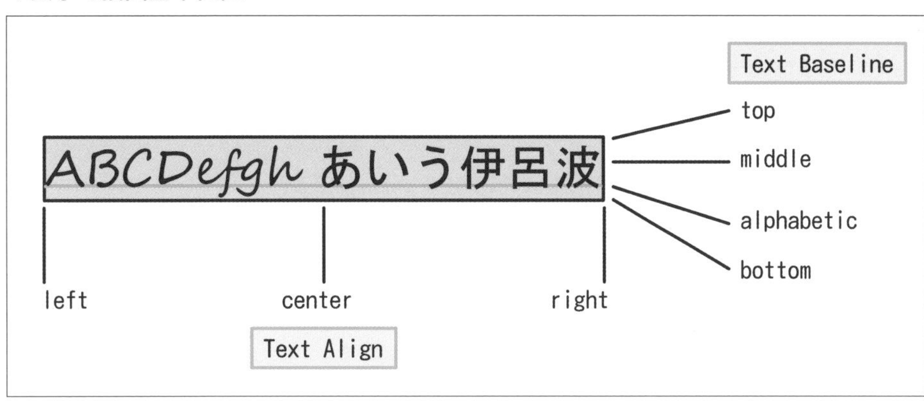

文字の描画の、縦方向の基準位置（baseline）のデフォルトは`alphabetic`です。しかし、選ぶフォントによって微妙に位置が異なっていたり日本語だと使い難かったりします。

過去の経験から、ゲームで使う場合は`middle`を選んで描画すると、意図した位置に描画しやすいです。

横方向の基準位置（align）のデフォルトは`left`です。こちらはあまり癖はなく、目的に応じて`left`、`center`、`right`を使い分ければよいです。

読み込みの遅延

Webページで Webフォントを読み込むときは、次のように処理が進みます。

1. Webページが読み込まれる。
2. Weページのレイアウトと描画が始まる。文字はWebフォントの代替フォント（デフォルト、あるいはWebフォントがないとき用に指定したフォント）を使う。
3. Webフォントが読み込まれたタイミングで、Webページの文字をWebフォントに置き換える。

この挙動はゲームで問題を引き起こします。Webフォントを読み込む前に文字を描画すると、代替フォントで描画されます。たとえばタイトル画面を表示する際、Webフォントを読み込む前だと、代替フォントで文字が描画されます。

そのため、Webフォントの読み込みを、何らかの方法で待つ必要があります。現在では`await document.fonts.ready`を使うことでフォントの読み込みを待てます。`ready`は、関数ではなく`Promise`オブジェクトなので`()`を付けません。

こうした機能は、JavaScriptがバージョンアップするごとに、ルールが追加されたり変わったりします。Web系の機能は、新機能の登場や、既存の機能が非推奨になる頻度が高いです。`await document.fonts.ready`は、そろそろ全てのWebブラウザーで使えると判断して使っています。

ただ、`document.fonts.ready`にも問題があります。Webページ内で利用されていないフォントは、読み込んでいなくても「読み込み済み」とみなして`Promise`を解決します。

`canvas`の描画にしかフォントを使っていない場合は、最初の`canvas`の文字列描画のときに、はじめてフォントのダウンロードを始めます。そのため、`document.fonts.ready`で待っても、フォントは事前にダウンロードされません。

そこでダミーのDOM要素を作り、フォントを指定して無理矢理ダウンロードさせます。そして`document.fonts.ready`で読み込みの完了を待ったあとに、そのDOM要素を削除します。このプログラムの書き方は、次回に示します。

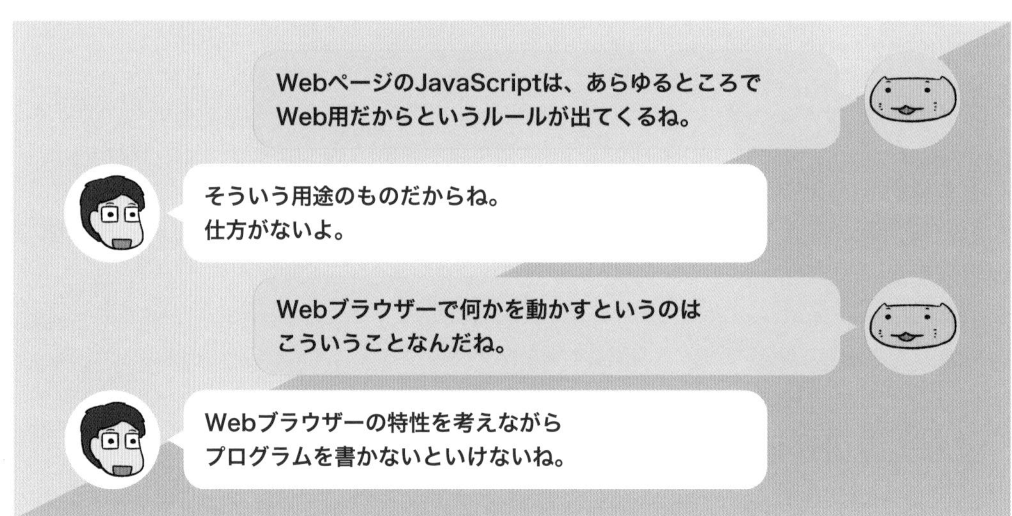

7-2 フォントの読み込みを管理しよう

フォントの読み込みを管理する関数を作る

文字用の「res-font.js」ファイルを作り「index.html」から読み込みます。

chapter-7/1/index.html

```
    <script src="js/res-font.js"></script>
```

フォントの読み込みを管理する`resFont.load()`関数を書きます。

chapter-7/1/js/res-font.js

```
001 // リソース フォント
002 const resFont = {holder: {}};
003 
004 // フォント読み込み
005 resFont.load = async function(id, fontName) {
006     this.holder[id] = fontName;      // ホルダーに格納
007 
008     const dummy = document.createElement('div');    // 要素を作る
009     dummy.style.fontFamily = fontName;  // フォントを設定
010     dummy.style.opacity = 0;            // 透明にする
011     dummy.textContent = 'dummy';        // ダミーの文字列を入れる
012     document.body.append(dummy);        // body要素の配下に追加
013 
014     await document.fonts.ready;      // フォントの読み込みを待つ
015     dummy.remove();      // ダミーの要素を削除
016 };
```

6行目では、`holder`オブジェクトに、`id`名で`fontName`を格納します。画像をIDで管理したように、`holder`オブジェクトを使って、フォントも`id`で管理します。

8～12行目の処理では、Webフォントのダウンロードをうながします。ダミーの要素を追加してフォントのダウンロードをうながす仕掛けは、前回説明したとおりです。

8行目では、`document.createElement()`メソッドで`div`要素を作り、変数`dummy`に代入します。

9行目では、変数`dummy`に入ったdiv要素の、スタイル設定のフォントファミリーを`fontName`にします。

スタイルの設定は、`要素.style.スタイル名`に文字列を代入しておこないます。このとき、`font-family`のようにハイフンが入ったスタイル名は、ハイフンを取り除き、

fontFamilyのように単語の先頭を大文字にします。

10行目では、スタイルのopacity（不透明度）を0にして、透明（非表示）にします。

11行目では、textContentプロパティに'dummy'の文字を代入することで、指定したフォントでの描画をうながします。10行目で透明にしたのは、この文字が画面に出ないようにするためです。

12行目ではappend()メソッドを使い、document.body（body要素）の直下に、変数dummyのdiv要素を追加します。

14行目では、前回説明したawait document.fonts.readyを利用して、フォントの読み込みを待機します。

最後の15行目では、remove()メソッドを使い、ダミーのdiv要素を削除します。

フォントの読み込みを管理する関数を使う

「app-resource.js」ファイルを更新します。処理を待つPromiseオブジェクトの配列に、フォントも加えます。

chapter-7/1/js/app-resource.js

```
004 // リソースの読み込み
005 appResource.load = async function() {
006     const r = [];
007     r.push(resImage.load('token0', 'image/token0.png'));
008     r.push(resImage.load('token1', 'image/token1.png'));
009     r.push(resImage.load('square', 'image/square.png'));
010     r.push(resImage.load('active', 'image/active.png'));
011     r.push(resFont.load('main', 'ArchivoBlack'));
012     await Promise.all(r);
013 };
```

11行目に、フォントの読み込みを待つresFont.load()関数を追加しました。フォントは、idを'main'、フォント名を'ArchivoBlack'と設定します。

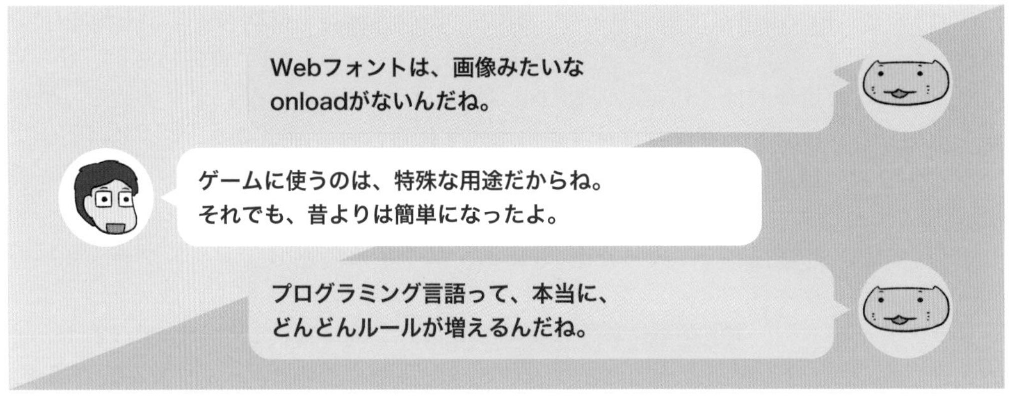

7-3 ゲーム用の文字を描こう

文字描画関数を作る

ゲーム用の文字描画関数を作ります。`canvas`要素の2Dコンテクストには、文字の設定や描画メソッドがあります。

chapter-7/1/js/res-font.js

```
018 // 文字列描画
019 resFont.draw = function(id, cobj, text, x, y, rate, maxW) {
020     const {context, w} = cobj;
021     const fontSize = w * 0.09 * rate;
022     context.textAlign = 'center';
023     context.textBaseline = 'middle';
024     context.fillStyle = '#000000';
025     context.strokeStyle = '#ffffff';
026     context.lineWidth = fontSize * 0.1;
027     context.font = `${fontSize}px '${this.holder[id]}'`;
028     context.strokeText(text, x, y, maxW);
029     context.fillText  (text, x, y, maxW);
030 };
```

`resFont.draw()`関数の引数は、フォントの`id`、`canvas`用オブジェクト`cobj`、描画する文字列`text`、X座標`x`、Y座標`y`、文字のサイズ比率`rate`、描画の最大横幅`maxW`です。

まずは20行目で、`cobj`から`context`と`w`プロパティの値を得ます。

21行目では、フォントの基準サイズ`fontSize`を計算します。この基準サイズは、`canvas`の横幅の`0.09`倍です。この値に引数`rate`を掛けて、実際に描画する文字のサイズにします。

22～27行目は描画用の設定です。設定は多いので表にします。これでも一部の設定しか使っておらず、実際にはもっと多くの種類があります。

プロパティ	説明	プログラム中の値
textAlign	文字の横位置	`'center'`（中央）
textBaseline	文字の縦位置	`'middle'`（中央）
fillStyle	塗りつぶし色	`'#000000'`（黒）
strokeStyle	線の色	`'#ffffff'`（白）
lineWidth	線の太さ	`fontSize * 0.1`（文字サイズの10%）
font	フォント設定	`fontSize`ピクセル、`id`で登録したフォント名

28行目では、strokeText()メソッドを実行します。strokeText()メソッドは文字を縁取る線を描画します。このときの線の太さは、lineWidthで設定した値です。

29行目では、fillText()メソッドを実行します。fillText()メソッドは文字を塗りつぶします。

strokeText() fillText()メソッドの引数は、ともに文字列、X位置、Y位置、最大の横幅です。最大の横幅を設定すると、その横幅よりも長い場合は、はみ出さないように調整してくれます。

文字列描画関数を使う

「main.js」に文字列を描画するプログラムを追加します。

chapter-7/1/js/main.js

```
008    let {cobj} = appView;
009    let text = 'You02 Com02';
010    resFont.draw('main', cobj, text, cobj.w / 2, cobj.h / 2, 1, cobj.w);
```

10行目で指定している描画位置は、横幅の半分cobj.w / 2、高さの半分cobj.h / 2です。文字の描画基準位置を中央（center、middle）にしているので、文字は画面の中央に描画されます。

また、最大横幅は、横幅のcobj.wにしています。文字の横幅はこの長さを超えていないので、この値は無視されます。

実際に描画した画面を示します。

▼文字列描画

7-4 石の数を表示しよう

前回作った文字列描画関数を利用して、各プレイヤーの盤面上の石の数（スコア）を表示します。石画像の描画と、文字列の描画で、2つ関数を作ります。

石画像の描画

「app-view.js」ファイルを開き、プログラムを追加します。

まずは石画像の描画をおこなう`appView.drawScoreImage()`関数です。これまでの知識で書けます。

chapter-7/2/js/app-view.js

```
045 // スコア描画（石画像の描画）
046 appView.drawScoreImage = function() {
047     const {unit, scoreImages} = appLayout;
048     scoreImages.forEach((pos, i) => {
049         resImage.draw(`token${i}`, this.cobj, pos.x, pos.y, unit, unit);
050     })
051 };
```

47行目では、`appLayout`オブジェクトから、`unit`と`scoreImages`を取り出します。

48～50行目では、`scoreImages`配列の`forEach()`メソッドを使い、配列の回数だけ画像を描画します。

`scoreImages`配列内の各要素（オブジェクト）には、X位置とY位置が格納されています。このオブジェクトを、コールバック関数の引数`pos`で受け取ります。また、要素番号を変数`i`で受け取ります。

49行目では、`resImage.draw()`関数で画像を描画します。描画する画像の`id`は`'token0'`あるいは`'token1'`です。`` `token${i}` ``の部分は、変数`i`が`0`なら`'token0'`、変数`i`が`1`なら`'token1'`になります。

描画対象のcanvas用オブジェクトは、前景の`cobj`です。X位置は`pos.x`、Y位置は`pos.y`で、横幅と高さは描画単位の`unit`です。

文字列の描画

次は文字列の描画をおこなう`appView.drawScoreText()`関数です。

chapter-7/2/js/app-view.js

```
// スコア描画（文字列の描画）
appView.drawScoreText = function() {
    appLayout.scoreTexts.forEach((obj, i) => {
```

```
056         // 文字の描画
057         const name = ['You', 'Com'][i];
058         const score = revCore.data.scores[i];
059         const scoreText = `${score}`.padStart(2, '0');
060         const text = `${name}${scoreText}`;
061         resFont.draw('main', this.cobj, text, obj.x, obj.y, 1, obj.w);
062     });
063 };
```

55～62行目では、`forEach()`メソッドを使い、`appLayout.scoreTexts`配列の回数だけ文字を描画します。

`scoreTexts`配列内の各要素（オブジェクト）には、X位置、Y位置、文字の最大横幅が格納されています。このオブジェクトを、コールバック関数の引数`obj`で受け取ります。また、要素番号を変数`i`で受け取ります。

57行目では、先手番が`'You'`、後手番が`'Com'`という名前を変数`name`に代入します。配列`['You', 'Com']`のあとに`[i]`と書くことで、変数`i`の値が`0`のときは`'You'`という文字列、変数`i`の値が`1`のときは`'Com'`という文字列を得ます。

58行目では、変数`score`に、各プレイヤーの盤面上の石の数を代入します。石の数は`revCore.data.scores`配列に入っています。

59行目では、変数`scoreText`に得点の文字列を代入します。

`` `${score}`.padStart(2, '0') ``の部分は解説が必要です。`` `${score}` ``と書くことで、数値`score`を文字列にします。そして、Stringオブジェクトの`padStart()`メソッドを使い、先頭を`'0'`で埋めて`2`文字にします。この処理により「2」は「02」と表示されます。

▼文字列のpadStart()メソッド

メソッド	説明
`padStart(長さ, 文字)`	文字列が「長さ」より短ければ、先頭に「文字」を追加して長さを整える

最後に61行目で、`resFont.draw()`関数を使い、作成した文字列を描画します。

ラッパーオブジェクト

ここは、少し高度な部分なので読み飛ばして構いません。

文字列や数値には、ラッパー（包む）オブジェクトというものがあります。文字列や数値はプリミティブ値であり、オブジェクトではありません。そのためプロパティやメソッドを持ちません。

しかし、これらの値にプロパティやメソッドを書いた場合は、自動で対応するラッパーオブジェクトに変換され、そのプロパティやメソッドを利用できます。

たとえば文字列ならStringオブジェクト、数値ならNumberオブジェクトに自動変換されます。

描画の反映

「main.js」を書き換えて、今回作った2つの描画を反映します。

chapter-7/2/js/main.js

```
    appView.drawScoreImage();
    appView.drawScoreText();
```

実際に描画した画面を示します。

▼スコア描画

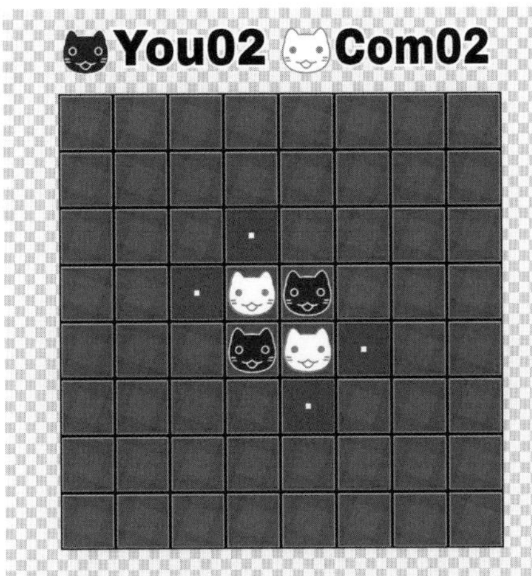

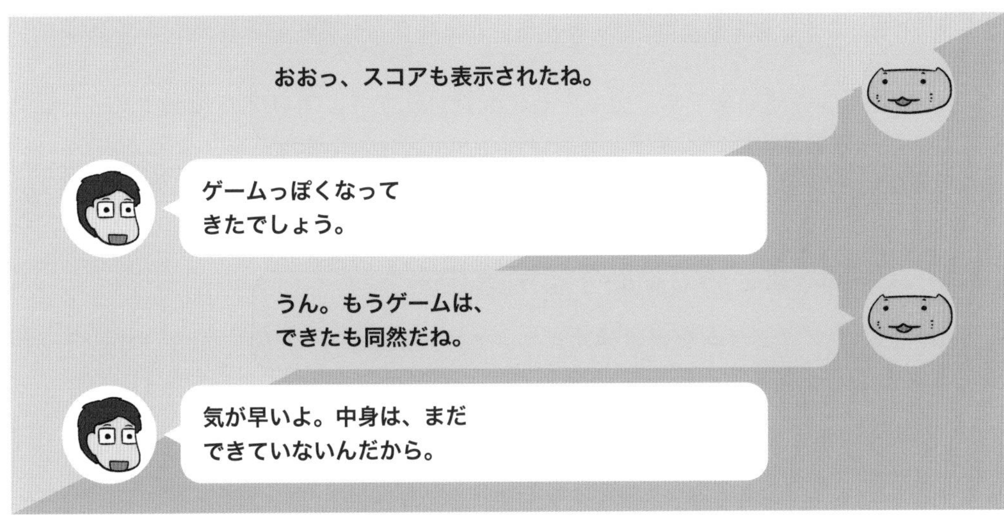

7-5 ゲーム画面をまとめて更新しよう

「main.js」に書いた「石」「配置可能マス」「スコア石」「スコア文字」の描画は、ゲーム進行中に何度も呼び出されます。そこでまとめて関数にします。

ゲーム画面をまとめて更新する関数を作る

「app-view.js」ファイルに、表示を更新する`appView.update()`関数を追加します。

chapter-7/3/js/app-view.js

```
065 // 表示更新
066 appView.update = function() {
067     // 画面のクリア
068     const {w, h, context} = this.cobj;
069     context.clearRect(0, 0, w, h);     // クリア
070 
071     // 画面の描画
072     this.drawToken();    // 全石描画
073     this.drawCanPut();  // 配置可能マスの描画
074     this.drawScoreImage();  // スコア描画（石画像の描画）
075     this.drawScoreText();   // スコア描画（文字列の描画）
076 };
```

68行目では、`appView.cobj`から、`w` `h` `context`の値を取り出します。

69行目では、`context`の`clearRect()`メソッドを使い、画面を全て削除します。開始X位置`0`、開始Y位置`0`、横幅`w`、高さ`h`とすることで、`canvas`要素の全ピクセルが初期状態（透明）になります。

72～75行目は各種描画です。全ての石、配置可能マス、スコアの画像と文字を描画して、ゲーム画面を再描画します。

この`appView.update()`関数を実行すれば、最新のデータが表示に反映されます。

ゲーム画面をまとめて更新する関数を使う

「main.js」のプログラムを書き換えます。表示の更新が分かるように、1000ミリ秒後に盤面を変更します。

chapter-7/3/js/main.js

```
001 document.addEventListener('DOMContentLoaded', async function() {
002     revCore.init();
003     await appResource.load();
004     appView.init();
005     appView.update();
006 
007     await gameUtil.sleep(1000);
008     revCore.data.board[3][3] = RevData.blank;
009     revCore.data.board[4][4] = RevData.blank;
010     appView.update();
011 });
```

5行目で、初期盤面を表示します。
次に7行目で、1000ミリ秒待ちます。
8～9行目で「3, 3」「4, 4」のマスを空マス（`RevData.blank`）にします。
そして10行目で、描画を更新します。
実行した画面を次に示します。白石が消えているのが分かります。

▼初期表示

▼1000ミリ秒後

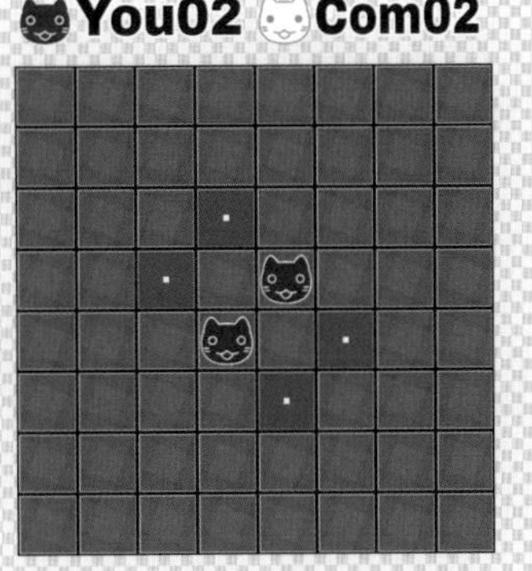

これで、ゲームのデータが書き換わったら表示も変わるようになったんだね。

そうだよ。この状態でデータを変更したら、いちおう遊べるよ。

2Dコンテクストのさまざまな描画

このあとの説明は読み飛ばしてかまいません。さらに学習を進めるときのための参考情報です。canvasの2Dコンテクストには、非常に多様な描画方法があります。全てを解説すると膨大になるので、この本では、今回のゲームで使うものしか紹介していません。ここでは、どういった描画があるのかを簡単に紹介しておきます。

まず、描画の基本的な流れについて書きます。「パスの作成」をおこない、そのパスに対して「描画」をおこないます。パスには、直線を作るメソッドや、円弧を作るメソッド、ベジェ曲線を作るメソッドなどがあります。こうした命令を組み合わせてパスを用意したあと描画をおこないます。

描画には、塗りつぶす`fill()`メソッドと、線を描画する`stroke()`メソッドがあります。塗りつぶしや線には、単純な色だけでなく、グラデーションやパターンを指定できます。また線は、太さや形状を指定できます。

▼パスの塗りつぶしと線描画

こうしたパスの作成と描画は複雑なので、特によく使うものについては、パスの作成と描画を一気におこなうメソッドが用意されています。この本で何度も出てきた四角形を描くメソッドや、文字を描くメソッドです。また、画面をクリアするメソッドも、こうした単純化された命令になります。

作成したパスは描画に用いるだけではありません。描画領域をクリップして、パスの範囲内だけに描画を限定することもできます。たとえば、ハート形のパスの中に画像を描画するといったことができます。

canvasの2Dコンテクストでは画像も描画できます。画像描画メソッドは、PNGやJPEGといった画像を引数にするだけでなく、canvasも引数にできます。たとえば、あらかじめマップ全体を描画したcanvasを用意しておき、その一部を画面に表示するといったことも可能です。

さらに、canvasの描画領域をピクセルの配列として取り出したり、貼り付けたりすることもできます。この機能を利用すれば、画面をモノクロにしたり、セピア調にしたりといったことも可能です。計算時間はかかりますが、画面全体をぼかすこともできます。

第8章

アニメーションを管理しよう

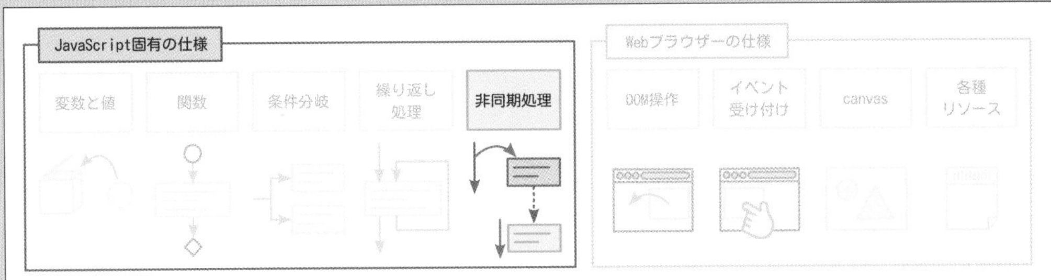

表示はだいぶできたけど、どうせなら
動かしたいね。

アニメーションだね。それじゃあ今回は、
プログラムで、動きをどう表現するかをやろう。

どう表現するか？
動け！と言ったら動くとか？

それでは駄目だよ。

じゃあ、どうすればいいの？

基本は時間が経つごとに
位置や内容を変えていくんだ。

時間？
なんだか頭がこんがらがりそうだね。

8-1 アニメーションの基本を知ろう

requestAnimationFrame

これまで、時間差で処理をおこなう方法として`setTimeout()`関数と`setInterval()`関数を紹介してきました。アニメーションには、さらに最適な`requestAnimationFrame()`関数があります。

`requestAnimationFrame()`関数は、引数としてコールバック関数をとります。そして`setTimeout()`のように1回だけ処理を実行します。実行タイミングは、Webブラウザーの「次の再描画をおこなう前」です。

▼次の再描画をおこなう前に処理を実行

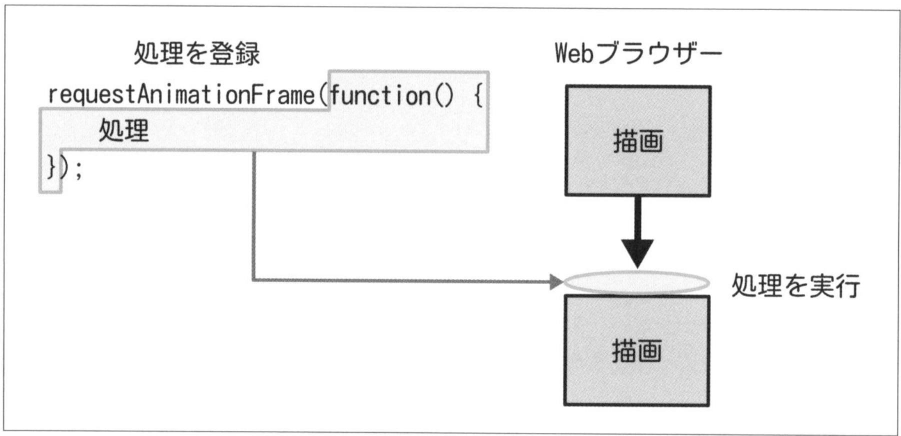

再描画の頻度は、Webブラウザーの環境によって異なります。パソコンのように性能に余裕がある環境では、高頻度におこなわれます。モバイルのように余裕がない環境では、低頻度になります。

描画ごとに処理をおこなうのには理由があります。再描画よりも短いタイミングで表示内容を更新しても、画面には反映されません。Webブラウザーの再描画に合わせることで、負荷の少ない処理を実現できます。

描画間隔と移動距離

再描画の間隔は、実行環境によって異なります。仮に1回描画をおこなうごとに、キャラクターを10ピクセル動かしたとしたら、実行環境によって移動速度が変わってしまいます。

▼描画間隔と移動距離1

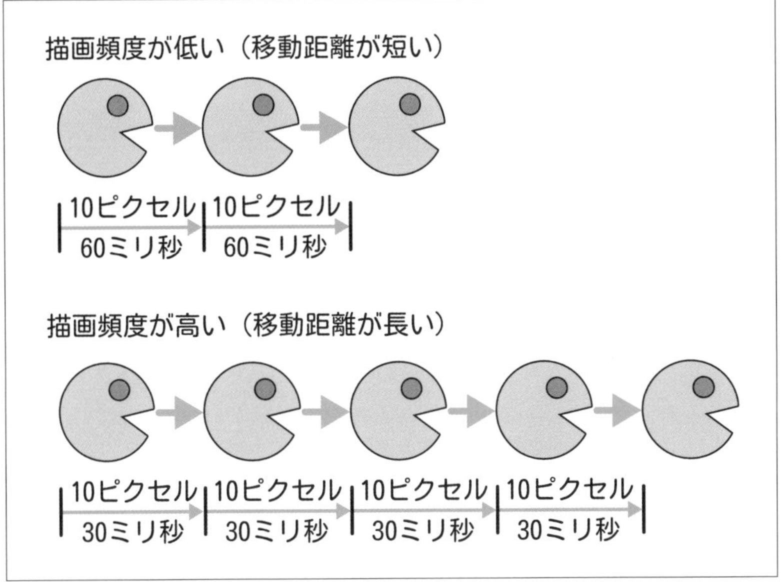

画面の中で動くものは、どの環境でも同じ速さで動いてほしいです。そうしたときに必要なのは、前回の描画からの経過時間です。

たとえば走っているアニメーションならば、前回の描画時間から長い時間が経っているなら、移動距離を長くしなければなりません。逆に短い時間なら、移動距離を短くしなければなりません。そうすることで、どの実行環境でも、同じ速度で走っているように見えます。

▼描画間隔と移動距離2

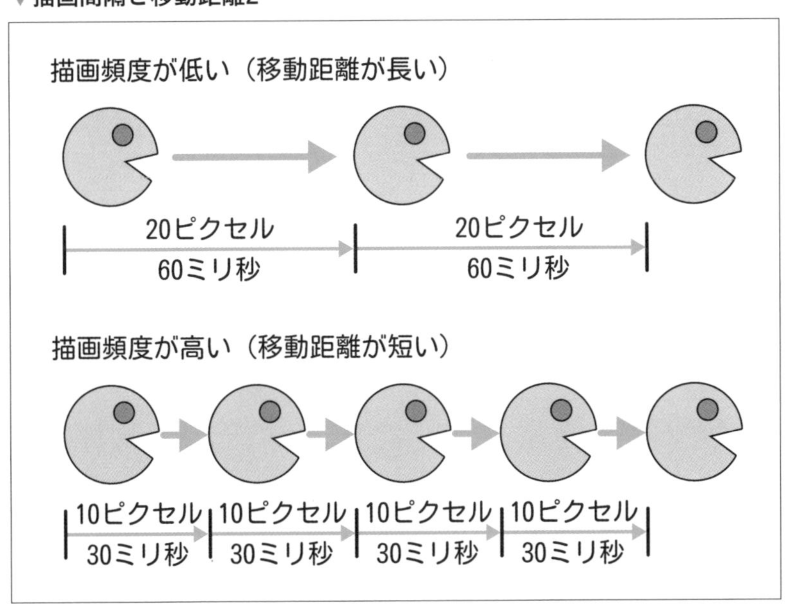

こうした計算をおこなうには、前回の描画からの経過時間（差分時間）を計算しなければなりません。最初の描画で時間を記録し、次の描画で時間を記録し、その差を求めると経過時間が分かります。

Dateオブジェクト

JavaScriptで時間を得る方法はいくつかあります。ここでは汎用的な方法として、Dateオブジェクトの`now()`メソッドを利用します。

Dateオブジェクトは、年月日、時分秒といった日時計算に用いるオブジェクトです。Webサイトで時間をあつかうときは、このオブジェクトを利用します。

`Date.now()`メソッドは、「協定世界時の1970年1月1日0時0分0秒」からの経過ミリ秒を返します。こう書くと難しそうですが「決められた時間」からの経過時間を返すだけです。今回は差分時間しか使わないので深く考える必要はないです。

このメソッドの使用例を示します。

```
001 let old = Date.now();   // 時間を得る
002 setTimeout(() => {
003     let now = Date.now();   // 時間を得る
004     let diff = now - old;   // 経過時間を計算
005     console.log(diff);      // 経過時間をコンソールに表示
006 }, 1000);
```

1行目で、変数`old`に時間を代入します。

2～6行目では、`setTimeout()`関数を使い、`1000`ミリ秒後に関数を実行します。3～5行目が、コールバック関数の処理です。

3行目では、`Date.now()`メソッドを使い、変数`now`に時間を代入します。

4行目では、現在の時間`now`から、過去の時間`old`を引き、差分の時間を求めます。そして差分の時間を、変数`diff`に代入します。`diff`は「difference（差）」の略です。

5行目では、求めた`diff`の値をコンソールに表示します。おおよそ1000に近い数字になります（厳密に1000にはなりません）。

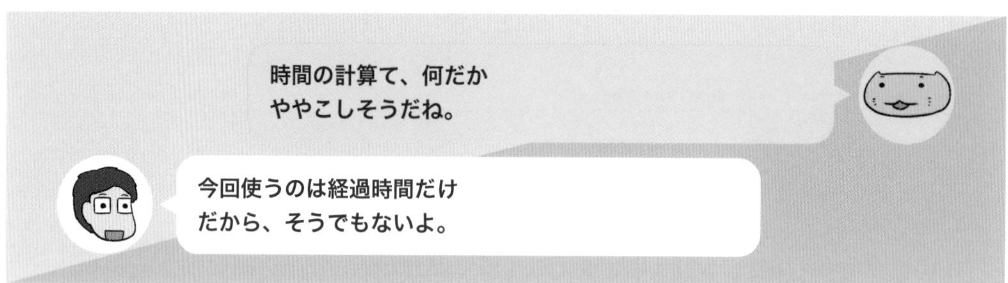

8-2 アニメーションを管理するプログラムを書こう

ここではアニメーションを管理するプログラムを書きます。

`requestAnimationFrame()`のコールバック関数に、直接処理を書くこともできます。しかし、それでは管理が大変です。アニメーションの内容が増えると、管理が複雑になります。手軽に登録したり削除したりできた方がよいです。

アニメーションを管理するプログラムを作る

「game-anim.js」ファイルを作り「index.html」から読み込みます。

chapter-8/1/index.html

```
    <script src="js/game-anim.js"></script>
```

`gameAnim`オブジェクトの`holder`と`time`プロパティ、そして`start()`メソッドを書きます。

chapter-8/1/js/game-anim.js

```
001 // ゲーム アニメーション
002 const gameAnim = {holder: [], time: {old: 0, now: 0, diff: 0, sum: 0}};
003 
004 // アニメーションの開始
005 gameAnim.start = function() {
006     this.time.old = Date.now(); // 過去時間
007     const func = () => {         // 繰り返す関数
008         this.update();
009         requestAnimationFrame(func);
010     };
011     func();
012 };
```

2行目では、変数`gameAnim`にオブジェクトを代入します。このオブジェクトのプロパティには、アニメーションの関数を登録する`holder`配列、時間を記録する`time`オブジェクトを用意します。`time`オブジェクトは、`old` `now` `diff` `sum`のプロパティを持ちます。

5~12行目は、`gameAnim.start()`関数です。

6行目では、開始時間を`time.old`に記録します。

7~10行目では`func`関数を作り、11行目で実行します。この`func`関数内では、8行目で、`update()`関数を実行します。この関数は次に作ります。

また、9行目で、`requestAnimationFrame()`関数の引数として`func`関数を登録します。こうすることで、Webブラウザーの再描画が起きるたびに、`func`関数が実行されます。

▼func関数

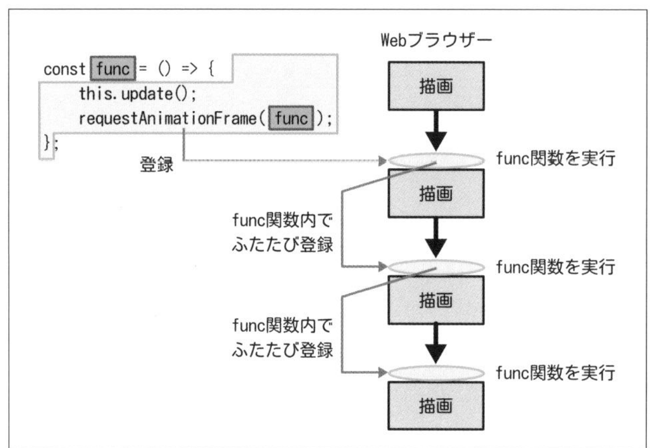

時間の管理とアニメーションの更新をするプログラムを作る

`gameAnim.update()`関数を書きます。この関数では、時間の管理と、アニメーションの更新をおこないます。

chapter-8/1/js/game-anim.js

```
014 // アニメーションの更新（時間の更新と、ホルダーの関数を全実行）
015 gameAnim.update = function() {
016     this.time.now = Date.now();           // 新規時間
017     this.time.diff = this.time.now - this.time.old; // 差分時間
018     this.time.sum += this.time.diff;      // 差分時間加算
019     this.time.old = this.time.now;        // 過去時間
020     this.holder.forEach(x => x.func()); // 関数を全実行
021 };
```

16〜19行目は、時間の管理です。

16行目では、`Date.now()`メソッドを使い、新規時間`time.now`を得ます。

17行目では、新規時間から過去時間`time.old`を引いて、差分時間`time.diff`を得ます。

18行目では、合計時間`time.sum`に差分時間を足して、合計時間を更新します。

`+=`は**加算代入演算子**です。左側の変数の値に、右側の変数の値を足すという意味です。`a += b`と、`a = a + b`は同じ結果になります。

19行目では、過去時間`time.old`に新規時間`time.now`を代入して時間を更新します。

次は20行目の、アニメーションの更新です。

20行目では、holder配列のforEach()メソッドを利用して、各要素に保持している関数を実行します。

forEach()のコールバック関数の引数xは、holder配列の要素です。この要素はオブジェクトで、idとfuncのプロパティを持ちます。このfuncプロパティには、アニメーション用の関数が入っています。そのためx.func()で実行します。

▼holder.forEach()

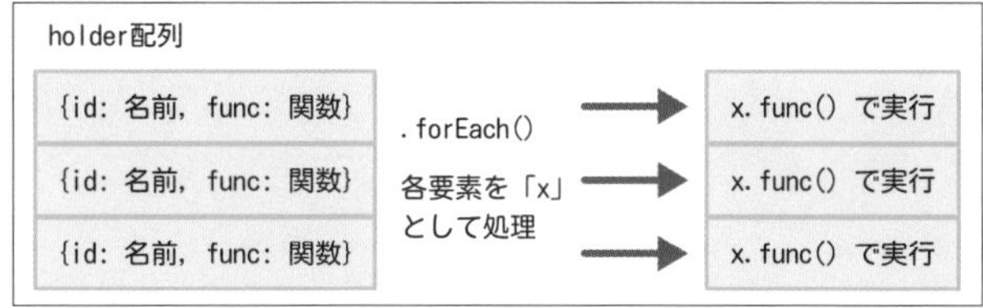

アニメーションを登録する関数を作る

アニメーション用の関数を登録するgameAnim.add()関数を書きます。

chapter-8/1/js/game-anim.js

```
// アニメーションの追加
gameAnim.add = function(id, func) {
    this.holder.push({id, func});
};
```

この関数は、id（名前）とfunc（関数）を引数にとります。そして、オブジェクト{id, func}を作ります。作成したオブジェクトは、holder配列の末尾に、push()メソッドで追加します。

アニメーションを削除する関数を作る

アニメーション用関数を削除するgameAnim.remove()関数を書きます。

chapter-8/1/js/game-anim.js

```
// アニメーションの削除
gameAnim.remove = function(id) {
    this.holder = this.holder.filter(x => x.id !== id);
};
```

引数のidの要素を、holder配列から削除します。この削除処理に、配列のfilter()メソッドを使います。

配列のfilter()メソッドは、各要素に対してコールバック関数を実行します。そして新しい配列を作って返します。新しい配列は、コールバック関数の戻り値（return

で返した値）が、trueとみなせる要素だけで構成されます。

trueとみなせる値の条件は、if文やfor文の条件式と同じです。true、0以外の数値、1文字以上の文字列、オブジェクトです。

▼filter

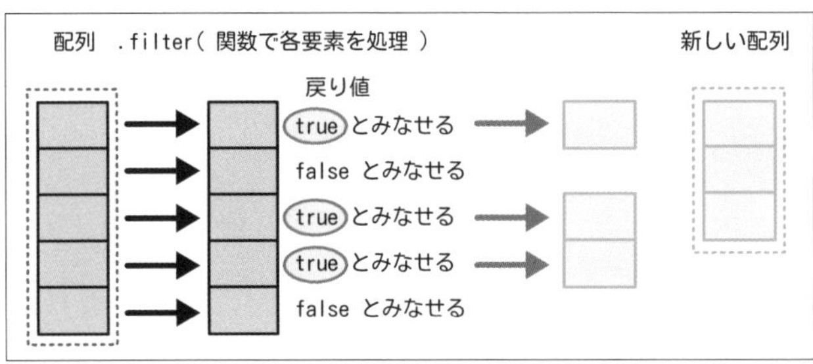

このメソッドを利用して、条件に合わない要素を排除した配列を作り、ふたたびthis.holderに代入します。

30行目のx.id !== idは、「各要素のidの値が、引数のidと同じでないならtrue」という式です。この式を使うことで、引数のidと違う要素だけの配列を作ります。

▼filterを使い、要素を削除

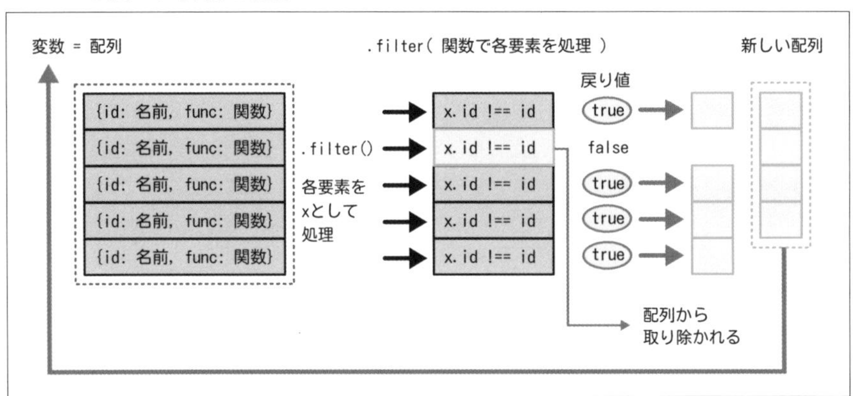

アニメーションを管理するプログラムを使う

作成した「game-anim.js」ファイルを使った処理を「main.js」に書きます。

chapter-8/1/js/main.js

```
document.addEventListener('DOMContentLoaded', async function() {
    await appResource.load();

    let w = 1200;
    let h = 800;
```

```
006     gameCanvas.addBgCanvas('#reversi', w, h);
007     let cobj = gameCanvas.addCanvas('#reversi', w, h);
008
009     let x = 0;
010     let y = 0;
011     let imageSize = 400;
012
013     gameAnim.add('main', () => {
014         cobj.context.clearRect(0, 0, w, h);
015
016         x += gameAnim.time.diff * 0.75;
017         y += gameAnim.time.diff * 0.25;
018         if (x >= w) x = -imageSize;
019         if (y >= h) y = -imageSize;
020         resImage.draw('token0', cobj, x, y, imageSize, imageSize);
021     })
022     gameAnim.start();
023 });
```

少し長いので、分解して説明していきます。

まずは2～7行目の、描画の準備をおこなうところです。

```
002     await appResource.load();
003
004     let w = 1200;
005     let h = 800;
006     gameCanvas.addBgCanvas('#reversi', w, h);
007     let cobj = gameCanvas.addCanvas('#reversi', w, h);
```

2行目では、await付きで`appResource.load()`関数を実行します。ここでは、終了を待ちながら画像やWebフォントを読み込みます。

4～7行目では、背景と前景のcanvas用オブジェクトを作ります。これから描画をおこなう前景のcanvas用オブジェクトは、7行目で変数`cobj`に代入します。

次の9～11行目では、アニメーションに使う変数を用意します。

```
009     let x = 0;
010     let y = 0;
011     let imageSize = 400;
```

9～10行目では、描画する位置を保持する変数`x` `y`を宣言して、初期値の`0`を代入します。

11行目では、描画する画像のサイズを表す変数`imageSize`を宣言して、`400`を代入します。

次の13～21行目は、アニメーションの描画処理です。

```
013    gameAnim.add('main', () => {
014        cobj.context.clearRect(0, 0, w, h);
015
016        x += gameAnim.time.diff * 0.75;
017        y += gameAnim.time.diff * 0.25;
018        if (x >= w) x = -imageSize;
019        if (y >= h) y = -imageSize;
020        resImage.draw('token0', cobj, x, y, imageSize, imageSize);
021    })
```

13行目では、`gameAnim.add()`関数でアニメーションの処理を登録します。IDは`'main'`にします。コールバック関数の中では、アニメーションの描画処理をおこないます。

14行目では、`context`の`clearRect()`メソッドで、描画内容を全て削除します。

16～17行目では、`gameAnim.time.diff`の値を利用して、`x`と`y`の値を更新します。`x`には、`gameAnim.time.diff`の0.75倍の値を足します。`y`には、`gameAnim.time.diff`の0.25倍の値を足します。

18～19行目は、描画する画像が画面外に出たときの対策です。

値を更新したあと、`x`が横幅`w`以上なら、`x`の値を`-imageSize`にします。また、`y`が高さ`h`以上なら、`y`の値を`-imageSize`にします。このようにすることで、画面の右端や下端に来たときに、左端や上端にループさせることができます。

最後の20行目では、`resImage.draw()`関数を使い、`'token0'`の画像を描画します。

続く処理は、アニメーションの開始です。

```
022    gameAnim.start();
```

22行目では、`gameAnim.start()`関数でアニメーションを開始します。

このプログラムを実行した様子を示します。

▼移動1

▼移動2

8-3 リバーシにアニメーションを追加しよう

データを書き換えて反映させる

「main.js」に、リバーシのデータの更新をすぐに反映する処理を書きます。

chapter-8/2/js/main.js

```
001 document.addEventListener('DOMContentLoaded', async function() {
002     revCore.init();
003     await appResource.load();
004     appView.init();
005
006     gameAnim.add('main', () => {
007         appView.update();
008     });
009     gameAnim.start();    // アニメーション開始
010
011     await gameUtil.sleep(1000);
012     revCore.data.board[3][3] = RevData.blank;
013     await gameUtil.sleep(1000);
014     revCore.data.board[4][4] = RevData.blank;
015 });
```

6行目で、`gameAnim.add()`関数に、`appView.update()`関数を実行する処理を登録します。また、9行目で、`gameAnim.start()`関数を実行して、アニメーションを開始します。

そして、11行目で`1000`ミリ秒待ち、12行目で盤面データ`revCore.data.board`を書き換えます。Y3、X3の位置のマスを空マス（`RevData.blank`）にして石を消します。

さらに、13行目で`1000`ミリ秒待ち、14行目で盤面データ`revCore.data.board`を書き換えます。Y4、X4の位置のマスを空マス（`RevData.blank`）にして石を消します。

アニメーションを使い、描画タイミングごとに画面を書き換えているため、データの変更はすぐに反映されます。このプログラムを実行した様子を示します。

▼表示1

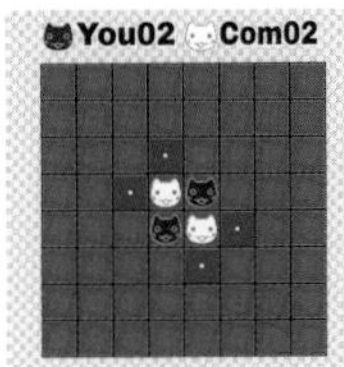

▼表示2

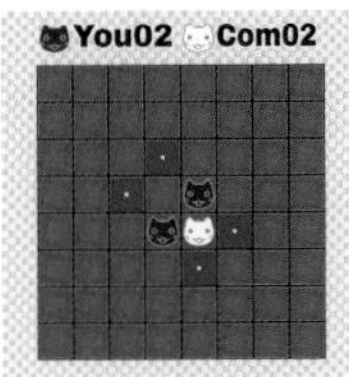

▼表示3

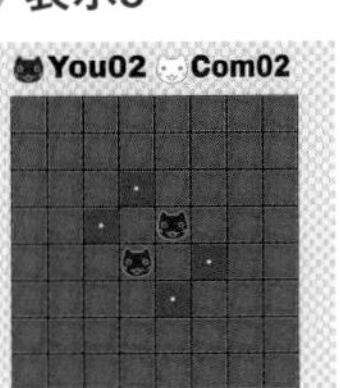

8-4 メッセージを動かしながら表示しよう

ポップアップメッセージの動作

ゲームで使うアニメーションを作成します。まずはポップアップ（ぴょこんと出る）メッセージです。ゲームの終了や勝敗をプレイヤーにしらせるためのものです。

先に「main.js」のプログラムと、どのような表示になるのかを示します。「START」というメッセージが下からぴょこんと出て止まったあと、「END」というメッセージが下からぴょこんと出て止まります。

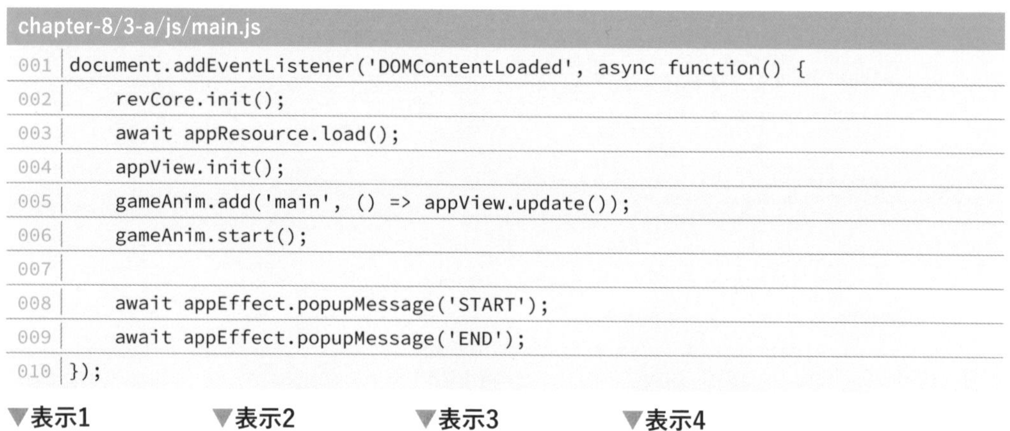

chapter-8/3-a/js/main.js

```
document.addEventListener('DOMContentLoaded', async function() {
    revCore.init();
    await appResource.load();
    appView.init();
    gameAnim.add('main', () => appView.update());
    gameAnim.start();

    await appEffect.popupMessage('START');
    await appEffect.popupMessage('END');
});
```

▼表示1 ▼表示2 ▼表示3 ▼表示4

▼表示5 ▼表示6 ▼表示7 ▼表示8

メッセージ表示の全体

エフェクト表示用の「app-effect.js」ファイルを作り「index.html」から読み込みます。

chapter-8/3-a/index.html

```
    <script src="js/app-effect.js"></script>
```

メッセージを表示する`appEffect.popupMessage()`関数を書きます。

chapter-8/3-a/js/app-effect.js

```
001 // アプリ エフェクト
002 const appEffect = {};
003 
004 // メッセージ表示
005 appEffect.popupMessage = function(text) {
006     return new Promise(resolve => {
007         const id = 'message';
008         const max = 750;
009         const start = gameAnim.time.sum;
010         gameAnim.add(id, () => {      // アニメ追加
011             const diff = gameAnim.time.sum - start;
012             if (diff < max) {
013                 // アニメ処理
014                 const rate = diff / max;
015                 const {cobj} = appView;
016                 const x = cobj.w * 0.5;
017                 const y = cobj.h * Math.max(1.5 - rate * 3, 0.5);
018                 resFont.draw('main', cobj, text, x,  y, 2);
019             } else {
020                 gameAnim.remove(id);    // アニメ削除
021                 resolve();              // Promise解決
022             }
023         });
024     });
025 };
```

複雑なので分解して解説します。

関数の基本的な構造

まずは`appEffect.popupMessage()`関数の基本的な構造です。この関数は戻り値として、6行目の`Promise`オブジェクトを返します。

そのため、この`appEffect.popupMessage()`関数を`await`を付けて実行すると、`resolve`の実行まで待機します。

```
005 appEffect.popupMessage = function(text) {
006     return new Promise(resolve => {

024     });
025 };
```

アニメーションの基本的な構造

次はアニメーションの基本的な構造です。7～9行目は、アニメーション用の変数の準備です。

```
007         const id = 'message';
008         const max = 750;
009         const start = gameAnim.time.sum;
```

7行目では、`gameAnim.add()`関数に登録する`id`を用意します。`id`は`'message'`にします。

8行目では、アニメーションの最大時間の変数`max`を用意します。最大時間は`750`ミリ秒にします。

9行目では開始時間の変数`start`を用意して、アニメーション開始からの合計時間`gameAnim.time.sum`を代入します。

次に`gameAnim.add()`関数を使い、アニメーションの処理を登録します。第1引数は、さきほど用意した変数`id`の値`'message'`です。第2引数は関数です。

```
010         gameAnim.add(id, () => {     // アニメ追加
011             const diff = gameAnim.time.sum - start;
012             if (diff < max) {
013                 // アニメ処理

019             } else {
020                 gameAnim.remove(id);    // アニメ削除
021                 resolve();              // Promise解決
022             }
023         });
```

11行目では、開始時間からの差分時間`diff`を計算します。

そして、12行目の`if`文で処理を分岐します。`if`文は、`{ }`のあとに`else`を書くと、条件式が`false`のときの処理を書けます。

```
if (条件式) {
    trueのときの処理
} else {
    falseのときの処理
}
```

12行目の条件式で、差分時間`diff`が、最大時間`max`未満ならば、13～18行目の描画をおこないます。

そして、差分時間`diff`が最大時間`max`以上になったら、20～21行目の処理をおこないます。

20行目では、`gameAnim.remove()`関数を使い、登録した`id`でアニメーション処理を削除します。

21行目では、`resolve()`を実行して、`Promise`を解決します。

描画部分

最後は描画部分です。

```
013            // アニメ処理
014            const rate = diff / max;
015            const {cobj} = appView;
016            const x = cobj.w * 0.5;
017            const y = cobj.h * Math.max(1.5 - rate * 3, 0.5);
018            resFont.draw('main', cobj, text, x,  y, 2);
```

14行目の変数`rate`の値は、差分時間`diff`を、最大時間`max`で割った値です。この値は、差分時間の進行に応じて0.0～1.0まで変化します。

15行目では、`appView`オブジェクトから、`canvas`用オブジェクトを取り出して、変数`cobj`に代入します。

16行目の`x`は、`canvas`要素の横幅の半分なので、中央の位置です。

17行目の`y`は、下からせり上がってきて途中で止まります。この計算は、あとで解説します。

最後の18行目では、`resFont.draw()`関数を使い、文字を描画します。

ぴょこんとせり上がる移動

ここは、読み飛ばしてかまいません。17行目のY座標の挙動は、初心者には分かりにくいので図を示します。

▼Y座標の挙動

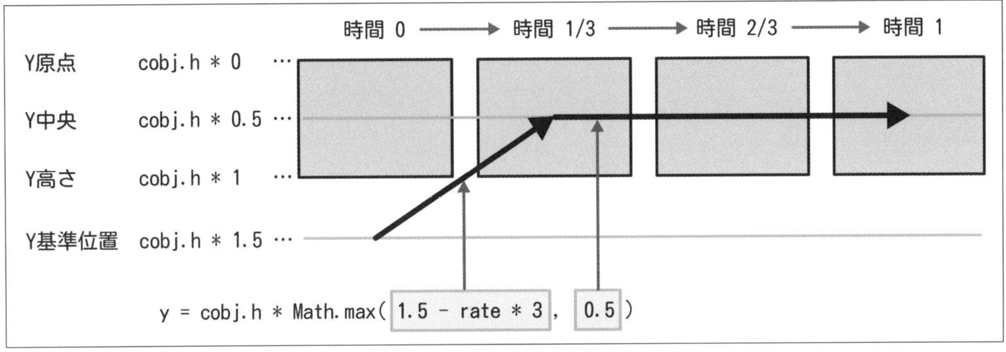

まず変数`rate`の値が0のときは、`cobj.h * 1.5`の位置（画面の下にはみ出た位置）から始まります。`rate * 3`の式は0.0～3.0まで変化します。そして、`1.5 - rate * 3`の式は、1.5～-1.5まで変化します。

ただし「引数の中で最大の値」を得る`Math.max()`メソッドを利用して、0.5より小さい値にならないようにします。そのため、変化の範囲は、1.5～0.5になります。その結果、アニメーション時間のうち3分の1以降は、0.5のまま推移します。

その結果、下からぴょこんとせり上がってきたあと、中央でぴたっと止まるアニメーションになります。

アニメーション部分と描画部分の分離

先ほどのプログラムでは、アニメーションの進行管理と描画処理を、同じ関数内に書きました。進行管理の部分は、他のエフェクトでも同じです。切り離して関数にすれば共通化できます。そこで進行管理と描画処理を切り離して別の関数にします。

まずは進行管理部分を`appEffect.effectPromise()`関数にします。

chapter-8/3-b/js/app-effect.js

```
004 // エフェクト用Promiseの作成
005 appEffect.effectPromise = function(id, max, funcDraw) {
006     return new Promise(resolve => {
007         const start = gameAnim.time.sum;
008         gameAnim.add(id, () => {          // アニメ追加
009             const diff = gameAnim.time.sum - start;
010             if (diff < max) {
011                 funcDraw(diff / max);   // アニメ処理
012             } else {
013                 gameAnim.remove(id);    // アニメ削除
014                 resolve();              // Promise解決
015             }
016         });
017     });
018 };
```

この関数は、アニメーション管理用の`id`、最大時間`max`、描画処理の関数`funcDraw`を引数にとります。そして11行目、アニメ処理のところで`funcDraw`関数を実行します。この関数の引数には、先ほどのプログラムの`rate`の値（`diff / max`）を設定します。

切り離した描画部分は`appEffect.popupMessage()`関数にします。この関数には`async`を付けます。

```
020 // メッセージ表示
021 appEffect.popupMessage = async function(text) {
022     await this.effectPromise('message', 750, rate => {
023         const {cobj} = appView;
024         const x = cobj.w * 0.5;
025         const y = cobj.h * Math.max(1.5 - rate * 3, 0.5);
026         resFont.draw('main', cobj, text, x,  y, 2);
027     });
028 };
```

22行目で、`appEffect.effectPromise()`関数を`await`付きで実行します。

このときの第1引数の`id`は`'message'`です。第2引数の`max`は`750`ミリ秒です。第3引数の関数には、文字がぴょこんとせり上がるアニメーションを書きます。

これで新しいエフェクトを作るときは、描画処理のみを書けばよくなりました。

8-5 石を置いたときのエフェクトを作ろう

どんなエフェクトを作るか

次は石を置いたときのエフェクトを作ります。石を置いた場所には固定の枠を表示します。また、裏返した場所では枠を回転させます。

▼石を置いたときのエフェクト（一番上が固定枠、それ以外が回転枠）

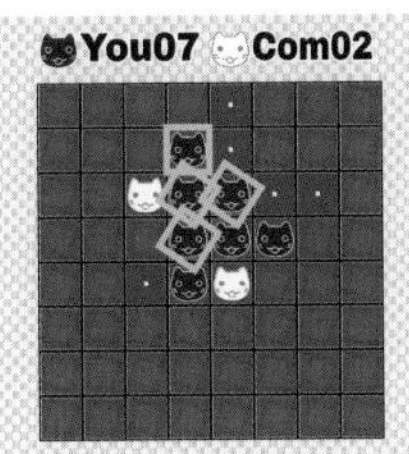

仮のデータを使った処理を作る

「main.js」に、プログラムを書きます。

chapter-8/4/js/main.js

```
008    revCore.data.putToken = {x: 2, y: 2};
009    revCore.data.revTokens = [{x: 3, y: 3}, {x: 4, y: 4}, {x: 5, y: 5}];
010    await appEffect.updateBoard();
```

8行目の`revCore.data.putToken`に、石を置いた場所`{x: 2, y: 2}`のデータを代入します。これは仮のもので、現実のゲームのデータではありません。

9行目の`revCore.data.revTokens`に、裏返した場所の配列を代入します。裏返した場所は`{x: 3, y: 3}` `{x: 4, y: 4}` `{x: 5, y: 5}`とします。これも仮のもので、現実のゲームのデータではありません。分かりやすくエフェクトを確かめるためのものです。

▼仮のデータのときのエフェクト

石を置いたときの描画処理を作る

「app-effect.js」に、石を置いたときの描画処理を書きます。アニメーションの進行管理は、前回作った`effectPromise()`を使います。

chapter-8/4/js/app-effect.js

```
030 // 盤面更新の演出
031 appEffect.updateBoard = async function() {
032     await this.effectPromise('board', 750 * 5, rate => {
033         const {unit} = appLayout;
034         const {context} = appView.cobj;
035         context.lineWidth = unit * 0.15;
036         context.strokeStyle = '#9fffff';
037 
038         // 置いた石の演出
039         const {putToken} = revCore.data;
040         const {x, y} = appLayout.boardToPixel(putToken.x, putToken.y);
041         context.strokeRect(x, y, unit, unit);
042 
043         // 裏返り石の演出
044         revCore.data.revTokens.forEach(token => {
045             const {x, y} = appLayout.boardToPixel(token.x, token.y);
046             context.save();
047             context.translate(x + unit / 2, y + unit / 2);
048             context.rotate(rate * 10);
049             context.strokeRect(- unit / 2, -unit / 2, unit, unit);
050             context.restore();
051         });
052     });
053 };
```

処理が長いので順番に見ていきます。

描画の設定

まずは33～36行目の、描画の設定です。

```
033         const {unit} = appLayout;
034         const {context} = appView.cobj;
035         context.lineWidth = unit * 0.15;
036         context.strokeStyle = '#9fffff';
```

33行目では、`appLayout`から描画単位`unit`を取り出します。

34行目では、`appView.cobj`から、`context`を取り出します。
35～36行目では、`context`を利用して描画の設定をおこないます。
35行目では、線の太さ`lineWidth`を、描画単位の`0.15`倍にします。
36行目では、線のスタイル`strokeStyle`を`'#9fffff'`（明るい水色）にします。

置いた石の演出

続いて38～41行目の、置いた石の演出です。

```
038         // 置いた石の演出
039         const {putToken} = revCore.data;
040         const {x, y} = appLayout.boardToPixel(putToken.x, putToken.y);
041         context.strokeRect(x, y, unit, unit);
```

39行目では、`revCore.data`から`putToken`を取り出します。この値には、石を置いたマスの位置が入っています。

40行目では、`appLayout.boardToPixel()`関数を使い、マス位置をピクセル位置に変換して、`x` `y`の値を得ます。

最後の41行目では、`context`の`strokeRect()`メソッドを使い、四角の線を描画します。

裏返した石の演出

43～51行目は、裏返した石の演出です。

```
043         // 裏返り石の演出
044         revCore.data.revTokens.forEach(token => {
045             const {x, y} = appLayout.boardToPixel(token.x, token.y);
046             context.save();
047             context.translate(x + unit / 2, y + unit / 2);
048             context.rotate(rate * 10);
049             context.strokeRect(- unit / 2, -unit / 2, unit, unit);
050             context.restore();
051         });
```

44行目では、配列`revCore.data.revTokens`の`forEach()`メソッドを使い、各石を順に処理していきます。各石の情報は、コールバック関数の引数`token`に入っています。各石に対する処理は、45～50行目の部分です。

45行目では、`appLayout.boardToPixel()`関数を使い、`token`のマス位置`x` `y`から、ピクセル位置`x` `y`を得ます。

46行目では、`context`の`save()`メソッドで、コンテクストの現在の設定を保存します。そして少しとんで50行目では、`restore()`メソッドで保存した設定を復帰します。保存して復帰するのは、このあとコンテクストの原点を移動したり、座標を回転したりするからです。

47行目の`context`の`translate()`メソッドは、`x` `y`の引数をとり、原点の位置を移動します。ここではマスの中央に原点を移動します。

48行目の`context`の`rotate()`メソッドは、`angle`の引数をとり、原点を中心にコンテクストの座標を回転します。

この結果どうなるのかを図で示します。

▼裏返した石の演出

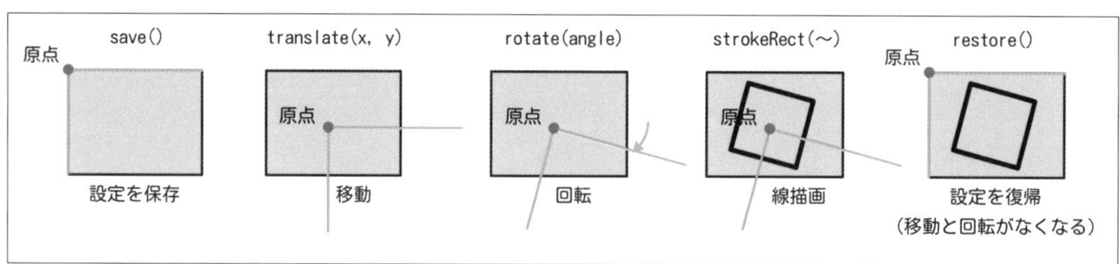

このような手順を踏むことで枠を回転します。

また49行目の線の描画では、四角の中心が回転の中心に来るように描画位置を調整します。

▼中心を基準に描画

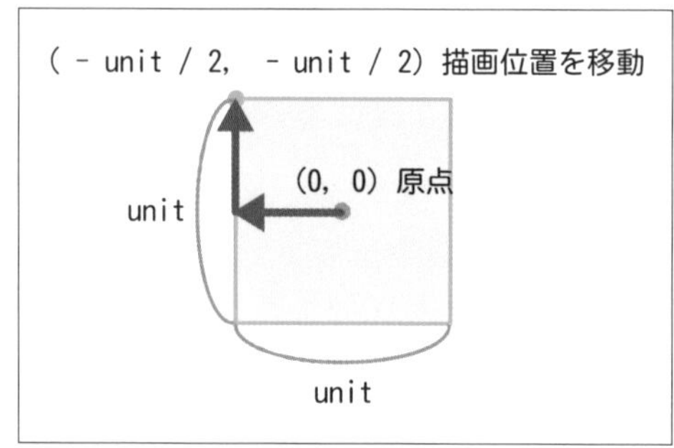

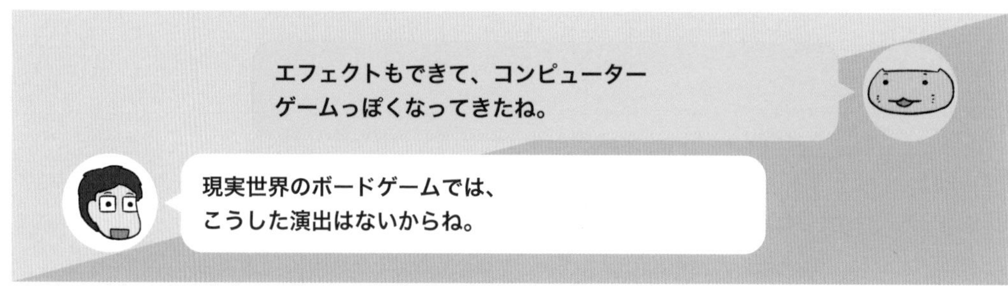

第9章

クリック操作に対応させよう

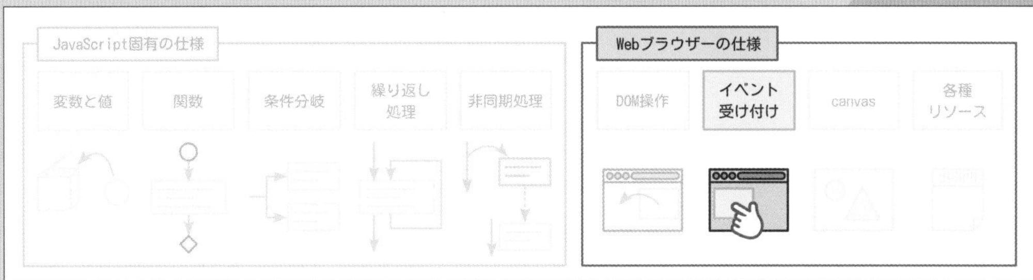

盤面の描画や動く演出もできたし、
そろそろゲームになりそうだね。

うん。次はクリックの
受け付けをやろう。

ゲームだから操作できないとね。
具体的には何をやるの？

入力を受け付けて、
ゲームのプログラムに送るよ。

盤面に石を置いたりできるわけ？

そうだよ。ルールはまだだけど、
石を置けるようにしてみよう。

9-1 Webページのクリックについて知ろう

クリック操作を受け付ける処理は、次の条件を満たすようにします。

- パソコンでもモバイルでも動くようにする。
- `canvas`要素の左上を原点にした座標を得る。
- アニメーションのときのように処理を登録・削除できるようにする。

1つめと、2つめについては、事前にいくつか知っておくべきことがあります。ここでは、その話をします。

イベントリスナー

WebページのJavaScriptでは、ユーザーからの入力は、イベントに対するリスナー（聞き手、待ち受ける者）を設定することで受け付けます。

イベントリスナー自体は、すでに何度も出てきています。`document`の`addEventListener()`メソッドを利用して、DOMの内容の読み込みが終わったらコールバック関数を実行しています。

```
document.addEventListener('DOMContentLoaded', コールバック関数);
```

同じように、要素をクリックしたときの処理は、要素の`addEventListener()`メソッドを利用します。イベント名を`'click'`にして、コールバック関数で処理を登録します。

```
element.addEventListener('click', コールバック関数);
```

パソコンでもモバイルでも動くようにする

Webブラウザーのイベントは多数あり、パソコンでは`mousedown`や`mouseup`といった`mouse～`（マウス～）と付いたものが複数あります。また、モバイルでは`touchstart`や`touchend`といった`touch～`（タッチ～）と付いたイベントが複数あります。

マウスがないモバイル環境では`mouse～`と付いたイベントは使えません。同じように、タッチできないパソコンでは`touch～`と付いたイベントは使えません。

`click`（クリック）はどちらでも使えますが、モバイル環境では反応のタイミングが遅いです。モバイル環境では`touchstart`、`touchend`のあとに`click`のイベントが発生するためです。そのためアクションゲームで`click`を使うと、操作に若干のストレスを感じます。

この本ではサンプルを平易にするために、入力の受け付けは`click`で統一します。ボードゲームなので、アクションゲームほどの反応も不要です。

イベントリスナーで座標を受け取る

要素にイベントリスナーを登録したあと、そのイベントが発生すると、コールバック関数が呼び出されます。

`'click'`を登録したときは、クリック時に呼び出されます。このときコールバック関数は、引数として`Event`オブジェクトを受け取ります。`Event`オブジェクトには複数のプロパティがあり、その中にクリック座標も入っています。

```
element.addEventListener('click', function(event) {
    let x = event.clientX;  // Webブラウザー上のX座標
    let y = event.clientY;  // Webブラウザー上のY座標
});
```

これだけだと単純なのですが、タッチ系のイベントではマルチタッチがおこなわれます。つまり座標が1つではありません。タッチのときには、`changedTouches`配列から値を読み取ります。クリック位置は、最初のタッチ位置である要素0の値を使います。

```
element.addEventListener('click', function(event) {
    let x = event.changedTouches[0].clientX;    // Webブラウザー上のX座標
    let y = event.changedTouches[0].clientY;    // Webブラウザー上のY座標
});
```

canvas要素の左上を原点とした座標を得る

ゲーム画面は正方形です。Webブラウザーの縦横比によって、上下や左右に余白ができます。Webブラウザー上のXY座標から、`canvas`要素の左上のXY座標を引いて、ゲーム画面内の座標を求めます。

▼ゲーム画面内のX座標を求める

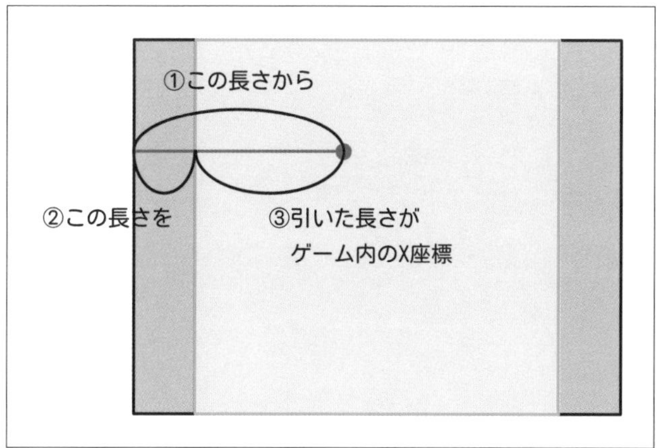

9-2 クリックやタッチを管理するプログラムを書こう

前回、どのような内容のプログラムを作るか書きました。今回は、実際にプログラムを書きます。

「game-click.js」ファイルを作り「index.html」から読み込みます。

chapter-9/1/index.html

```
    <script src="js/game-click.js"></script>
```

クリックの追加

まずは変数`gameClick`にオブジェクトを代入します。このオブジェクトには､クリック処理を保持する`holder`プロパティを用意します。

次に、クリックの追加をおこなう`gameClick.add()`関数を書きます。この関数は、イベントを登録する要素`element`、クリック用の`id`、クリックを受け付ける関数`funcClick`を引数にとります。

chapter-9/1/js/game-click.js

```
// ゲーム クリック
const gameClick = {holder: {}};

// クリックの追加
gameClick.add = function(element, id, funcClick) {
    const func = e => {
        let eX = e.clientX;
        let eY = e.clientY;
        if (e.changedTouches) {
            eX = e.changedTouches[0].clientX;
            eY = e.changedTouches[0].clientY;
        }
        const rect = element.getBoundingClientRect();
        funcClick(eX - rect.left, eY - rect.top);
    };
    element.addEventListener('click', func);
    this.holder[id] = {element, func};
};
```

`gameClick.add()`関数の処理を分解して見ていきます。

クリックの追加～大きな流れ

まずは大きな流れです。

```
006     const func = e => {

015     };
016     element.addEventListener('click', func);
017     this.holder[id] = {element, func};
```

6～15行目で`func`関数を作ります。

そして16行目で、`element`要素の`addEventListener()`メソッドを使い、クリック時の処理として`func`関数を登録します。引数の`funcClick`は直接追加しません。

この`element`要素と`func`関数は、イベントリスナーを削除するときに必要になります。そのため、`{element, func}`オブジェクトを作り、`holder`オブジェクトの`id`名のプロパティに代入します。

クリックの追加～クリック位置をコールバック関数に送る

次は`func`関数の中身です。ここでは、`canvas`要素上でのクリック位置を計算して、引数の`funcClick`関数に送ります。

```
006     const func = e => {
007         let eX = e.clientX;
008         let eY = e.clientY;
009         if (e.changedTouches) {
010             eX = e.changedTouches[0].clientX;
011             eY = e.changedTouches[0].clientY;
012         }
013         const rect = element.getBoundingClientRect();
014         funcClick(eX - rect.left, eY - rect.top);
015     };
```

7行目では、変数`eX`に`e.clientX`の値を代入します。

8行目では、変数`eY`に`e.clientY`の値を代入します。

JavaScriptでは、存在しないプロパティから値を得ようとすると`undefined`を得ます。そのためプロパティが存在するか確認せずに代入できます。

次の9行目では、`if`文で`e.changedTouches`を判定します。

モバイル環境でタッチ入力ができる場合は`e.changedTouches`は配列になり、それ以外は`undefined`になります。配列などのオブジェクトは、`if`文の条件式では`true`とみなされます。対して`undefined`は`false`とみなされます。そのため、このような条件式で、オブジェクトの有無を判定できます。JavaScriptでは、こうした処理はよく出てきます。

`e.changedTouches`が存在する場合は、10行目で、変数`eX`に`e.changedTouches[0].clientX`の値を代入します。また11行目で、変数`eY`に`e.changedTouches[0].clientY`の値を代入します。

次の13行目では、要素の四角形の情報を得ます。`element.getBoundingClientRect()`メソッドは、要素の寸法と、表示領域に対する相対位置が入ったオブジェクトを返します。このオブジェクトの`left`と`top`プロパティには、要素の左上のX座標、Y座標が入っています。

最後の14行目では、要素内のX座標とY座標を引数にして`funcClick`関数を実行します。X座標は`eX - rect.left`で求めます。Y座標は`eY - rect.top`で求めます。

クリックの削除

ゲームのボタンなどは、一時的に表示して、用が済んだら削除することが多いです。次は、クリックの削除をおこなう`gameClick.remove()`関数を書きます。

chapter-9/1/js/game-click.js

```
020 // クリックの削除
021 gameClick.remove = function(id) {
022     const object = this.holder[id];
023     if (! object) return;
024     object.element.removeEventListener('click', object.func);
025     delete this.holder[id];
026 };
```

この関数は`id`を引数にして、その名前のクリック処理を削除します。

まず22行目で、`holder`から、プロパティ名が`id`のオブジェクトを取り出して、変数`object`に代入します。

23行目のif文では、変数`object`が有効かを判定します。

新しい書き方が出てきたので説明します。`!`は否定の演算子です。`! 値`と書くことで、`true`とみなせる場合は`false`を返し、`false`とみなせる場合は`true`を返します。「真偽値を逆にする演算子」と思えばよいです。

変数`object`の値が`undefined`のときは、`holder`には`id`の名前のプロパティがありません。`undefined`は`false`と見なされます。そして、否定の演算子`!`によって真偽が逆になります。その結果、`! object`の式の値は`true`になります。このときは、`return`文で処理を打ち切ります。

逆に、変数`object`の値がオブジェクトのときは、`holder`には`id`の名前のプロパティ（中身はオブジェクト）があります。オブジェクトは`true`と見なされます。そして、否定の演算子`!`によって真偽が逆になります。その結果、`! object`の式の値は`false`になります。このときは、`return`文を実行せずに処理を継続します。

▼if文の条件式

idの名前のプロパティ	変数objectの値	真偽	! object	処理
存在しない	`undefined`	`false`とみなされる	`true`	`return`で打ち切り
存在する	オブジェクト	`true`とみなされる	`false`	処理を継続

24行目ではイベントリスナーを削除します。イベントリスナーの削除は、登録した要素の`removeEventListener()`メソッドを使います。登録時と同じように、イベント名と関数を引数にして実行します。

最後の25行目では、`holder`オブジェクトからプロパティを削除します。オブジェクトのプロパティの削除は`delete`でおこないます。`.プロパティ名`、あるいは`['プロパティ名']`のいずれかの方法で、その名前のプロパティを削除できます。

```
delete object.propname;
delete object['propname'];
```

クリック座標を得る実験

作成した関数を利用して、クリック座標を得るプログラムを「main.js」に書きます。

chapter-9/1/js/main.js

```
    gameClick.add(appView.cobj.canvas, 'board', (eX, eY) => {
        console.log(`x: ${eX}, y: ${eY}`);
    });
```

対象の要素は`appView.cobj.canvas`、`id`は`'board'`です。クリック時の処理は、コンソールに座標を表示します。

ゲーム画面を何度かクリックするとコンソールに次のように表示されます。

コンソール

```
x: 136.5, y: 194
x: 780.5, y: 824
x: 760.5, y: 202
```

9-3 クリックした場所に石を置こう

仮のクリック受け付け処理

前回作った「main.js」ファイルを書き換えて、クリックした場所に石を置くプログラムを書きます。実際のゲームでは使わない仮のクリック受け付け処理です。

chapter-9/2/js/main.js

```
001 document.addEventListener('DOMContentLoaded', async function() {
002     revCore.init();
003     await appResource.load();
004     appView.init();
005     gameAnim.add('main', () => appView.update());
006     gameAnim.start();
007 
008     gameClick.add(appView.cobj.canvas, 'board', (eX, eY) => {
009         const pos = appLayout.pixelToBoard(eX, eY);  // マス位置を計算
010         if (pos === null) return;   // 盤面外は飛ばす
011         revCore.data.board[pos.y][pos.x] = 0;   // 先手番の石を置く
012     });
013 });
```

8～12行目が今回書いた処理です。

まず、9行目の`appLayout.pixelToBoard()`関数で、画面位置を盤面のマス位置に変換して、変数`pos`に代入します。

10行目は`if`文です。変数`pos`の値が`null`のときは、盤面外なので`return`文で処理を終了します。

最後の11行目で盤面を変更します。`revCore.data.board`の値を書き換えて、クリックしたマスに先手番の黒石を置きます。

この処理の結果、盤面をクリックすると、そのマスが先手番の黒石になります。

▼仮の石置き

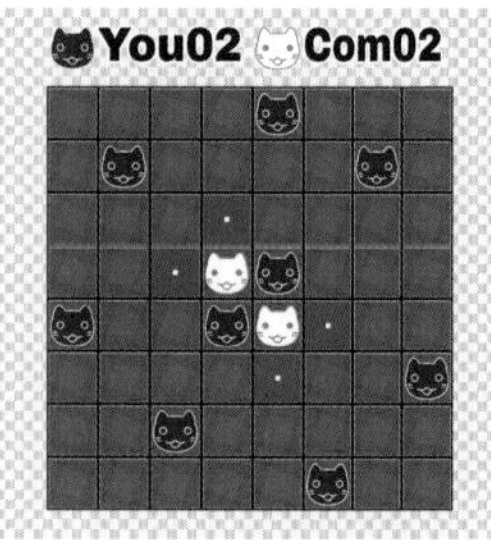

ここまででUI関係の作成はいったん終了です。音声は最後に付けます。次からはリバーシの内部処理を書いていきます。

第10章

リバーシの盤面を読み取ろう

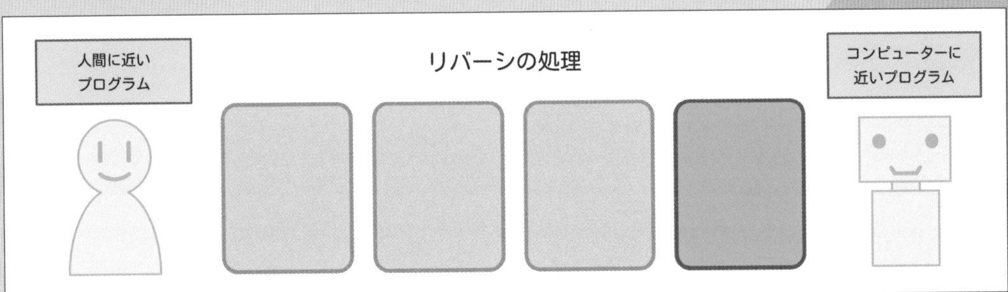

いよいよリバーシの中身の作成だね。
何からやればいいの？

まずはプログラムに盤面を
読み取らせないといけないね。

盤面を読み取らせる？
見ればいいだけじゃないの？

それでは駄目だよ。「石をはさめる」って、
どう見ればいいか分かる？

えっ？分からない。

そうした判定をおこなうために、
まずは盤面を読み取るプログラムを書こう。

10-1 盤面の読み取りに必要なことを知ろう

この章からはリバーシの内部処理が続きます。盤面の読み取りから始めて、徐々に人間があつかうUIに近い処理に移っていきます。この章ではまず、コンピューターによる盤面の読み取りをおこないます。

盤面の読み取りに必要な処理

盤面の読み取りに必要な処理は3つです。

- 全てのマスの確認
- あるマスから8方向の確認
- 8方向のうちの1方向のマスの取得

▼3つの必要な処理

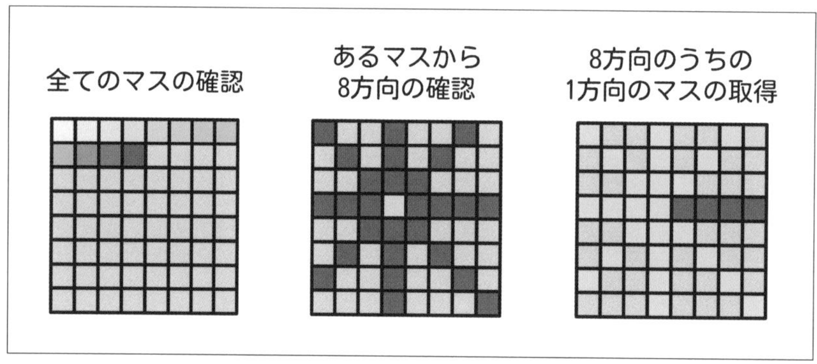

このうち「全てのマスの確認」は、「rev-low.js」ファイルに、`revLow.scanBoard()`をすでに書いています。この章では、残りの2つを作ります。

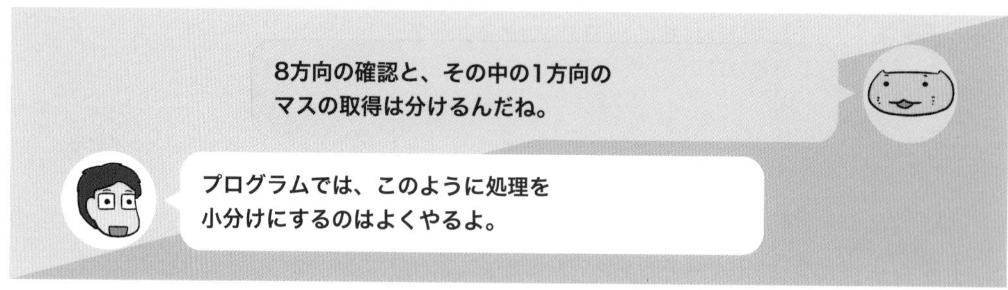

10-2 あるマスから8方向に確認しよう

8方向の表現

8方向をプログラムで表すには、どうすればよいでしょうか。ある座標からの8方向は、-1、0、1を使えば表せます。

▼8方向のx、y

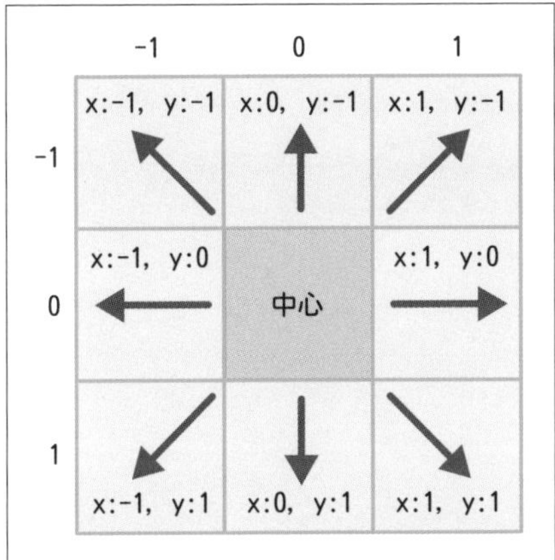

中心がX3、Y4のときの実例を示します。

▼中心がX3、Y4のときの実例

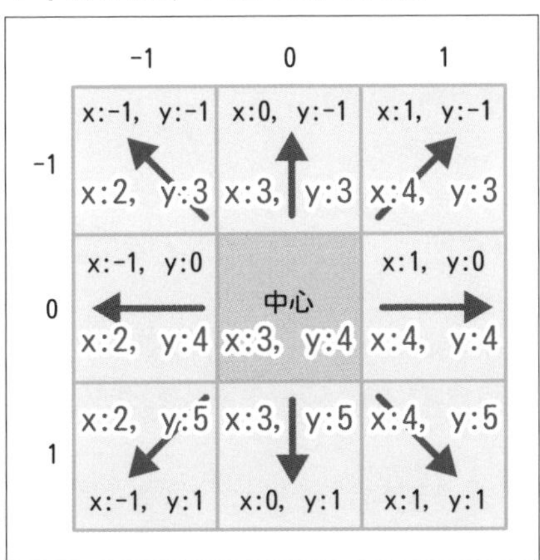

プログラムで方向の表を作ると次のようになります。

```
const directions = [  // 8方向
    {x: -1, y: -1}, {x: 0, y: -1}, {x:  1, y: -1},
    {x: -1, y:  0},                {x:  1, y:  0},
    {x: -1, y:  1}, {x: 0, y:  1}, {x:  1, y:  1},
];
```

8方向を処理するプログラム

8方向の表現ができたなら、次は各方向に対して処理をおこないます。この処理は配列の`forEach()`メソッドでおこないます。

「rev-low.js」に、8方向の処理をおこなう`revLow.scan8Direction()`関数を書きます。この関数では、1方向のマスの配列を得る`revLow.getLine()`関数を利用しているので、空の関数も作ります。

chapter-10/1/js/rev-low.js

```
013 // 基点のXYから8方向を走査
014 revLow.scan8Direction = function(board, x, y, func) {
015     const directions = [  // 8方向
016         {x: -1, y: -1}, {x: 0, y: -1}, {x:  1, y: -1},
017         {x: -1, y:  0},                {x:  1, y:  0},
018         {x: -1, y:  1}, {x: 0, y:  1}, {x:  1, y:  1},
019     ];
020     directions.forEach(dir => {
021         const line = this.getLine(board, x, y, dir.x, dir.y);
022         func(line, dir);
023     });
024 };
025 
026 // 1方向のマスの一覧を得る
027 revLow.getLine = function(board, startX, startY, dirX, dirY) {
028 };
```

`scan8Direction()`関数は、盤面`board`、マス位置`x` `y`、コールバック関数`func`を引数にとります。

処理の中心は、20～23行目の、`forEach()`メソッドのコールバック関数です。

20行目では、コールバック関数の引数`dir`で、1方向分のオブジェクトを得ます。このオブジェクトは`x` `y`のプロパティを持ちます。

21行目では、`getLin()`関数で、1方向のマスの一覧（配列）を得て、変数`line`に代入します。`getLin()`関数の引数は、盤面`board`、マス位置`x` `y`、方向`dir.x` `dir.y`です。

22行目では、14行目の引数の`func`関数に、変数`line`（1方向のマスの配列）と変数`dir`（方向の設定）を渡します。この処理を8方向分おこないます。

10-3 8方向のうちの1方向のマスの一覧を得よう

1方向のマスの一覧を得る`revLow.getLine()`関数の中身を書きます。

処理の流れ

あるマスから1方向のマスの一覧を得るには、どうするかを説明します。このあと出てくる移動量`move`は、1から始めて1ずつ増やしていくものとします。

移動後のX座標は、開始のマスの位置`startX`に、移動量`move`と方向`dirX`を掛けた値を足すと求められます。

移動後のY座標は、開始のマスの位置`startY`に、移動量`move`と方向`dirY`を掛けた値を足すと求められます。

こうして得られたマスの位置を配列に代入していきます。そして、マスの位置が盤面外になったら、配列に代入せずに、処理を終了します。

開始のマスを`startX = 3` `startY = 4`として、方向を`dirX = 1` `dirY = 1`として、処理の流れを確かめます。

▼1方向のマスの一覧

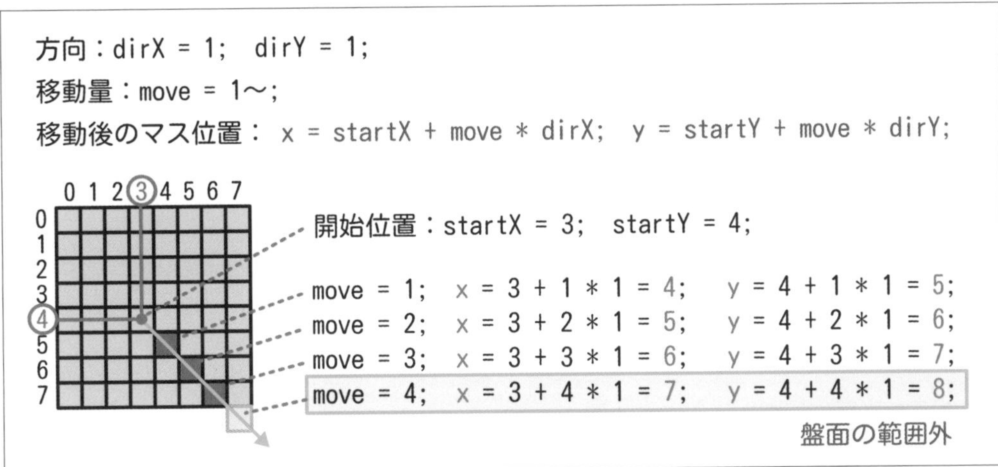

break文

こうした処理をおこなうには、繰り返し処理を途中で止める仕掛けが必要です。

break文は、`for`文などの繰り返し処理を、途中で止めて抜ける構文です。

`break`文を使ったプログラムの例を示します。

breakで抜ける例

```
for (let i = 0; i < 4; i ++) {
    if (i === 2) break;      // iが2なら処理をやめて抜ける
    console.log(i);
}
```

コンソール

```
0
1
```

この例では、ifの文がなければ、console.log(0) console.log(1) console.log(2) console.log(3)と実行したあとfor文を抜けます。

しかしif文があるため、このようには実行されません。この例では、console.log(0) console.log(1)を実行したあと、if文のi === 2の条件式がtrueになり、break文を実行します。そして、for文を止めて抜けます。

そのためconsole.log(2)は実行されず、コンソールに値は表示されません。またfor文を抜けているので、後続のconsole.log(3)も実行されません。

▼break文

```
for (let i = 0; i < 4; i ++) {
    if (i === 2) break;
    console.log(i);
}
```

iの値	if文の条件式	break文	console.log(i)
0	0 == 0 → false	実行せず	「0」とコンソールに表示
1	1 == 0 → false	実行せず	「1」とコンソールに表示
2	2 == 0 → true	for文を抜ける	実行せず

1方向のマスの一覧を得る

1方向のマスの一覧を得る処理を書きます。

chapter-10/2/js/rev-low.js

```
// 1方向のマスの一覧を得る
revLow.getLine = function(board, startX, startY, dirX, dirY) {
    const res = [];
    for (let move = 1;; move ++) {
        const x = startX + move * dirX;
        const y = startY + move * dirY;
        if (! gameUtil.inRange(x, y, RevData)) break;    // 範囲外
```

```
033 |         res.push({x, y, p: board[y][x]});
034 |     }
035 |     return res;
036 | };
```


29行目の`for`文の条件式は何も書かずに空にします。繰り返し処理の終了は、32行目の`gameUtil.inRange()`関数を使った範囲外の判定でおこないます。

30～31行目のマスの位置`x` `y`の計算は、すでに説明したとおりです。

32行目の`if`文では、`gameUtil.inRange()`関数の戻り値が`false`（範囲外）のときに、否定の演算子`!`で真偽値を逆転させて、`true`にして`break`文を実行します。

▼gameUtil.inRange()関数の戻り値

戻り値	！戻り値	処理
`true`（範囲内）	`false`（逆転）	実行せず
`false`（範囲外）	`true`（逆転）	`break`文を実行

32行目の、引数`RevData`について説明します。`RevData`クラスには、`x` `y` `w` `h`の静的プロパティがあります。そのため四角形の情報として、`gameUtil.inRange()`の第3引数に使えます。

▼RevDataクラス

静的プロパティ	値
`x`	`0`
`y`	`0`
`w`	`8`
`h`	`8`

33行目では`push()`メソッドを使い、`res`配列の末尾にオブジェクトを追加します。追加するオブジェクトは、`{x, y, p: そのマスの値}`のプロパティを持ちます。そして、`res`配列を戻り値として返します。

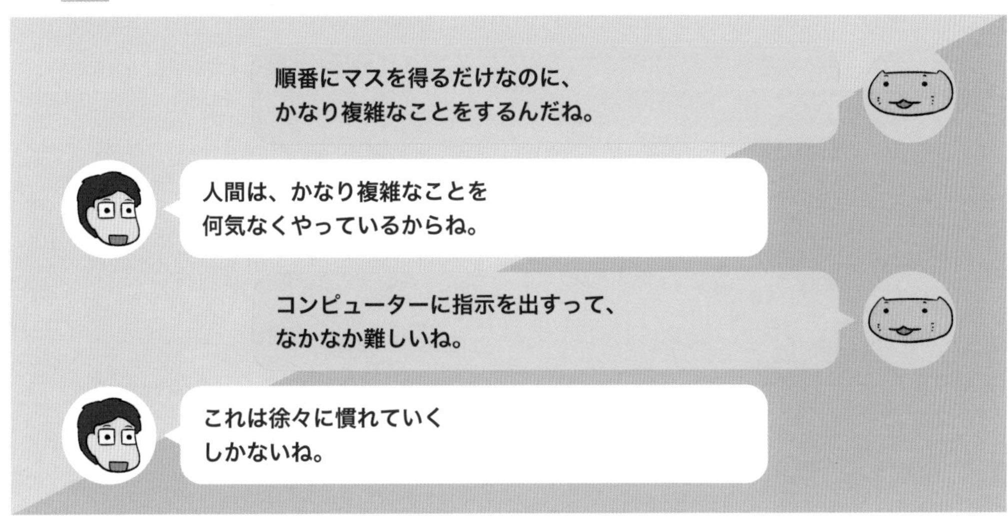

10-4 作った処理を確かめよう

作った処理を確かめる

「main.js」を書き換えて、作った処理を確かめます。各マスを確認して、8方向の状態をコンソールに出力します。

chapter-10/2/js/main.js

```
001 document.addEventListener('DOMContentLoaded', async function() {
002     revCore.init();
003     revLow.scan8Direction(revCore.data.board, 3, 3, (line, dir) => {
004         console.log(JSON.stringify(dir), '▶', JSON.stringify(line));
005     });
006 });
```

今回は`JSON.stringify()`というメソッドを利用しています。このメソッドは、オブジェクトを文字列にしてくれます。

JSONは「JavaScript Object Notation」の略です。JavaScriptのオブジェクトとして読み取り可能な文字列のことを指します。開発の現場では、設定の記述などでよく出てきます。

上のプログラムを見ていきます。

2行目では、`revCore.init()`関数を使い、リバーシのデータを初期化します。

3行目では、`revLow.scan8Direction()`関数を使い、盤面データ`revCore.data.board`と、中心の位置、X`3`、Y`3`を引数にします。また、引数にコールバック関数を書き、「8方向のマスの配列`line`」と「方向のオブジェクト`dir`」を受け取ります。

4行目は、コールバック関数の処理です。`JSON.stringify()`メソッドを使い、引数で得た`dir`と`line`の情報をコンソールに表示します。

コンソールの表示は次のとおりです。各方向のマスの配列が得られます。

コンソール

```
{"x":-1,"y":-1} ▶ [{"x":2,"y":2,"p":8},{"x":1,"y":1,"p":8},{"x":0,"y":0,"p":8}]
{"x":0,"y":-1} ▶ [{"x":3,"y":2,"p":8},{"x":3,"y":1,"p":8},{"x":3,"y":0,"p":8}]
{"x":1,"y":-1} ▶ [{"x":4,"y":2,"p":8},{"x":5,"y":1,"p":8},{"x":6,"y":0,"p":8}]
{"x":-1,"y":0} ▶ [{"x":2,"y":3,"p":8},{"x":1,"y":3,"p":8},{"x":0,"y":3,"p":8}]
{"x":1,"y":0} ▶ [{"x":4,"y":3,"p":0},{"x":5,"y":3,"p":8},{"x":6,"y":3,"p":8},{"x":7,
"y":3,"p":8}]
{"x":-1,"y":1} ▶ [{"x":2,"y":4,"p":8},{"x":1,"y":5,"p":8},{"x":0,"y":6,"p":8}]
{"x":0,"y":1} ▶ [{"x":3,"y":4,"p":0},{"x":3,"y":5,"p":8},{"x":3,"y":6,"p":8},{"x":3,
"y":7,"p":8}]
{"x":1,"y":1} ▶ [{"x":4,"y":4,"p":1},{"x":5,"y":5,"p":8},{"x":6,"y":6,"p":8},{"x":7,
"y":7,"p":8}]
```

第11章 石を置くルールをプログラムで表現しよう

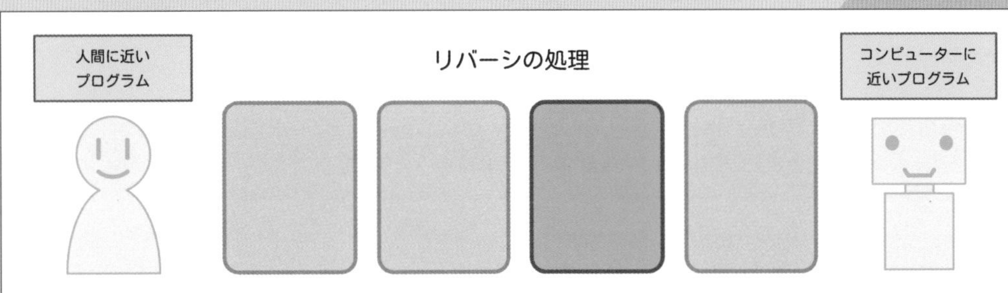

盤面の読み取りの次は
何をするの？

石を置くルールを
プログラムで表現しよう。

本格的だね。どんな
感じで進めるの？

裏返せるマスの一覧を得て、石を置けるか
確認して、実際に石を置くよ。

おおっ、とてもゲームらしいね！

今回の部分ができれば、リバーシの
内部処理は、ほとんど完成するよ。

11-1 必要な処理を確かめよう

リバーシのルールを表現する4つの処理

この章では、リバーシのルールに従って遊べるようにするための、4つの処理を用意します。

① あるマスに石を置いたときに裏返せるマスの配列を取得する
② あるマスに石を置けるか判定する
③ 盤面の全マスを調べて、石を置けるマスの配列を取得する
④ あるマスに石を置いて裏返す

多くのことをおこなうように見えますが、実は1つめができれば他の処理もできます。これは図で見ると分かりやすいです。

▼4つの処理

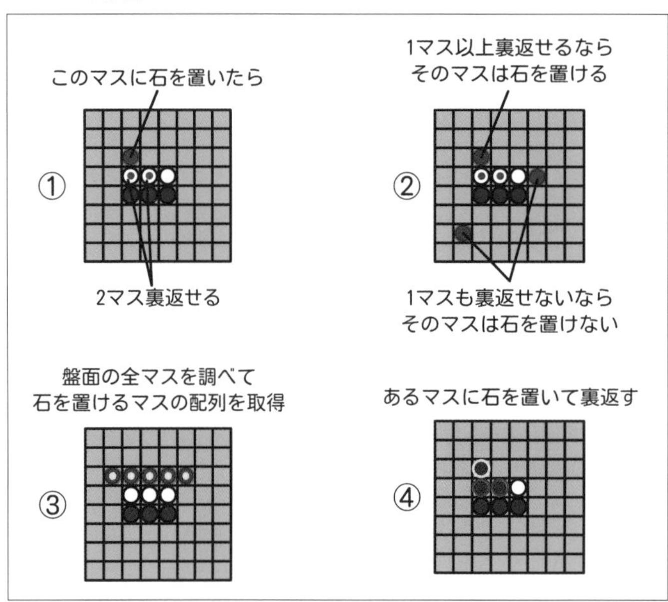

「あるマスに石を置いた場合に、裏返せるマスの配列」（①）が手に入れば、その配列の要素数が1以上のマスには石を置けます（②）。

石を置けるマスが判定できれば、その判定を全マスに対しておこなえば、石を置けるマスの配列を作れます（③）。そして石を置いた場合は、①の配列に従い、自分の石の色に変えれば裏返せます（④）。

11-2 裏返せるとはどういう状態か知ろう

8方向のうちの1方向を考える

リバーシで石を裏返せるとはどういう状態でしょうか。8方向のうちの1方向を取り上げて確かめます。どの方向でも処理は同じです。

▼8方向のうちの1方向を考える

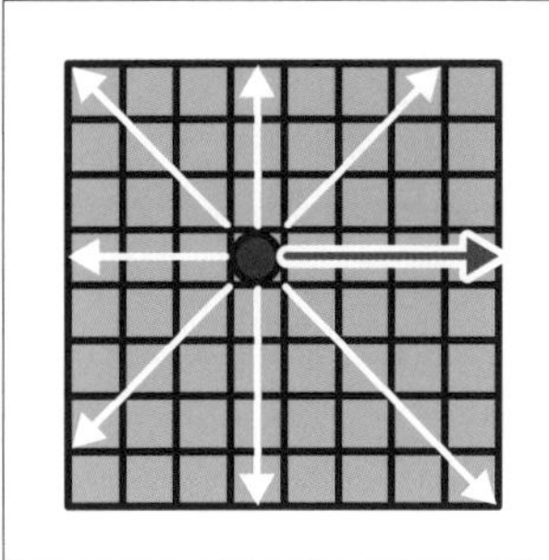

裏返せる条件

まずは言葉の定義を決めます。石を置こうとするマスを「開始マス」とします。そこから1方向に続く複数のマスを「連続マス」とします。

▼開始マスと連続マス

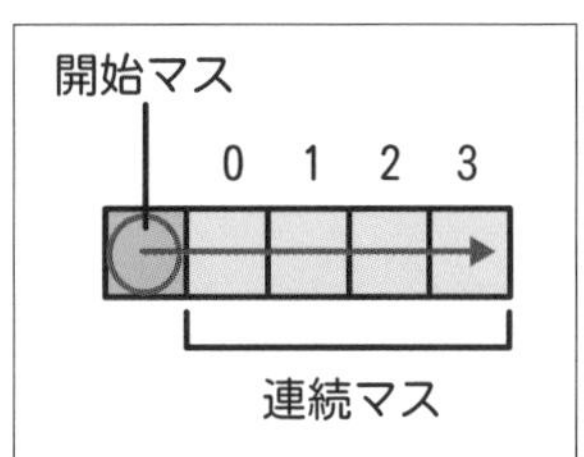

裏返せるためには、いくつかの条件を満たす必要があります。

- **開始マスが空マスである。**
  - そもそも空マスでないと石が置けない。
  - 8方向共通なので、各方向の確認前に一度だけおこなえばよい。
- **連続マスの長さが2以上である。**
  - 敵石と自石で、最低2マスないとはさめない。

- 連続マスの0マス目（隣マス、0から数える）が敵石である。
    - 敵石でないとはさめない。
- 連続マスを、1マス目（隣の隣のマス）から順に、要素数-1マス目まで確認。
    - 敵マスなら、次のマスの確認に移る。
    - 空マスなら、はさむのに失敗。処理を打ち切る。
    - 自石なら、はさむのに成功。処理を打ち切る。
    - 敵マスのまま最後まで来たら失敗。

裏返せる条件を図で示します。

▼裏返せる条件

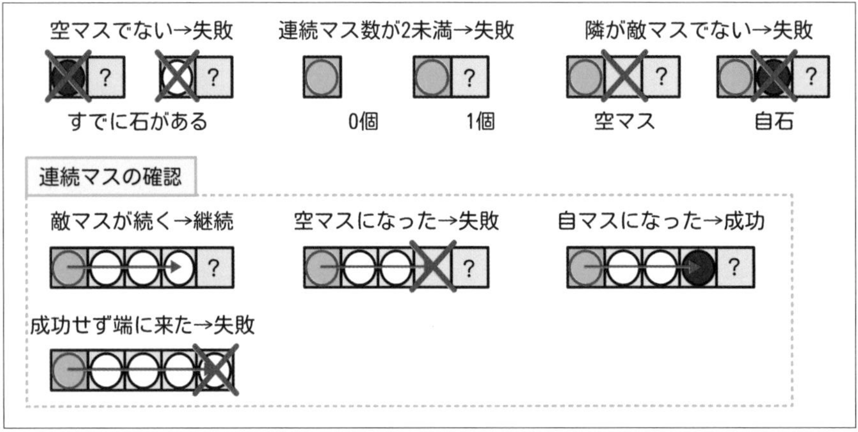

「裏返せるマスの配列」を1方向分得る関数を作る

1方向分の「裏返せるマスの配列」を得る関数を作ります。最初の条件「開始マスが空マスである」だけは、8方向で毎回おこなう必要はないので、この処理には含めません。

「rev-mid.js」ファイルを作り「index.html」から読み込みます。

chapter-11/1/index.html

```
    <script src="js/rev-mid.js"></script>
```

「rev-mid.js」ファイルに`revMid.getAllReverse()`関数を書きます。

chapter-11/1/js/rev-mid.js

```
// リバーシ 確認
const revMid = {};

// 裏返せるマスの配列を得る
revMid.getAllReverse = function(line, player) {
```

```
006     const enemy = 1 - player;
007     if (line.length < 2) return [];           // 最低2マスないとはさめない
008     if (line[0].p !== enemy) return [];      // 1マス目が敵でないなら失敗
009
010     // 1マス目が敵の場合は処理を継続する
011     const res = [line[0]];  // 1マス目を格納
012     for (let i = 1; i < line.length; i ++) {
013         if (line[i].p === enemy) res.push(line[i]); // 敵マス→配列に追加
014         if (line[i].p === RevData.blank) return []; // 空マス→失敗
015         if (line[i].p === player) return res;        // 自石→配列を返す
016     }
017     return [];  // 末尾まで自石ではさめなかった
018 };
```

説明した条件をプログラムで書いたものです。失敗したときは空の配列`[]`を返します。成功したときは、裏返せるマスを格納した`res`配列を返します。

前半の処理の詳細

処理は前半と後半に分かれます。まずは前半の処理です。

```
005 revMid.getAllReverse = function(line, player) {
006     const enemy = 1 - player;
007     if (line.length < 2) return [];           // 最低2マスないとはさめない
008     if (line[0].p !== enemy) return [];      // 1マス目が敵でないなら失敗
```

5行目では、関数の引数として、1方向分のマスの配列`line`と、手番プレイヤー`player`を受け取ります。

6行目では、敵を表す数値を計算して、変数`enemy`に代入します。計算式`1 - player`は、次の計算になります。

playerの値	計算式	enemyの値
0	1 - 0	1
1	1 - 1	0

値が`0`と`1`しかない場合は`1 - 現在の値`を計算することで、もう一方の値を得られます。

7行目の`if`文では、1方向のマスの数が`2`未満かを判定します。`line.length`の値が`2`よりも小さいなら、`return`文で空配列`[]`を返します。

次の8行目の`if`文では、隣のマスが敵でないかを判定します。`line[0]`は、マスの配列の先頭（隣）です。この要素は、`{x, y, p}`のプロパティを持つオブジェクトです。そして`p`プロパティには、マスの値が入っています。

この値が`enemy`の値でないなら、`return`文で空配列`[]`を返します。`!==`は、左右の値が違うなら`true`を返す演算子です。

後半の処理の詳細

次は後半の処理です。

```
011    const res = [line[0]];  // 1マス目を格納
012    for (let i = 1; i < line.length; i ++) {
013        if (line[i].p === enemy) res.push(line[i]); // 敵マス→配列に追加
014        if (line[i].p === RevData.blank) return []; // 空マス→失敗
015        if (line[i].p === player) return res;       // 自石→配列を返す
016    }
017    return [];  // 末尾まで自石ではさめなかった
```

11～16行目は、一続きの処理です。

まず11行目で、変数`res`を宣言して、配列を代入します。配列の要素0は、`line[0]`（隣のマスのオブジェクト）です。

12～16行目は`for`文です。変数`i`の値を`1`から始めます。隣のマス（要素0）はすでに確認済みなので、隣の隣のマス（要素1）から処理を始めます。この繰り返し処理は、変数`i`が、`line.length`（配列の要素数）未満のあいだおこないます。

13行目の`if`文では、確認しているマスが敵マス`enemy`なのかを確認します。敵マスなら、配列`res`の末尾に、`push()`メソッドで、確認中のマスを追加します。

14行目の`if`文では、確認しているマスが空マス`RevData.blank`なのかを確認します。空マスなら、はさむのに失敗したので、`return`文で空配列`[]`を返します。

15行目の`if`文では、確認しているマスが自マス`player`なのかを確認します。自マスなら、はさむのに成功したので、配列`res`を`return`文で返します。

`for`文を抜けたあとの最後の17行目は、最後まで敵石が続いて、はさめなかったときの処理です。`return`文で空配列`[]`を返し、関数を終了します。

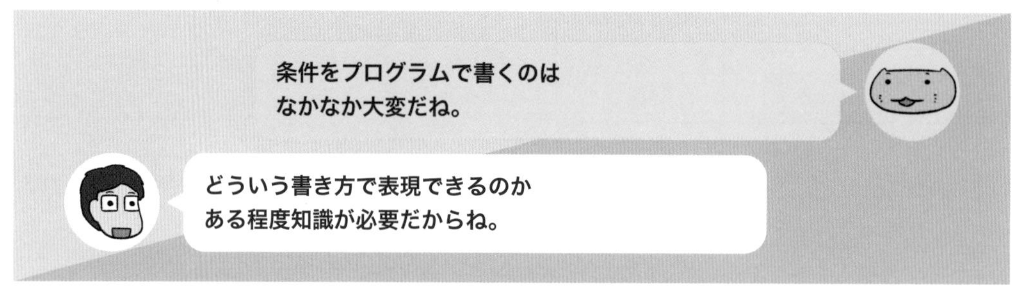

11-3 石を置けるか確かめよう

石を置ける状態を考える

石を置けるとはどういう状態かを、まずは確かめます。石を置けるとは、8方向に裏返せるかを確認していき、裏返せるマスが1マス以上ある状態です。

処理としては、最初のマスが空マスかを確認したあと、8方向を確認して裏返せるマスの配列を得ていきます。そして、裏返せるマスの配列が1以上の方向があれば、石を置けると判断します。

▼石を置けるか確認する

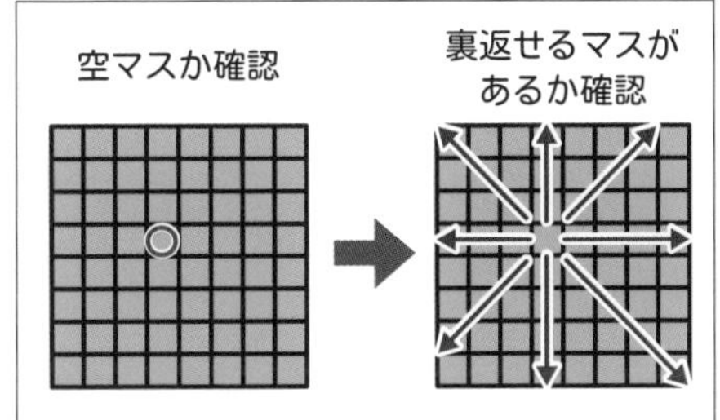

石を置けるか確かめる関数を作る

「rev-mid.js」ファイルに、新たに`revMid.isActive()`関数を追加します。

chapter-11/1/js/rev-mid.js

```
020 // 配置可能か判定
021 revMid.isActive = function(board, x, y, player) {
022     let res = false;    // 配置できない
023     if (board[y][x] !== RevData.blank) return res;  // 空マスでない
024 
025     revLow.scan8Direction(board, x, y, line => {
026         const tokens = this.getAllReverse(line, player);
027         if (tokens.length >= 1) res = true; // 配置できる
028     });
029     return res; // 結果を戻す
030 };
```

21行目では、引数を受け取ります。引数は、盤面`board`、マス位置`x` `y`、プレイヤー`player`です。

22行目では、戻り値resを宣言して、falseを代入します。この値にtrueが代入されなければ、判定は失敗です。

23行目では、確認するx yのマスが、空マスRevData.blankでないかを確認します。

if文の条件式、board[y][x] !== RevData.blankがtrueなら、空マスでないと判断します。そのときは、変数resの値（ここではfalse）をreturn文で返します。!==は、左右の値が異なるときにtrueになる演算子です。

25～28行目は、裏返せるマスがあるかの確認です。8方向の確認はrevLow.scan8Direction()関数を利用します。25行目末尾のコールバック関数は、1方向のマスの配列lineを引数として受け取ります。

26行目では、getAllReverse()関数で、裏返せるマスの配列を得て、変数tokensに代入します。

そして、27行目のif文で、tokensの要素数が1以上かを確認します。1以上なら、戻り値用の変数resにtrueを代入します。この状態になると、石を置けます。

29行目はreturn文で、変数resの値を戻り値として返します。

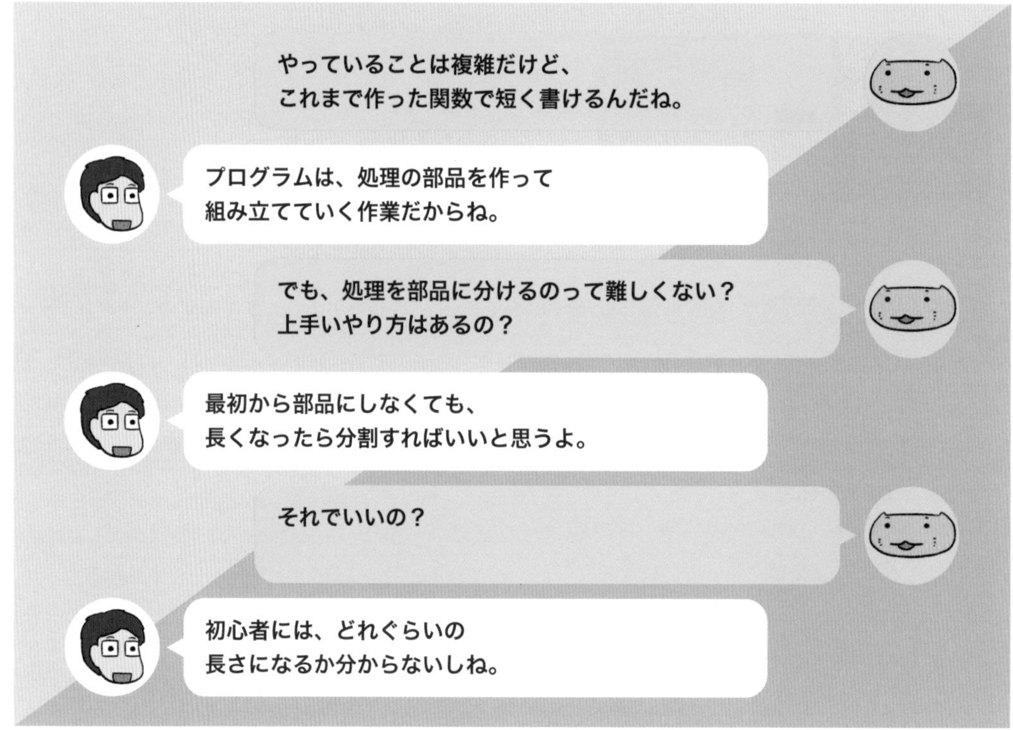

11-4 石を置けるマスの一覧を得よう

前回、マスに石を置けるか判定する関数を作りました。今回はこの関数を使い、盤面の全てのマスを確認して、石を置けるマスの一覧を作ります。

この処理は、画面に石を置けるマスを表示させるために必要です。この本で作るリバーシでは、石を置けるマスを赤背景に白点で表示します。

▼石を置けるマス

石を置けるマスの一覧を得る関数を作る

「rev-mid.js」ファイルに、`revMid.getAllActive()`関数を追加します。

chapter-11/1/js/rev-mid.js

```
032 // 配置可能マス配列の取得
033 revMid.getAllActive = function(board, player) {
034     const res = [];
035     revLow.scanBoard((x, y) => {
036         // 配置可能なら、そのマスを配列に追加
037         if (this.isActive(board, x, y, player)) res.push({x, y});
038     });
039     return res;
040 };
```

この処理は簡単です。まず34行目で、戻り値用の配列`res`を用意します。

そして35行目の`revLow.scanBoard()`関数で全マスを走査します。

コールバック関数内の37行目では、`if`文を使い、`revMid.isActive()`関数で、石を置けるかを確認します。置ける場合は配列`res`の末尾に、`push()`メソッドで情報を追加します。追加する情報は、盤面の位置を表す`{x, y}`オブジェクトです。

最後の39行目では、`return`文で変数`res`の配列を返します。

石を置けるマスの一覧を得る関数を使う

石を置けるマスの一覧を得る関数ができましたので、`revCore.init()`関数を書き換えます。

chapter-6/7-a/js/rev-core.js　以前のプログラム

```
004 // 初期化
005 revCore.init = function() {
006     this.data = new RevData();  // リバーシ データ
007     this.data.activeSquares = [
008         {x: 3, y: 2}, {x: 2, y: 3}, {x: 5, y: 4}, {x: 4, y: 5}
009     ];
010 };
```

chapter-11/1/js/rev-core.js　書き換えたプログラム

```
004 // 初期化
005 revCore.init = function() {
006     this.data = new RevData();  // リバーシ データ
007     const {board, player} = this.data;
008     this.data.activeSquares = revMid.getAllActive(board, player);
009 };
```

以前のプログラムの7～9行目では、配列を直接書いていました。書き換えたプログラムの8行目では、`revMid.getAllActive()`関数を使い、配列を取得します。

この変更を加えても表示は変わりません。実行すると、石を置けるマスが正しく示されます。

▼石を置けるマスの表示

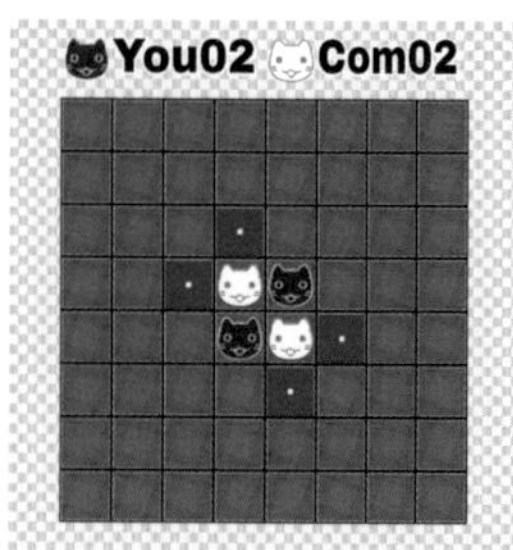

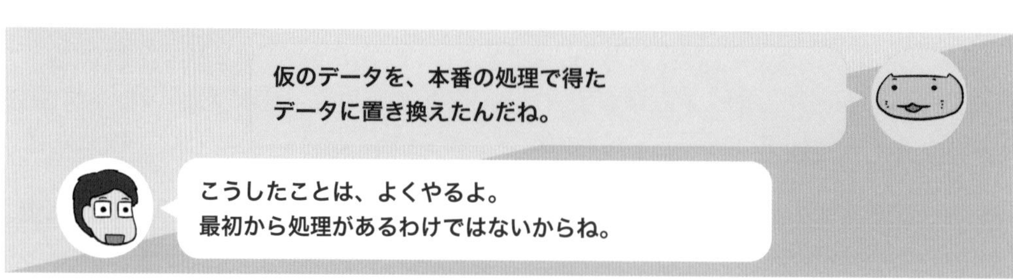

11-5 石を置いて裏返そう

石を置いて裏返すには

これまでの関数を組み合わせれば、石を裏返す処理を作れます。`revMid.getAllReverse()`関数を8方向に実行して、得られたマスの石の色を全て変えればよいです。

また、石を置いたあとにエフェクトを表示するために、裏返した石の配列を戻り値として返します。

石を置いて裏返す関数を作る

「rev-update.js」ファイルを作り「index.html」から読み込みます。

chapter-11/2/index.html

```
    <script src="js/rev-update.js"></script>
```

「rev-update.js」ファイルに、`revUpdate.reverse()`関数を書きます。

chapter-11/2/js/rev-update.js

```
001 // リバーシ 盤面更新
002 const revUpdate = {};
003 
004 // 裏返し処理
005 revUpdate.reverse = function(board, x, y, player) {
006     board[y][x] = player;   // 配置マスを変更
007 
008     const tokens = [];   // 裏返した石配列（戻り値用）
009     revLow.scan8Direction(board, x, y, line => {
010         const array = revMid.getAllReverse(line, player);
011         tokens.push(...array);   // 裏返せるマスの配列を追加
012     });
013     tokens.forEach(s => board[s.y][s.x] = player);   // 裏返す
014     return tokens;       // 裏返した石配列を戻す
015 };
```

処理の詳細

まず6行目で、`board[y][x]`に`player`の値を代入して、石を置いたマスを変更します。そのあと8～13行目で、8方向に確認して裏返します。

8行目では、変数`tokens`を宣言して、空の配列を代入します。この配列には、裏返すマスの情報を入れます。

9～12行目は、8方向の確認をおこないます。8方向のマスの取得は`revLow.scan8Direction()`関数でおこないます。そしてコールバック関数の中で、引数として得た`line`配列を使い、処理をおこないます。

10行目では、`revMid.getAllReverse()`関数を使い、1方向の石を置けるマスの配列を得て、変数`array`に代入します。

11行目では、`push()`メソッドを使い、配列`array`の要素全てを、配列`tokens`の末尾に追加します。`...array`という新しい書き方が出てきました。この書き方については、あとで説明します。

13行目では、`tokens`配列の`forEach()`メソッドを使い、裏返すマスを変更します。各マスを表すオブジェクト`s`の`x` `y`プロパティを使い、盤面`board`の値を、変数`player`の値に書き換えます。

最後の14行目では、`return`文で、`tokens`配列を戻り値として返します。

配列の結合

一点、説明が必要なところがあります。`tokens`配列の末尾に、`array`配列の要素を全て追加する処理です。こうした処理をおこなう方法はいくつかあります。

▼配列を結合する方法

書き方	説明
`a = a.concat(b)`	配列`a`と配列`b`を結合した新しい配列を作り、配列`a`に代入する。
`a = [...a, ...b]`	配列`a`と配列`b`を結合した新しい配列を作り、配列`a`に代入する。
`a.push(...b)`	配列`a`の末尾に、配列`b`の要素を全て追加する。

それぞれについて例を書いて説明します。

まずは配列の`concat()`メソッドを使う方法です。このメソッドは、自身の配列に、引数の配列を結合した新しい配列を作り、戻り値として返します。自身の配列は変化せずそのままです。

処理の例を示します。

```
let array1 = [10, 20, 30];
let array2 = [40, 50, 60];
let array3 = array1.concat(array2);
console.log(array1, array2, array3);
```

コンソール

```
[10, 20, 30] [40, 50, 60] [10, 20, 30, 40, 50, 60]
```

次はスプレッド構文で結合する方法です。スプレッド構文というのは`...`（ピリオド3つ）と書く、配列を展開する構文です。次の例では、`[ ]`の中に、`array1`と`array2`の各要素を展開します。

```
let array1 = [10, 20, 30];
let array2 = [40, 50, 60];
let array3 = [...array1, ...array2];
console.log(array1, array2, array3);
```

コンソール

```
[10, 20, 30] [40, 50, 60] [10, 20, 30, 40, 50, 60]
```

最後は、配列の末尾に値を追加する`push()`メソッドと、スプレッド構文を組み合わせる方法です。`push()`メソッドは、複数の引数があるときは、その全てを順に末尾に追加します。次の例では、`( )`の中に、`array2`の各要素を展開します。

```
let array1 = [10, 20, 30];
let array2 = [40, 50, 60];
array1.push(...array2);
console.log(array1, array2);
```

コンソール

```
[10, 20, 30, 40, 50, 60] [40, 50, 60]
```

今回は、プログラムの意図として、`tokens`配列に値を追加していくというものでした。そのため最後の方法を採用しました。方法は3つのどれを選んでも構いません。

クリックして裏返す

「main.js」の`gameClick.add()`関数を書き換えます。石を置く処理を、実際のプレイに近づけます。

chapter-11/2/js/main.js

```
    gameClick.add(appView.cobj.canvas, 'board', (eX, eY) => {
        const pos = appLayout.pixelToBoard(eX, eY);  // マス位置を計算
        if (pos === null) return;   // 盤面外は飛ばす
        const {board, player} = revCore.data;
        if (! revMid.isActive(board, pos.x, pos.y, player)) return;
        revUpdate.reverse(board, pos.x, pos.y, player);
        revCore.data.activeSquares = revMid.getAllActive(board, player);
    });
```

10～11行目の処理は、以前と同じです。マス位置を得て、範囲外なら処理を終了します。

12行目の`if`文では、`revMid.isActive()`関数で石を置けるか確認します。

`!`は否定の演算子で、`true`と`false`を逆転させます。`isActive()`関数の戻り値が`false`（置けない）のとき、`if`文の丸括弧内の条件式は`true`になります。そして、置けないときは`return`文で処理を打ち切ります。

13行目では、`revUpdate.reverse()`関数で石を置いて裏返します。

14行目では、`revMid.getAllActive()`関数で石を置けるマスを調べて、`revCore.data.activeSquares`に代入します。こうすることで「石を置けるマス」が更新されます。

処理の確認

盤面をクリックしてみましょう。

ここまでの処理を書くことで、マスに石を置いて、はさんだ石を裏返せるようになりました。ただし、プレイヤーの交代はまだないです。

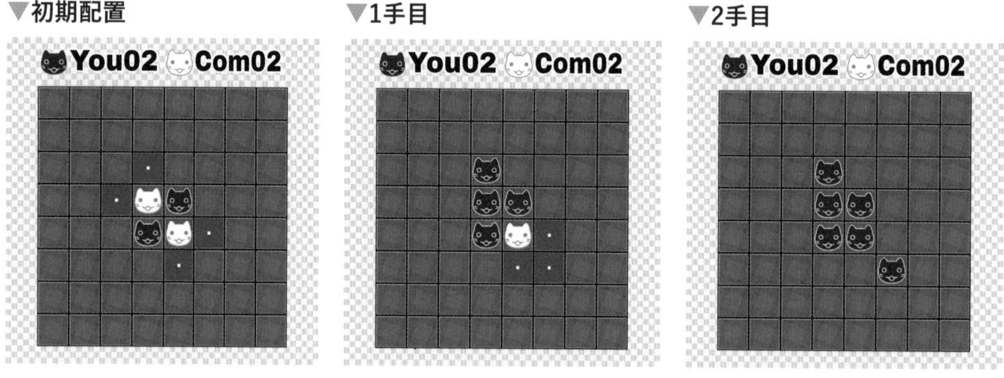

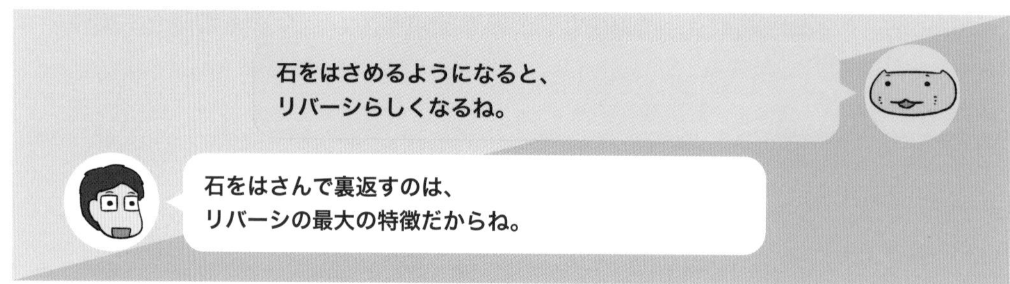

第12章 リバーシの進行をプログラムで表現しよう

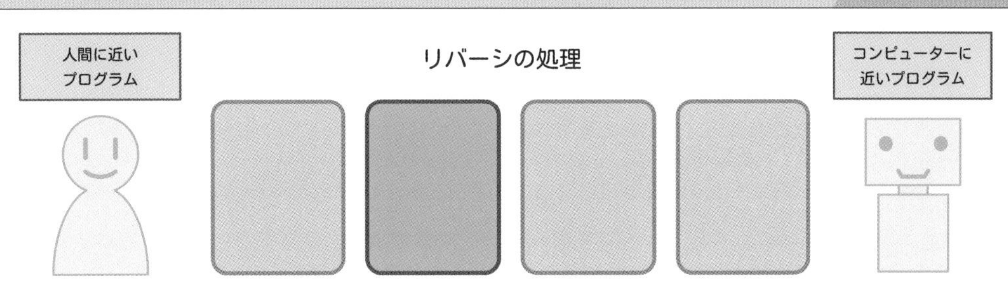

石を置けるようになったし、
次は何をすればいいの？

進行管理かな。
交代に石を置いたりだね。

ゲームのルールが
どんどん入るんだね。

うん。あと、テスト用の盤面も
作らないといけないね。

テスト用？
どういうこと？

作った処理が正しいか
確認しないといけないからね。

12-1 リバーシの進行に必要なことを確かめよう

前回までで、ゲームの基礎的な処理は作りました。今回は、ゲームの進行処理を作ります。

リバーシの進行処理に必要なこと

リバーシの進行処理に必要なのは次の4つです。

- **初期化**：ゲームを開始時の状態にする。
- **各種値の更新**：盤面の状態に合わせて、石の合計数などを更新する。
- **石を置く**：置けるか確認して石を置き、はさまれた石を裏返す。
- **次へ**：手番を次の人へと移す。

この章では、この処理を1つずつ書いていきます。
また、テスト用に必要な処理も用意します。

- 現在の盤面をコンソールに出力する関数。
- 一手で勝利する盤面や、特定の盤面などを、素早く再現できる仕組み。

今後、ゲームの終了確認や勝敗判定を作ったり、コンピューターの思考の検証をしたりする際に必要なものです。

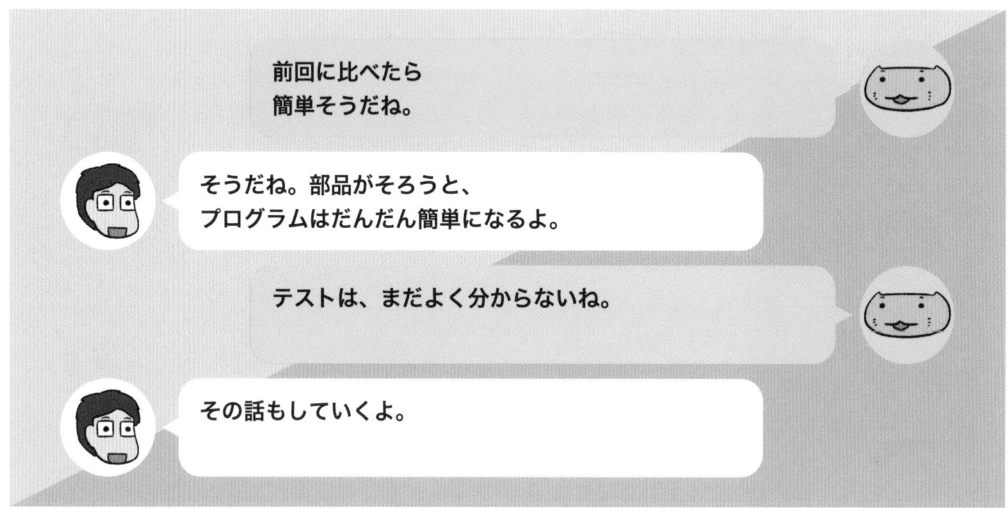

12-2 リバーシ開始の準備をしよう

リバーシの内部処理の初期化を書き換える

すでに作った「rev-core.js」ファイルの`revCore.init()`関数を、実際のゲームに使用するものに書き換えます。

chapter-12/1/js/rev-core.js

```
004 // 初期化
005 revCore.init = function() {
006     this.data = new RevData();  // リバーシ データ
007     testRev.set(this.data);     // デバッグ用データ設定
008     this.update();  // 更新
009 };
```

7行目の`testRev.set()`関数と、8行目の`this.update()`関数はまだ作っていません。

まずは`this.update()`関数を仮に作ります。あとでこの関数の中に、盤面の状態に合わせて、石の合計数などを更新する処理を書きます。

chapter-12/1/js/rev-core.js

```
// 各種値の更新
revCore.update = function() {
};
```

次は、「test-rev.js」ファイルを作り「index.html」から読み込みます。

chapter-12/1/index.html

```
    <script src="js/test-rev.js"></script>
```

続いて「test-rev.js」に`testRev.set()`関数を作ります。こちらも、まだ空の状態です。あとでこのファイルに、テスト用の処理を書きます。

chapter-12/1/js/test-rev.js

```
// テスト リバーシ
const testRev = {};

// デバッグ用
testRev.set = function(data) {
};
```

今回はここまでです。次はテスト用の処理やデータを作ります。

12-3 盤面をコンソールに出力しよう

実行中のデータを確認しやすくする

ゲームのプログラムを書くときは、ゲームの各タイミングでデータがどうなっているのかを、コンソールやファイルに出力して確認することが多いです。

こうすることで、プログラムに問題があったときに、状況を把握して問題を取り除くことができます。

リバーシでは、盤面をコンソールに出力する関数があるとよいです。ここでは「test-rev.js」ファイルに、出力用の`testRev.outBoard()`関数を書きます。そして`testRev.set()`関数内で利用して、盤面をコンソールに表示します。

chapter-12/2/js/test-rev.js

```
// テスト リバーシ
const testRev = {};

// デバッグ用：盤面を文字列にして出力
testRev.outBoard = function(board) {
    const lineArray = board.map(array => array.join(', '));
    console.log(lineArray.join('\n'));
};

// デバッグ用
testRev.set = function(data) {
    this.outBoard(data.board);
};
```

このプログラムを実行すると、コンソールに次のように表示されます。

コンソール

```
8, 8, 8, 8, 8, 8, 8, 8
8, 8, 8, 8, 8, 8, 8, 8
8, 8, 8, 8, 8, 8, 8, 8
8, 8, 8, 1, 0, 8, 8, 8
8, 8, 8, 0, 1, 8, 8, 8
8, 8, 8, 8, 8, 8, 8, 8
8, 8, 8, 8, 8, 8, 8, 8
8, 8, 8, 8, 8, 8, 8, 8
```

プログラムを見ていきます。

5行目の`testRev.outBoard()`関数は、引数に`board`をとります。この`board`は、盤面の2次元配列です。`testRev.outBoard()`関数では、X軸方向の配列と、Y軸方向の配列を、それぞれ連結して文字列化します。

この処理には、配列の2つのメソッド`map()`と、`join()`が使われます。これらの機能を順に説明していくことで、処理の内容を確かめます。

配列のmap()メソッド

配列の`map()`メソッドは、各要素に対してコールバック関数で処理をおこないます。そして、コールバック関数の戻り値を集めた、新しい配列を作ります。図と例を示します。

▼map()メソッド

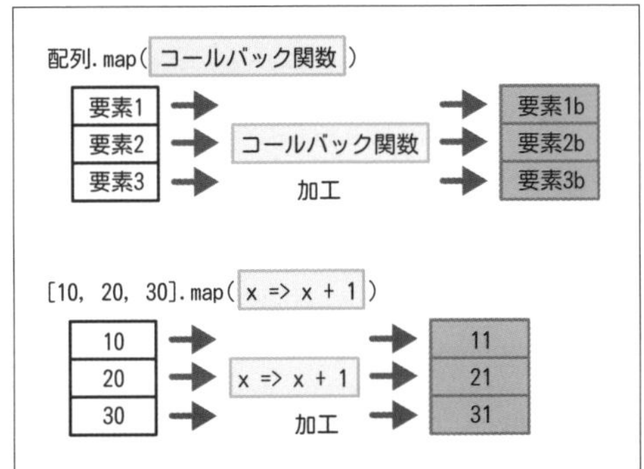


```
let array = [10, 20, 30];
let array2 = array.map(x => x + 1);
console.log(array2);    // 「[11, 21, 31]」とコンソールに表示
```

配列のjoin()メソッド

配列の`join()`メソッドは、配列内の各要素を、引数の文字列をあいだにはさんで連結します。図と例を示します。

▼join()メソッド

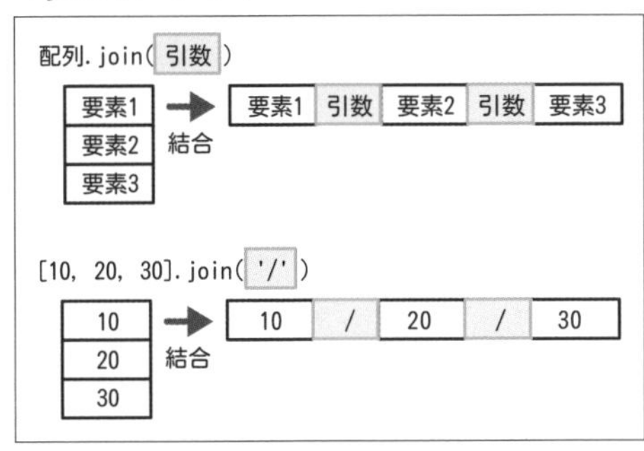

```
let array = [10, 20, 30];
let string = array.join('/');
console.log(string);    // 「10/20/30」とコンソールに表示
```

処理の詳細

説明したmap()メソッドと、join()メソッドの機能を念頭に置いて、6～7行目の処理を確かめます。

```
006     const lineArray = board.map(array => array.join(', '));
007     console.log(lineArray.join('\n'));
```

6行目では、配列のmap()メソッドを利用して、X軸方向の配列をjoin()メソッドで文字列化した配列を作ります。

map()メソッドのコールバック関数では、X軸方向の配列arrayを引数にとります。このarrayの各要素の値を、文字列', 'をあいだにはさんで連結します。そして、各要素が文字列の新しい配列を作り、変数lineArrayに代入します。

▼map()

```
const lineArray = board.map( array => array.join(', ') );

文字列に連結されたX軸方向の配列   8, 8, 8, 8, 8, 8, 8, 8

各要素が文字列化されたY軸方向の配列 ['8, 8, 8, 8, 8, 8, 8, 8',
                                  '8, 8, 8, 8, 8, 8, 8, 8',
                                  '8, 8, 8, 8, 8, 8, 8, 8',
                                  '8, 8, 8, 1, 0, 8, 8, 8',
                                  '8, 8, 8, 0, 1, 8, 8, 8',
                                  '8, 8, 8, 8, 8, 8, 8, 8',
                                  '8, 8, 8, 8, 8, 8, 8, 8',
                                  '8, 8, 8, 8, 8, 8, 8, 8'
```

7行目では、Y軸方向の各行（X軸方向の連結した文字列）を、文字列'\n'（改行を表す特殊な文字）をあいだにはさんで連結します。

▼map()

```
console.log( lineArray.join('\n') );

文字列に連結されたY軸方向の配列 '8, 8, 8, 8, 8, 8, 8, 8\n
                               8, 8, 8, 8, 8, 8, 8, 8\n
                               8, 8, 8, 8, 8, 8, 8, 8\n
                               8, 8, 8, 1, 0, 8, 8, 8\n
                               8, 8, 8, 0, 1, 8, 8, 8\n
                               8, 8, 8, 8, 8, 8, 8, 8\n
                               8, 8, 8, 8, 8, 8, 8, 8\n
                               8, 8, 8, 8, 8, 8, 8, 8'
```

このような処理を経て、2次元配列の盤面が、コンソールに表示されます。

12-4 勝利/敗北/引き分け用の盤面を作ろう

プログラムのテスト

プログラムの開発では、さまざまなテストをおこないます。たとえば関数を作ったとき、引数と戻り値のセットを用意しておき、正しい戻り値か確認します。

▼プログラムのテスト

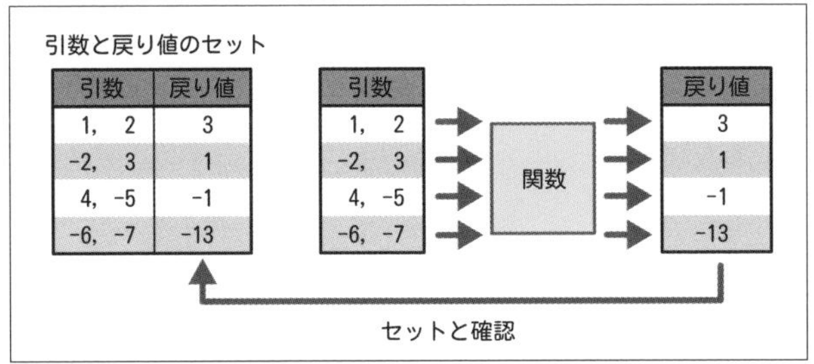

こうした仕掛けを用意しておくと、関数の内容を書き換えたときに、正しく動作するか簡単に確認できます。

ゲームの場合は、状況に応じた処理の確認をしたいことがよくあります。

たとえば「引き分けの盤面を用意して引き分けと判定したい」ときです。また、敵のアルゴリズムを確認するときに「こういう盤面で、こう石を置いてほしい」こともあるでしょう。

こうしたとき、確認のために毎回ゲームを進めて同じ状況を作るのは大変です。盤面を用意しておき、設定の切り替えで呼び出せるとよいです。そうしたテストをおこなえる環境を作っていきます。

勝利/敗北/引き分け用の盤面

「test-rev.js」ファイルに追記して、テスト用の盤面を確認できるようにします。次の3種類の盤面を用意します。

▼テスト用の盤面

プロパティ名	説明
testRev.endWin	一手で勝利
testRev.endLose	一手で敗北
testRev.endDraw	一手で引き分け

chapter-12/3/js/test-rev.js

```
testRev.endWin =   [[0, 0, 0, 0, 0, 0, 0, 0],   // 終了 勝利
                    [0, 0, 0, 0, 0, 0, 0, 0],
                    [0, 0, 0, 0, 0, 0, 0, 0],
                    [0, 0, 0, 0, 0, 0, 0, 0],
                    [0, 0, 0, 0, 0, 0, 0, 0],
                    [0, 0, 0, 0, 0, 0, 0, 0],
                    [1, 0, 0, 0, 0, 0, 0, 0],
                    [8, 0, 0, 0, 0, 0, 0, 0]];

testRev.endLose =  [[0, 1, 1, 1, 1, 1, 1, 1],   // 終了 敗北
                    [1, 1, 1, 1, 1, 1, 1, 1],
                    [1, 1, 1, 1, 1, 1, 1, 1],
                    [1, 1, 1, 1, 1, 1, 1, 1],
                    [1, 1, 1, 1, 1, 1, 1, 1],
                    [1, 1, 1, 1, 1, 1, 1, 1],
                    [1, 1, 1, 1, 1, 1, 1, 1],
                    [8, 1, 1, 1, 1, 1, 1, 1]];

testRev.endDraw =  [[0, 1, 0, 1, 0, 1, 1, 1],   // 終了 引き分け
                    [0, 1, 0, 1, 0, 1, 1, 1],
                    [0, 1, 0, 1, 0, 1, 0, 1],
                    [0, 1, 0, 1, 0, 1, 0, 1],
                    [0, 1, 0, 1, 0, 1, 0, 1],
                    [0, 1, 0, 1, 0, 1, 0, 1],
                    [1, 1, 0, 1, 0, 1, 0, 1],
                    [8, 1, 0, 1, 0, 1, 0, 1]];
```

そして12行目で、これらの盤面を反映させます。

```
010 // デバッグ用：デバッグ用データ設定（テスト盤面の代入）
011 testRev.set = function(data) {
012     data.board = gameUtil.deepClone(this.endDraw);
013     this.outBoard(data.board);
014 };
```

12行目で、`testRev.endWin`を適用しています。

ここでは、あとで作る`gameUtil.deepClone()`関数を利用します。`testRev.endWin`を、`gameUtil.deepClone()`関数で複製して、`data.board`に代入します。

また、テストを使わないときは「//」を書いてコメントアウトしてください。

```
012     //data.board = gameUtil.deepClone(this.endDraw);
013     //this.outBoard(data.board);
```

各盤面での出力

それぞれの盤面を反映した画面を確認します。
this.endWin（終了 勝利）を使ったときの表示です。

```
    data.board = gameUtil.deepClone(this.endWin);
```

▼テスト盤面 勝利

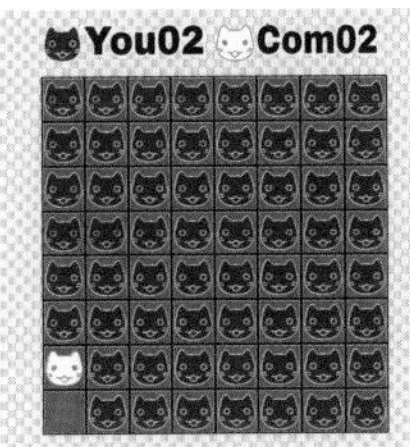

this.endLose（終了 敗北）を使ったときの表示です。

```
    data.board = gameUtil.deepClone(this.endLose);
```

▼テスト盤面 敗北

this.endDraw（終了 引き分け）を使ったときの表示です。

```
    data.board = gameUtil.deepClone(this.endDraw);
```

▼テスト盤面 引き分け

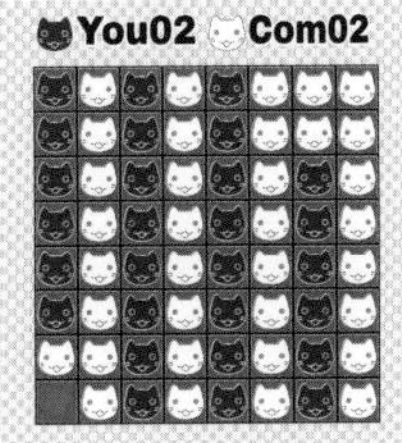

開発中は、こうしたテスト用の盤面を使い、プログラムが正しく動作するか確認します。

深い複製をおこなう関数を作る

`gameUtil.deepClone()`関数をまだ作っていないので作ります。この関数は、引数のオブジェクトに対して**深い複製**をして返します。深い複製は、このあと説明します。

chapter-12/3/js/game-util.js

```
// 深い複製
gameUtil.deepClone = function(object) {
    return JSON.parse(JSON.stringify(object)); // 複製
}
```

浅い複製

深い複製は、プログラミング初心者には分かりにくい概念です。ここではまず、**浅い複製**を説明します。

JavaScriptのオブジェクトが変数に入っているとき、その変数にはオブジェクトそのものではなく、**参照**というものが入っています。

プリミティブ値と比べて、オブジェクトは巨大なデータです。手軽に持ち運べない大きな荷物のようなものです。オブジェクトを作り変数に代入することは、現実世界でイメージするなら、専用の倉庫に荷物をおさめ、その鍵を受け取るようなものです。

▼オブジェクトと参照

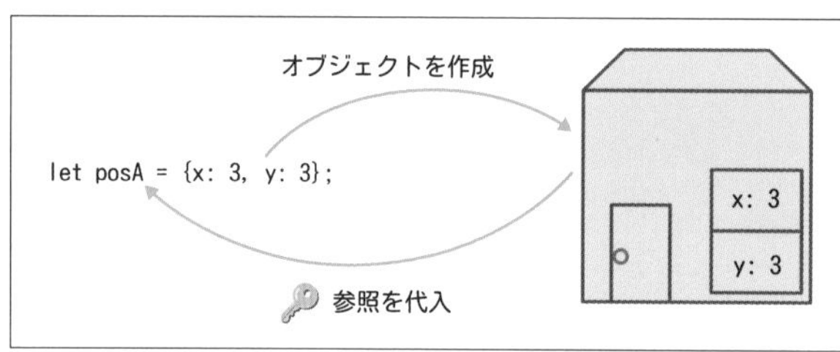

変数にはオブジェクトの参照が入っています。そのため、オブジェクトを他の変数に代入すると、参照がコピーされます。そして、参照の先にあるデータは同じものを指します。こうした複製のことを、**浅い複製（Shallow copy）**といいます。

▼浅い複製

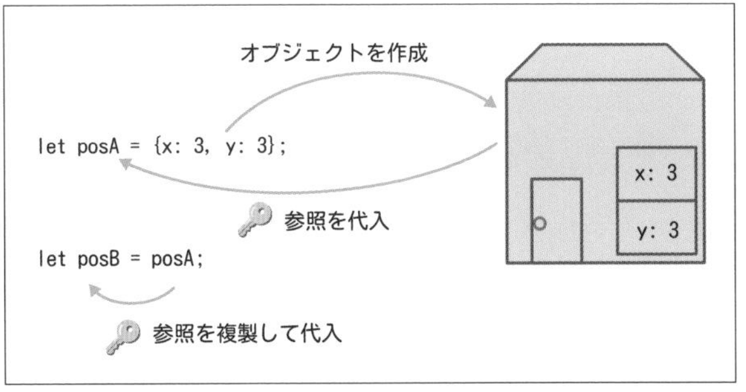

浅い複製をしたときは、同じ参照を代入した変数は、同じオブジェクトを指します。そのため、一方を書き換えると、他方も書き換わります。これは、多くの初心者が戸惑う、奇妙に感じる現象です。

例を示します。

```
let posA = {x: 3, y: 3};
let posB = posA;
posB.y = 4;
console.log(posA);  // 「{x: 3, y: 4}」と出力
```

▼オブジェクトのプロパティの書き換え

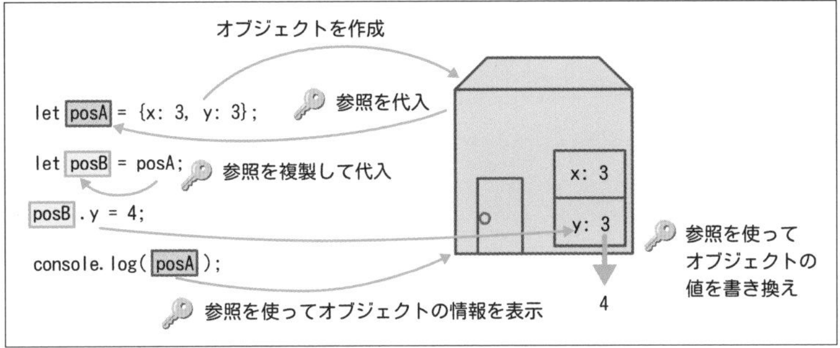

参照は倉庫の鍵のようなものです。鍵をコピーしても、倉庫の中身は同じです。そして、倉庫の中身を変えると、どの鍵で扉を開けても、中身は変わっています。

この現象は、全てのオブジェクトで起きます。配列もオブジェクトの一種なので、同じ現象が起きます。数値や文字列、真偽値といったプリミティブ値は、値が直接複製されるのでこうした問題は起きません。

深い複製

浅い複製をしたオブジェクトを書き換えると、もとの変数が指すデータも書き換わることは、プログラミングでよく問題になります。こうした問題を解消して、データ自体

を複製するのが**深い複製（Deep copy）**です。

JavaScriptで深い複製をする方法は、いくつかあります。ここでは、原稿執筆時点で全ての環境で動作する手軽な方法を使います。

`JSON.stringify()`メソッドで、オブジェクトを文字列にしたあと、`JSON.parse()`メソッドで、新しいオブジェクトを作る方法です。`JSON.stringify()`メソッドは、JavaScriptのオブジェクトを文字列に変換します。`JSON.parse()`メソッドは、JavaScriptのオブジェクトとして解釈できる文字列を、プログラム中のオブジェクトに変換します。

この方法でオブジェクトを複製したときは、新しいオブジェクトを作っているため、変数内の参照はそれぞれ別のオブジェクトを指します。

```
let posA = {x: 3, y: 3};
let posB = JSON.parse(JSON.stringify(posA));
posB.y = 4;
console.log(posA);  // 「{x: 3, y: 3}」と出力
```

▼深い複製

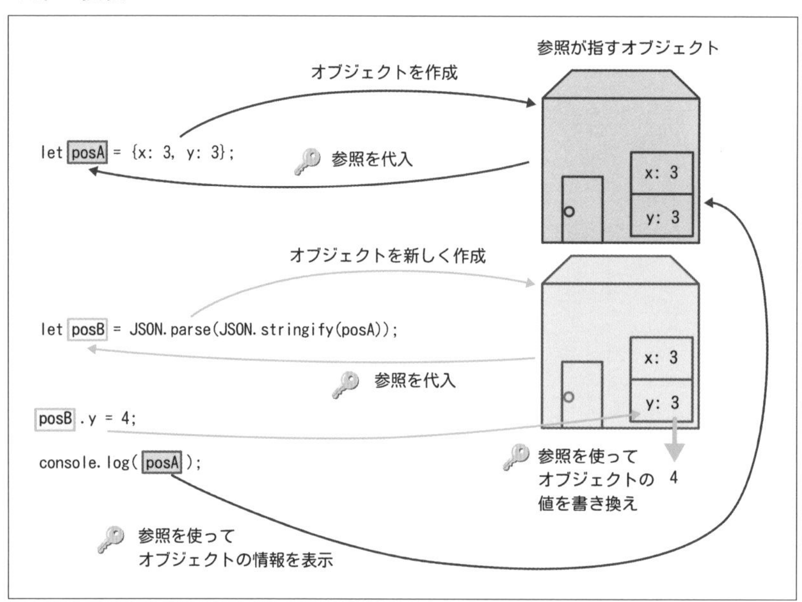

なぜテスト用の盤面を深い複製するのか

たとえば勝利する盤面を用意します。一手指し、勝利したとします。そのとき、浅い複製では、プレイしている盤面とともに、元のテスト用の盤面も変わってしまいます。そのため、2回、3回と連続して同じテストをすることができません。一手指すごとに、Webブラウザーをリロードする必要が生じます。深い複製をすれば、こうした問題を解消できます。

12-5 石を置けるマス/勝敗/スコアを得よう

いったんテストをコメントアウトします。

chapter-12/4/js/test-rev.js

```
// デバッグ用：デバッグ用データ設定（テスト盤面の代入）
testRev.set = function(data) {
    //data.board = gameUtil.deepClone(this.endDraw);
    //this.outBoard(data.board);
};
```


各種値の更新をおこなう関数を作る

「rev-core.js」ファイルの`revCore.update()`関数の中身を書きます。

chapter-12/4/js/rev-core.js

```
011 // 各種値の更新
012 revCore.update = function() {
013     // 配置可能マス配列、終了、スコアの取得
014     const {board, player} = this.data;
015     this.data.activeSquares = revMid.getAllActive(board, player);
016     this.data.isEnd = revInfo.getIsEnd(board, player);
017     this.data.scores = revInfo.getScores(board);
018 };
```

14行目では、`data`から、`board`と`player`を取り出します。

15行目の、石を置けるマスの配列`data.activeSquares`には、すでに書いた`revMid.getAllActive()`関数の戻り値を代入します。

16行目の、終了フラグ`data.isEnd`には、これから作る`revInfo.getIsEnd()`関数の戻り値を代入します。

17行目の、スコア`data.scores`には、これから作る`revInfo.getScores()`関数の戻り値を代入します。

新しい関数を書くために、新しいファイルを作ります。「rev-info.js」ファイルを作り「index.html」から読み込みます。

chapter-12/4/index.html

```
    <script src="js/rev-info.js"></script>
```

終了の判定をおこなう関数を作る

「rev-info.js」ファイルに、終了の判定をおこなう`revInfo.getIsEnd()`関数を書きます。

chapter-12/4/js/rev-info.js

```
001 // リバーシ 情報取得
002 const revInfo = {};
003
004 // 終了の取得
005 revInfo.getIsEnd = function(board, player) {
006     // 配置可能マス配列の取得
007     const a0 = revMid.getAllActive(board, player);      // 自側
008     const a1 = revMid.getAllActive(board, 1 - player);  // 敵側
009
010     // 自側、敵側の配置可能マスが両方0なら終了
011     if (a0.length === 0 && a1.length === 0) return true;    // 終了
012     return false;
013 };
```

処理の詳細

まずは7～8行目で、`revMid.getAllActive()`関数を使い、自側（`player`）と敵側（`1 - player`）の石が置けるマスの配列を得ます。`a`は「array（配列）」の略です。

こうして得た「石が置けるマスの配列」の長さが、自側も敵側も`0`のときは、どちらも石を置けないのでゲームは終了します。それ以外の場合はゲームは終了しません。

11行目の`if`文では、自側も敵側も`0`のときに`true`を返します。それ以外のときは、12行目で`false`を返します。この`if`文の条件式には、`&&`という新しい演算子が出てきます。この演算子について説明します。

AND演算子

数値と数値を足したりするように、真偽値と真偽値を計算する演算子があります。その代表的なものがAND演算子`&&`と、OR演算子`||`です。

AND演算子`&&`は、左右の値の両方が`true`とみなせるなら`true`を、それ以外は`false`を返します。AND演算は論理積とも呼びます。

▼AND演算（論理積）

	true	false
true	true	false
false	false	false

たとえば「日曜日」で「晴れている」なら山登りに行くとします。この場合は、「日曜日」が`true`かつ、「晴れている」も`true`でなければなりません。こうした条件はAND演算になります。

OR演算子

OR演算子`||`は、左右の値のいずれか1つでも`true`とみなせるなら`true`を、どちらも`false`とみなせるなら`false`を返します。OR演算は論理和とも呼びます。

▼OR演算（論理和）

	true	false
true	`true`	`true`
false	`true`	`false`

たとえば「日曜日」か「風邪」なら会社を休むとします。この場合は、「日曜日」と「風邪」のどちらか1つでも`true`ならばよいです。こうした条件はOR演算になります。

実際のプログラムの条件式

AND演算を利用している、実際のプログラムの条件式を確かめます。

```
    if (a0.length === 0 && a1.length === 0) return true;    // 終了
```

`array0.length === 0`と`array1.length === 0`の両方が`true`なら、条件式は`true`になります。

▼AND演算（論理積）

	a0の要素数が0	a0の要素数が0以外
a1の要素数が0	`true`	`false`
a1の要素数が0以外	`false`	`false`

スコアを計算する関数を作る

次にスコアを計算する`revInfo.getScores()`関数を書きます。

chapter-12/4/js/rev-info.js

```
// スコアの取得（プレイヤー0、プレイヤー1の石数を調べる）
revInfo.getScores = function(board) {
    const array = board.flat(); // 二重配列をネストのない配列に
    const scores = [];
    scores[0] = array.filter(s => s === 0).length;  // 値が0のマス数
    scores[1] = array.filter(s => s === 1).length;  // 値が1のマス数
```

```
021     return scores;
022 };
```

17行目に、新しいflat()メソッドが出てきますので、先にこの説明をします。

配列の平坦化

配列を平坦化するflat()メソッドについて説明します。このメソッドは、2次元配列などの入れ子になった配列の入れ子を解消します。

例を示します。

```
let array = [[10, 20, 30], [40, 50, [60, 70], 80, 90]];
console.log(array.flat());        // 入れ子1つを平坦化（既定の深さは1）
console.log(array.flat(2));       // 入れ子の深さを2に指定して平坦化
```

コンソール

```
[10, 20, 30, 40, 50, [60, 70], 80, 90]
[10, 20, 30, 40, 50, 60, 70, 80, 90]
```

このように平坦化することで、盤面の全てのマスに対して、短いプログラムで処理をおこなえます。

スコアの計算をおこなう

プログラムの続きを見ていきます。

```
018     const scores = [];
019     scores[0] = array.filter(s => s === 0).length;  // 値が0のマス数
020     scores[1] = array.filter(s => s === 1).length;  // 値が1のマス数
021     return scores;
```

18行目では、変数scoresを宣言して、空の配列を代入します。

19～20行目では、平坦化した配列arrayに対して、filter()メソッドを実行します。filter()メソッドは、条件で要素を絞り込みます。

19行目では、マスの値が0（先手番）の要素の配列を作り、lengthプロパティで長さを得ます。この値は、先手番の石の数になります。この値を、scores配列の要素0に代入します。

20行目では、マスの値が1（後手番）の要素の配列を作り、lengthプロパティで長さを得ます。この値は、後手番の石の数になります。この値を、scores配列の要素1に代入します。

そしてreturn文で、scoresを返します。

12-6 石を置こう

石を置く関数を作る

石を置く処理は、これまでに書いた関数を利用すればできます。

「rev-core.js」ファイルに`revCore.putToken()`関数を追加します。

chapter-12/4/js/rev-core.js

```
020 // 石を置く（裏返し処理と、置き位置の記録）
021 revCore.putToken = function(x, y) {
022     this.data.putToken = {x, y};
023     const {board, player} = this.data;
024     this.data.revTokens = revUpdate.reverse(board, x, y, player);
025 };
```

この関数では、引数`x` `y`をとります。

22行目では、引数`x` `y`をプロパティとしたオブジェクト作り、`data.putToken`に代入します。

23行目では、`data`から、`board`と`player`を取り出します。

24行目では、石を裏返す`revUpdate.reverse()`関数を実行して、その戻り値を`data.revTokens`に代入します。

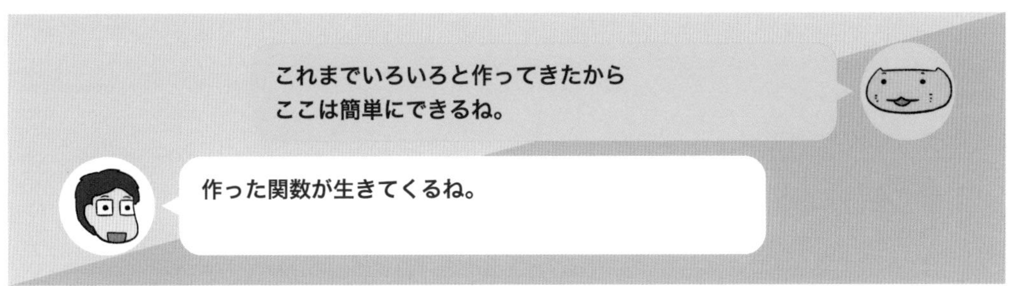

12-7 手番を次に進めよう

手番を次に進めるとは

手番を次に進めることを、プログラムでどう表現するかを考えます。

`player`の値が`0`のときは`1`に、`1`のときは`0`にすると実現できます。この切り替えの計算は、すでに説明したように`1 - player`でできます。

手番を次に進める関数を作る

「rev-core.js」ファイルに`revCore.next()`関数を追加します。

chapter-12/4/js/rev-core.js

```
027 // 次へ（パス時にも使う）
028 revCore.next = function() {
029     this.data.player = 1 - this.data.player;
030     this.update();  // 更新
031 };
```

29行目で、`player`の値を更新します。30行目では、`update()`関数を実行します。

この`revCore.next()`関数は、通常の手番移動だけでなく、石を置かずにパスするときにも使います。

ここまでで内部処理は完成しました。次は、操作画面と結びつけて実際に遊べるようにします。

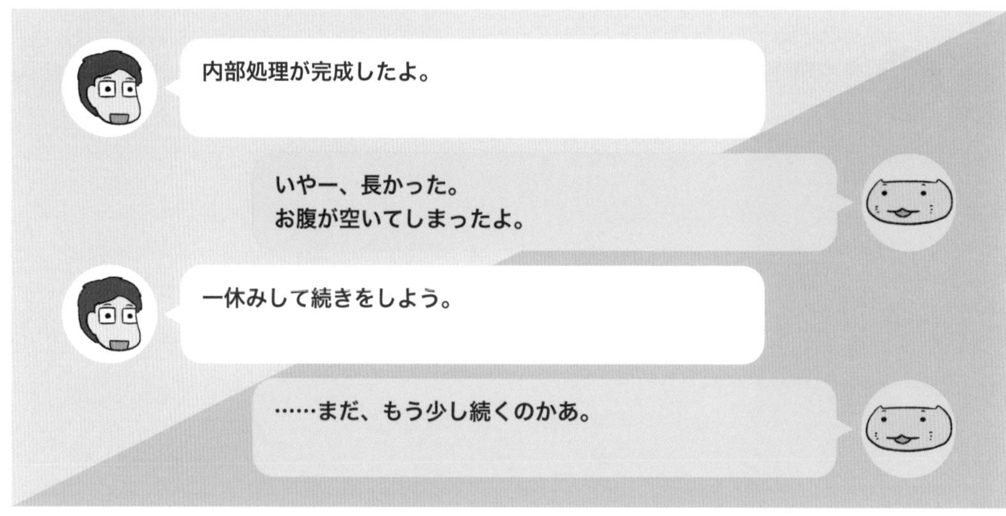

第13章

操作画面からリバーシのプログラムを呼びだそう

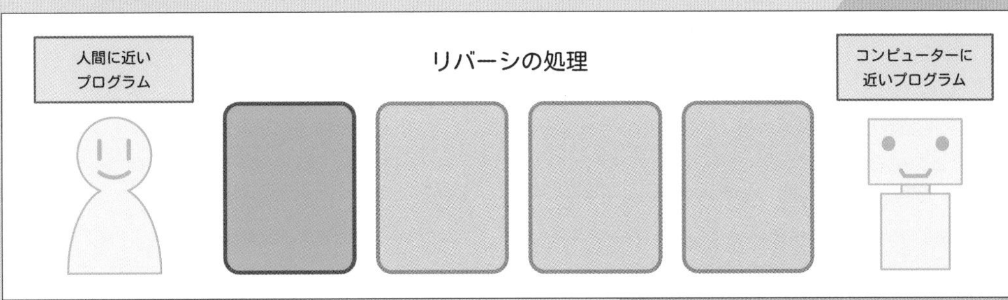

ゲームの内部処理ばかりで飽きてきた。
そろそろ遊びたいよ。

じゃあ今回は、操作画面から
リバーシのプログラムを呼び出そう。

おおっ、ようやく、
ちゃんと遊べるんだね。

人間対人間なら、きちんと
遊べるところまで作るよ。

演出とかも加えるんだよね？

うん。これまで作った部品を
まとめていくよ。

やった！

いよいよ開発もラスト
間際だからね。

13-1 画面からの操作に必要なことを確かめよう

ゲーム画面からリバーシを操作するのに必要な処理

ゲーム画面からリバーシを操作するには、どのような処理が必要か、書き出してみましょう。

- **ゲームの初期化**
  - 開始ボタンの設置、開始時の演出、盤面クリックの受け付けをおこなう。
- **石の配置**
  - 石を置く処理、手番を次へ移す処理、石配置の演出、更新をおこなう。
- **ゲーム状態の更新**
  - 終了、パス、COM手番の判定と処理をおこなう。

▼必要な処理

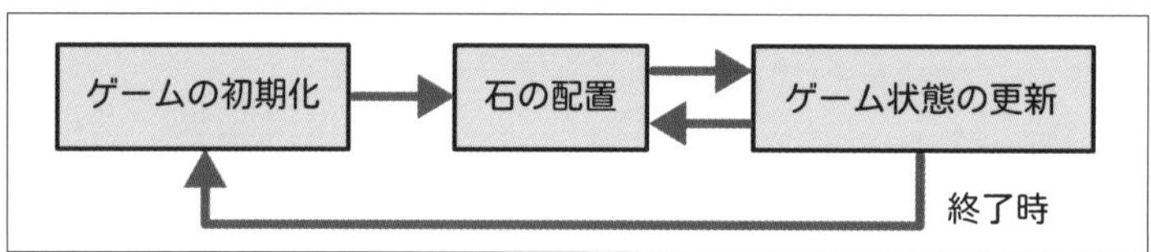

これらの処理に対して、どのように作っていくのか方針を示します。

- 進行管理と演出は分けたいので別ファイルにする。
- 進行管理とクリックの受け付けは分けたいので別ファイルにする。
- 演出中やCOM手番時に操作できないようにするためにロック処理をする。
- 終了、パス、COM手番の処理は関数に分ける。

ロック処理

ロック処理という言葉が出てきたので説明します。ロック処理は、プログラムでよく出てきます。

たとえばファイルを書き換えている最中に、他の処理でもファイルを書き換え始めると、どちらかの保存内容が上書きされて消えます。

そうしたときに、いったん読み書きを禁止して、処理が終わると禁止を解くことがあります。こうした処理のことをロック処理といいます。

▼ロック処理

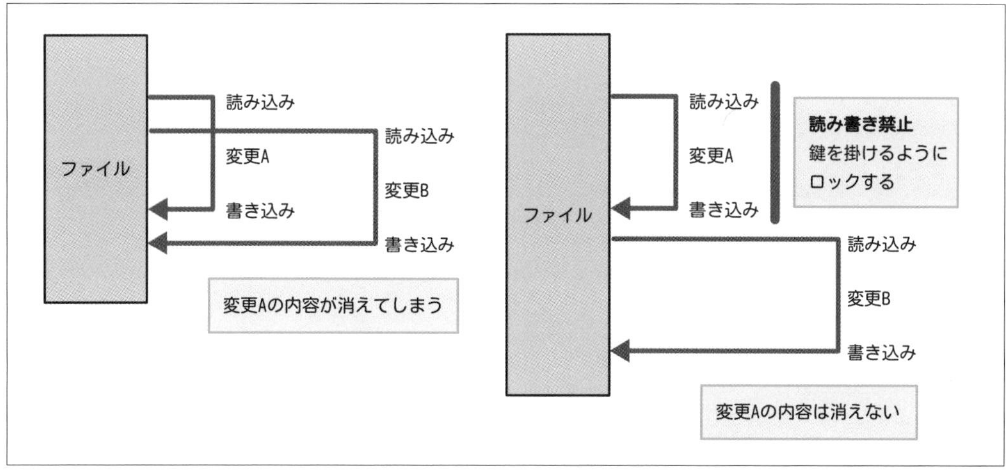

同じように、演出中やCOM手番中にプレイヤーの操作を禁止して、プレイヤー手番になると解除します。

▼クリック操作のロック処理

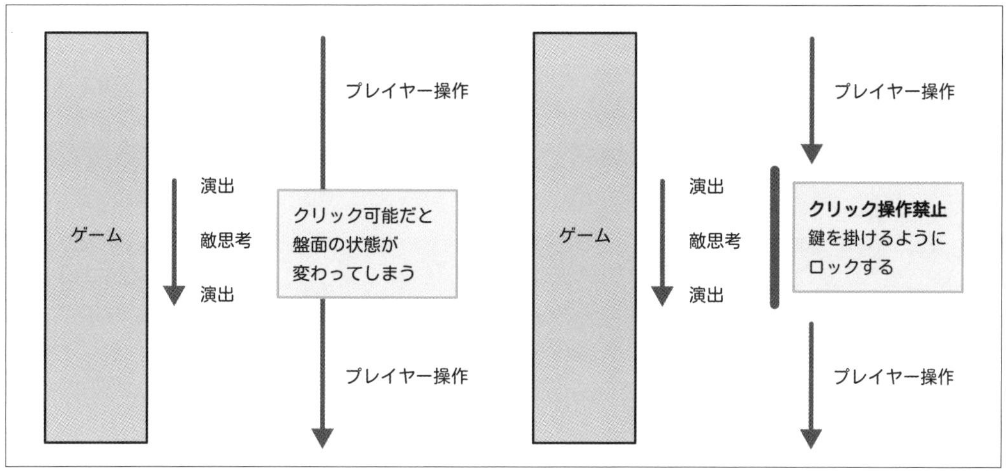

ファイルの準備

今回は「app-process.js」「app-process-effect.js」「app-click.js」の3つのファイルを新たに作り、「index.html」から読み込みます。

chapter-13/1/index.html

```
    <script src="js/app-click.js"></script>
```

```
    <script src="js/app-process-effect.js"></script>
    <script src="js/app-process.js"></script>
```

また、各ファイルに作成する関数の名前も、先に書いておきます。

chapter-13/1/js/app-process.js

```
// アプリ 進行
const appProcess = {};

appProcess.start = function() {};                    // 開始
appProcess.put = async function(x, y) {};            // 石の配置
appProcess.update = async function() {};             // 更新
appProcess.tryEnd = async function() {};             // 実行1：終了
appProcess.tryPass = async function() {};            // 実行2：パス
appProcess.tryCom = async function() {};             // 実行3：COM手番
```

chapter-13/1/js/app-process-effect.js

```
// アプリ 進行の演出
const appProcessEffect = {};

appProcessEffect.execStart = function() {};              // 開始時演出実行
appProcessEffect.execPut = async function() {};          // 石配置時演出実行
appProcessEffect.execPass = async function() {};         // パス時演出実行
appProcessEffect.execEnd = async function() {};          // 終了時演出実行
```

chapter-13/1/js/app-click.js

```
// アプリ クリック
const appClick = {};

appClick.addButton = function(text, func) {};    // ボタン追加
appClick.addBoard = function() {};               // 盤面クリック処理追加
```

今回で、必要な処理はほぼ完成します。そのため、「main.js」も最終的に利用するものに変えます。

これまでとの違いは、7行目で`appProcess.start()`関数を実行していることです。

chapter-13/1/js/main.js

```
001 document.addEventListener('DOMContentLoaded', async () => {
002     await appResource.load();   // リソースの読み込み
003     revCore.init();     // 盤面の初期化
004     appView.init();     // 表示の初期化
005     gameAnim.add('main', () => appView.update());   // 表示更新
006     gameAnim.start();   // アニメーション開始
007     appProcess.start(); // ゲームの開始
008 });
```

13-2 ゲーム開始の準備をしよう

ゲームの開始

ゲームを開始する`appProcess.start()`関数の中身を書きます。

chapter-13/2/js/app-process.js

```
004 // 開始
005 appProcess.start = function() {
006     appClick.addButton('Start', () => {
007         appProcessEffect.execStart();   // 開始時演出実行
008         appClick.addBoard();    // 盤面クリック処理追加
009     });
010 };
```

6行目では、これから作る`appClick.addButton()`関数を利用して「Start」ボタンを追加します。

ボタンの処理は7～8行目です。

7行目では、これから作る`appProcessEffect.execStart()`関数で、ゲーム開始時の演出をおこないます。

8行目では、これから作る`appClick.addBoard()`関数で、盤面のクリック処理を追加します。

このように、これから書く予定の関数を先に書いてから、あとで中身を書くこともあります。`appProcessEffect.execStart()`関数については、BGMの再生をおこなう予定なので、のちほど音声をあつかう章で作ります。

ボタンを追加する関数を作る

`appClick.addButton()`関数の中身を書きます。

chapter-13/2/js/app-click.js

```
// ボタン追加
appClick.addButton = function(text, func) {
    const {w, h, canvas} = appView.cobj;
    gameAnim.add('button', () => {
        resFont.draw('main', appView.cobj, text, w / 2, h / 2, 1.9);
    });
    gameClick.add(canvas, 'button', () => {
        gameAnim.remove('button');  // アニメ除去
        gameClick.remove('button'); // クリック除去
        func();
```

```
014 	});
015 };
```

処理の詳細

一見複雑そうですが内容は簡単です。

まずは6行目で、appView.cobjオブジェクトからw（横幅）、h（高さ）、canvas（要素）を取り出して変数に代入します。

次は7～9行目です。

7行目では、gameAnim.add()関数を使い、ボタンのアニメーションを登録します。idは'button'、コールバック関数は8行目の処理です。

8行目のコールバック関数の処理では、canvasの中央に引数textの文字を描画します。引数textの中身は、呼び出し元で'Start'と指定しているので「Start」です。文字のサイズは1.9なので、通常の1.9倍のサイズです。この文字を描画し続けるアニメーションになります。

次は10～14行目です。

10行目では、gameClick.add()関数を使い、ボタンをクリックしたときの処理を登録します。idは'button'、コールバック関数は11～13行目の処理です。

このコールバック関数には、受け付け範囲を制限するif文はありません。そのため画面のどこをクリックしても処理をおこないます。

クリック処理のコールバック関数では、11行目で、gameAnim.remove()関数でアニメーションを削除します。そして12行目で、gameClick.remove()関数でクリックの受け付けを削除します。こうすることで、アニメーションとクリックを取り除きます。

最後の13行目で、addButton()関数の引数のfunc関数を実行します。

Startボタンを作る意味

Webページの音声は、一度クリックしてからでないと再生できません。そのため、「クリックを求めるStartボタン」を入れています。

ゲームとしては不要な処理ですが、WebページのJavaScriptで必要な処理のために、こうした仕掛けを用意しなければなりません。

▼Startボタン

13-3 盤面のクリックを受け付けよう

盤面クリックを受け付ける関数を作る

先送りした、`appClick.addBoard()`関数（盤面クリック追加）の中身を書きます。これまでと違って少し複雑です。

chapter-13/2/js/app-click.js

```
// 盤面クリック処理追加
appClick.addBoard = function() {
    this.isLock = false;     // ロック解除
    if (gameClick.holder['board']) return;  // 既にあれば追加しない

    gameClick.add(appView.cobj.canvas, 'board', (eX, eY) => {
        if (this.isLock) return;    // ロック時は飛ばす
        const pos = appLayout.pixelToBoard(eX, eY);  // マス位置を計算
        if (pos === null) return;   // 盤面外は飛ばす

        // 石置き可能なら、石を置く
        const {board, player} = revCore.data;
        if (revMid.isActive(board, pos.x, pos.y, player)) {
            this.isLock = true;     // ロック
            appProcess.put(pos.x, pos.y); // 石の配置
        }
    });
};
```


ロック処理

まずはロック処理について説明します。

ロック処理は、`isLock`を利用しておこないます。この値が`true`のときは、クリックできないようにします。`false`のときはクリックできるようにします。

▼isLockの値と処理

値	状態	コールバック関数内での処理	人間の操作
`true`	ロックあり	クリック処理を飛ばす	クリックできない
`false`	ロックなし	クリック処理を飛ばさない	クリックできる

では、プログラムを見ていきましょう。

```
019        this.isLock = false;    // ロック解除
```

最初の19行目では、`isLock`を`false`にします。この処理は「ゲーム開始時にロックなしの状態にする」ことを意味します。この処理の結果、プレイヤーは「盤面に石を置ける」ようになります。

ロック状態の判定は、23行目でおこないます。

```
023            if (this.isLock) return;    // ロック時は飛ばす
```

`isLock`が`true`なら、`return`文で処理を終了します。`false`なら処理を継続します。

次に30行目で、`isLock`を`true`にします。

```
030                this.isLock = true;    // ロック
```

30行目の処理は、「石を置いたときにロックありの状態にする」ことを意味します。この処理の結果、プレイヤーは「盤面に石を置けない」ようになります。

このあと、ゲームの進行によって、プレイヤーが操作できる状態になったときにロックを解除します。

重複登録を防ぐ処理

続いて「クリック処理の重複登録の防止」について説明します。何も対策をしないと、ゲームを最後までプレイして、2ゲーム目に入ったときに、クリック処理がふたたび登録されてしまいます。

▼クリック処理の重複登録

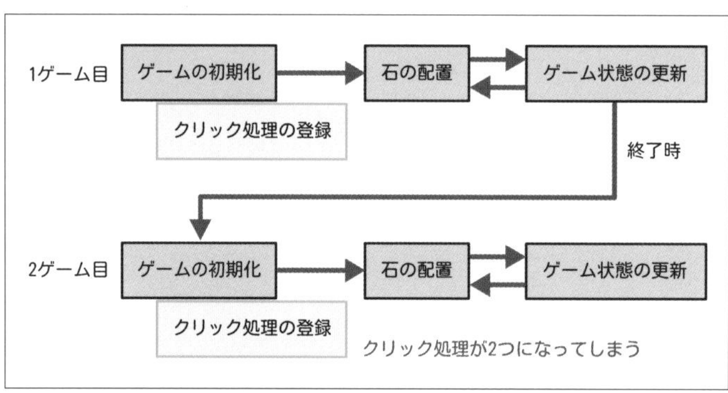

こうした問題を防ぐには、2つの方法があります。

- ゲームの初期化時に、クリック処理を重複登録しないようにする。
- ゲームの終了時に、クリック処理を削除する。

どちらの方法でプログラムを書いても構いません。ここでは前者の方法を採用します。

20行目で、重複登録を防ぐ処理をおこないます。

```
    if (gameClick.holder['board']) return;  // 既にあれば追加しない
```

if文の条件式で、gameClick.holder['board']がtrueとみなせるときは、return文で処理を終了します。

この条件式について説明します。

1ゲーム目ではまだクリック時の処理を追加していないので、gameClick.holder['board']はundefined（未定義）になります。undefinedはfalseとみなされるので、if文に書いたreturn文は実行されません。

2ゲーム目以降で、クリック時の処理が登録されているときは、gameClick.holder['board']の中身はオブジェクトです。オブジェクトは、if文でtrueとみなされます。そのため処理はここで終わります。

このように1ゲーム目と2ゲーム目以降で処理を分岐させることで、2回目以降はクリック時の処理を登録しないようにします。

クリック時の処理

最後は、画面をクリックしたときに石を置く処理です。

```
022     gameClick.add(appView.cobj.canvas, 'board', (eX, eY) => {
023         if (this.isLock) return;    // ロック時は飛ばす
024         const pos = appLayout.pixelToBoard(eX, eY);  // マス位置を計算
025         if (pos === null) return;   // 盤面外は飛ばす
026 
027         // 石置き可能なら、石を置く
028         const {board, player} = revCore.data;
029         if (revMid.isActive(board, pos.x, pos.y, player)) {
030             this.isLock = true;     // ロック
031             appProcess.put(pos.x, pos.y); // 石の配置
032         }
033     });
```

22行目では、gameClick.add()関数で、クリック時の処理を登録します。第1引数の要素はappView.cobj.canvas、第2引数のidは'board'です。

コールバック関数の中身である、クリック時の処理は23～32行目です。

23行目は、ロック時にクリック処理をおこなわないためのif文です。isLockがtrueのときは、return文を実行して処理を終わります。

24行目では、appLayout.pixelToBoard()関数で、画面のピクセル位置から盤面のマス位置を得て、変数posに代入します。このとき盤面外なら、変数posの中身はnullになります。

25行目では、if文で変数posの中身を確かめます。中身がnullなら、if文の条件式はtrueとみなされるので、return文を実行して処理を終わります。

28行目では、次の処理のために、revCore.dataからboardとplayerを取り出します。

29行目のif文では、revMid.isActive()関数で石を置けるマスか判定します。

条件式がtrueで石を置けるマスなら、石を置く処理をおこないます。falseのときは、何もおこなわずに処理を終了します。

30行目では、isLockをtrueにして、ロックをおこないます。

そして31行目で、appProcess.put()関数を使い、石を置きます。

プログラムを人間の言葉に翻訳

今回の処理は複雑なので、日本語に翻訳したものも掲載します。

日本語訳

```
017 // 盤面クリック処理追加
018 appClick.addBoard = 関数() {
019     this の isLock に false を代入する。
020     もし (gameClick.holder の board プロパティがあるなら) 関数を終える
021 
022     gameClick に追加(要素は appView.cobj.canvas, IDは 'board' , 関数は(eX, eY) => {
023         もし (this の isLock が trueなら) 関数を終える
024         変数 pos に ピクセル位置(eX, eY)をマス位置に変換した値を代入
025         もし (pos が null なら) 関数を抜ける
026 
027         // 石置き可能なら、石を置く
028         変数 board, player に、revCore.data のプロパティを代入
029         もし (盤面 board, マス位置 pos.x, pos.y, player で、配置可能なら) {
030             this の isLock に true を代入
031             マス位置 pos.x, pos.y に石を置く
032         }
033     });
034 };
```

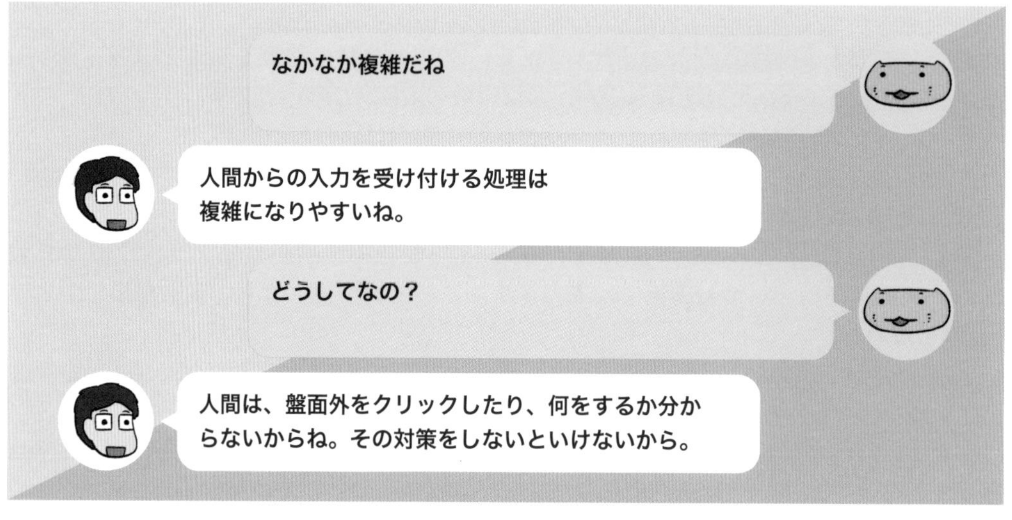

13-4 ゲーム画面で石を置こう

ゲーム画面で石を置く関数を作る

ゲーム画面で石を置く`appProcess.put()`関数の中身を書きます。

chapter-13/2/js/app-process.js

```
012 // 石の配置
013 appProcess.put = async function(x, y) {
014     revCore.putToken(x, y); // 石置き処理
015     revCore.next();          // 次へ
016     await appProcessEffect.execPut();   // 石配置時演出実行
017     this.update();    // 更新
018 };
```

関数内部で`await`を使うので、`function`に`async`を付けます。

14行目で、`revCore.putToken()`関数を使い、石を置きます。15行目で`revCore.next()`関数を使い、次の手番にします。

16行目では、`appProcessEffect.execPut()`関数を`await`付きで実行します。ここでは、石を置いたときの演出をおこない、その終了を待ちます。処理の内容は、このあと書きます。

最後の17行目では、`appProcess.update()`関数で更新をおこないます。`appProcess.update()`関数は次回に説明します。

石を置く演出用の関数を作る

`appProcessEffect.execPut()`関数の中身を書きます。

chapter-13/2/js/app-process-effect.js

```
006 // 石配置時演出実行
007 appProcessEffect.execPut = async function() {
008     await appEffect.updateBoard();  // エフェクト表示
009 };
```

演出の終了を待たないといけないので、`function`に`async`を付けています。

8行目では、`appEffect.updateBoard()`関数を`await`付きで実行します。

この`execPut()`関数には、あとで効果音を追加する予定です。

13-5 ゲームの状態を管理しよう

ゲームの状態を管理する関数を作る

appProcess.update()関数の中身を書きます。

chapter-13/2/js/app-process.js

```
020 // 更新
021 appProcess.update = async function() {
022     if (await this.tryEnd()) return;    // 終了
023     if (await this.tryPass()) return;   // パス
024     if (await this.tryCom()) return;    // COM手番
025     appClick.isLock = false;    // 終了、パス、COM手番以外はロック解除
026 };
```

ゲームの状態を更新する処理です。終了、パス、COM手番の処理を順番に呼び出します。

これらの関数は、全てawait付きで実行します。そして、内部でそれぞれ、終了、パス、COM手番が必要かを判断して、必要なら処理をおこないます。処理をおこなったときはtrueを、おこなわなかったときはfalseを返します。

22～24行目のそれぞれのif文では、戻り値がtrueのときはreturn文を実行して処理を終了します。

22～24行目のif文が全てfalseのときは25行目を実行します。ここではappClick.isLockをfalseにしてロックを解除します。ロックが解除されるまで、プレイヤーは盤面に石を置くことはできません。

追加の説明

判定の順番は、「終了しているか」をまず確認して、次に「パスが必要か（石を置けるマスがあるか）」を確認して、最後に「COMの手番か」を確認します。順番を入れ替えると、ゲームが正しく動作しなくなるので注意が必要です。

たとえば、パスの判定を、終了の判定より先にしてしまうと、無限にパスをし続けます。

また、COMの手番を、パスの判定より先にしてしまうと、石を置けないのにCOMが石を置こうとしてしまいます

3つの処理のうち、COM手番の処理はここではまだ作りません。コンピューターの思考アルゴリズムを作るときに書きます。次回はパス判定を、次々回は終了処理を説明します。

13-6 パスが必要か確かめよう

手番をパスするかの判定を作る

appProcess.tryPass()関数の中身を書きます。ここでは手番をパスするか判定して、パスが必要ならおこないます。

chapter-13/2/js/app-process.js

```
037 // 実行2：パス（配置可能マスがないならパス）
038 appProcess.tryPass = async function() {
039     if (revCore.data.activeSquares.length > 0) return false;
040     await appProcessEffect.execPass();  // パス時演出実行
041     revCore.next(); // 次へ
042     this.update();  // 更新
043     return true;
044 };
```

39行目のif文が、手番をパスするかの判定です。判定はシンプルです。revCore.data.activeSquares配列の要素数lengthを見て、0より大きいならパスは不要と判断します。石を置けるマスがあるなら、パスしなくてもよいからです。このときはreturn文でfalseを返して終了します。

以降はパスをおこなうときの処理です。

40行目では、await付きのappProcessEffect.execPass()関数でパス時の演出を実行します。

41行目では、revCore.next()関数で、次のプレイヤーに手番を移します。

42行目では、update()関数をふたたび実行します。こうすることで、次のプレイヤーでの判定が、ふたたびおこなわれます。

最後の43行目では、return文でtrueを返します。パスがおこなわれたことを、呼び出し元に伝えます。

パスのときの演出を作る

パスのときの演出をおこなうappProcessEffect.execPass()関数を書きます。画面に「PASS」という文字を表示させるシンプルなものです。

chapter-13/2/js/app-process-effect.js

```
// パス時演出実行
appProcessEffect.execPass = async function() {
    await appEffect.popupMessage('PASS');   // メッセージ
};
```

テストの実施

パスの処理を書きましたが、本当にパスがおこなわれるのかは、試さなければ分かりません。そこで確認用のテスト盤面を作ります。

「test-rev.js」ファイルに、パス用の盤面を追加して読み込みます。

chapter-13/2/js/test-rev.js

```
// デバッグ用：デバッグ用データ設定（テスト盤面の代入）
testRev.set = function(data) {
    data.board = gameUtil.deepClone(this.pass);
    //this.outBoard(data.board);
};

testRev.pass    =  [[0, 1, 1, 8, 8, 0, 0, 0],   // パス
                    [8, 8, 8, 8, 8, 8, 8, 8],
                    [8, 8, 8, 8, 8, 8, 8, 8],
                    [8, 8, 8, 1, 1, 1, 8, 8],
                    [8, 8, 8, 1, 0, 1, 8, 8],
                    [8, 8, 8, 1, 1, 1, 8, 8],
                    [8, 8, 8, 8, 8, 8, 8, 8],
                    [8, 8, 8, 8, 8, 8, 8, 8]];
```

この状態でリバーシを実行します。X3、Y0に石を置くと、次の手番がパスされます。

▼先手番

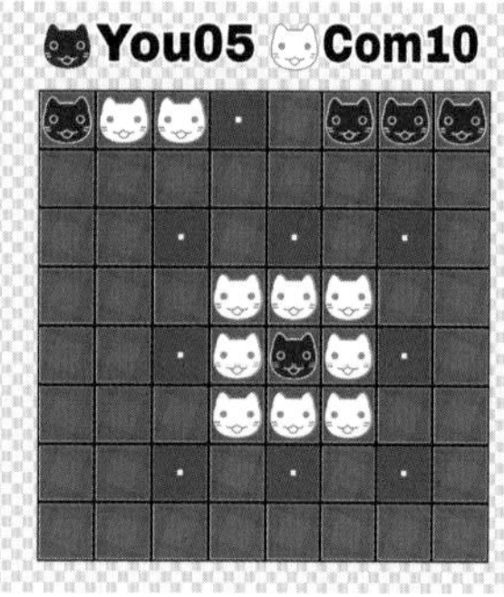

▼後手番はパス

▼ふたたび先手番

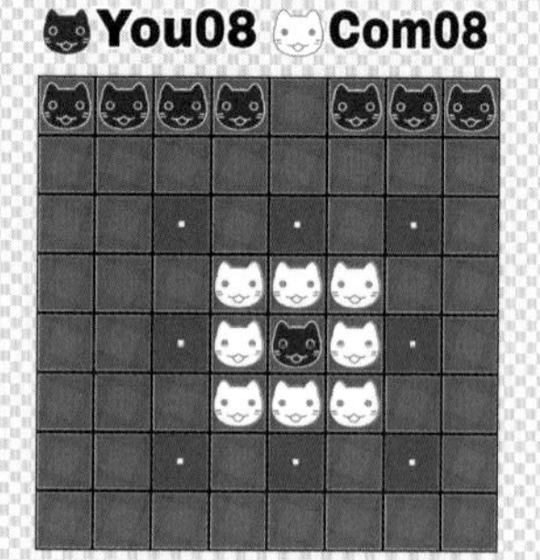

13-7 ゲームが終了しているか確かめよう

ゲームの終了判定を作る

`appProcess.tryEnd()`関数の中身を書きます。ここではゲームの終了を判定して、終了しているのなら終了処理をおこないます。

chapter-13/2/js/app-process.js

```
028 // 実行1：終了
029 appProcess.tryEnd = async function() {
030     if (! revCore.data.isEnd) return false;
031     await appProcessEffect.execEnd();   // 終了時演出実行
032     revCore.init();      // 盤面初期化
033     this.start();        // 開始
034     return true;
035 };
```

30行目の`if`文が、終了しているかの判定です。`revCore.data.isEnd`が`true`ならゲームは終了しています。ここでは、否定の演算子`!`で、ゲームが終了していないときは条件式を`true`にします。そして、`return`文で`false`を返して関数を終了します。

以降はゲームが終了しているときの処理です。

31行目で、`await`付きで`appProcessEffect.execEnd()`関数を使い、終了時の演出をおこないます。

32行目では、`revCore.init()`関数でリバーシのデータを初期化します。

33行目では、`start()`関数を使い、新しいゲームを開始します。

最後の34行目では、`return`文で`true`を返します。

終了時の演出をおこなう関数を作る

`appProcessEffect.execEnd()`関数の中身も書きます。

chapter-13/2/js/app-process-effect.js

```
// 終了時演出実行
appProcessEffect.execEnd = async function() {
    // 勝敗の結果
    const {scores} = revCore.data;
    let res = 'LOSE';
    if (scores[0] >  scores[1]) res = 'WIN';
```

```
022 |     if (scores[0] == scores[1]) res = 'DRAW';
023 |
024 |     // 勝敗をしらせる
025 |     await appEffect.popupMessage(res);  // メッセージ
026 |     await gameUtil.sleep(1500);
027 | };
```

このプログラムは前半と後半に分かれます。前半の18～22行目では勝敗の判定をして、後半の24～26行目では勝敗をしらせます。

19行目では、`revCore.data`から`scores`配列を取り出します。

20行目では、仮の結果として、変数`res`に`'LOSE'`を代入します。

21～22行目は、`if`文での勝敗の判定です。`scores`配列の要素0と要素1を比べて、`scores[0]`（先手番）の石が多ければ、変数`res`に`'WIN'`を代入します。両プレイヤーの石が同じなら、変数`res`に`'DRAW'`を代入します。

25行目では、await付きの`appEffect.popupMessage()`関数で、結果の文字をポップアップさせます。このとき変数`res`を引数にして、結果の文字を表示します。

26行目では一定時間待ちます。すぐに次のゲームに移行すると、プレイヤーが戸惑うためです。そして関数を終了します。

現時点ではまだ書いていませんが、ここではBGMを停止して、勝利時や敗北時の短い音楽を再生する予定です。

テストの実施

勝利時、敗北時、引き分け時の動作を確かめます。

「test-rev.js」ファイルの、盤面読み込み部分を書き換えます。盤面自体は、すでに書いているものを利用します。そして、Webブラウザーで「index.html」を開き、きちんとメッセージが表示されるか確かめます。

まずは勝利のときです。

chapter-13/2/js/test-rev.js

```
    data.board = gameUtil.deepClone(this.endWin);
```

▼先手番

▼先手番の石置き後

次は敗北のときです。

chapter-13/2/js/test-rev.js

```
    data.board = gameUtil.deepClone(this.endLose);
```

▼先手番

You01 Com62

▼先手番の石置き後

最後は引き分けのときです。

chapter-13/2/js/test-rev.js

```
    data.board = gameUtil.deepClone(this.endDraw);
```

▼先手番

▼先手番の石置き後

人対人で遊ぼう

「test-rev.js」ファイルのテスト用盤面の読み込みをコメントアウトすれば、人対人で遊べます。ここまでの動作を確認するために、人対人で遊んでみてください。

chapter-13/2/js/test-rev.js

```
// デバッグ用：デバッグ用データ設定（テスト盤面の代入）
testRev.set = function(data) {
    //data.board = gameUtil.deepClone(this.pass);
    //this.outBoard(data.board);
};
```

テスト用の盤面を簡単に切り替えられるようにしておいてよかったでしょう。

そうだね。ゲームの終了判定のために毎回ゼロから勝負をしていたら大変だもんね。

実際にゲームを作るときには、他にもテスト用の処理を書いたりするよ。

どんな処理があるの？

たとえば、お互いに石を置いたあとの盤面を、全て出力する機能とかだね。

それがあると、何か便利なの？

コンピューターが変な手を指したら、その盤面を読み込んで確認するんだ。

ああ、同じ盤面にしようと思っても、簡単にできるわけじゃないものね。

うん。だから、はじめから、そうしたことをしやすくしたりするね。

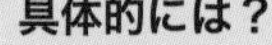

具体的には？

JSONでデータを入出力できるようにしたりね。

どうしてJSONなの？

JavaScriptには、JSON形式でデータを読み書きする命令があるからね。

第14章

コンピューターに考えさせよう

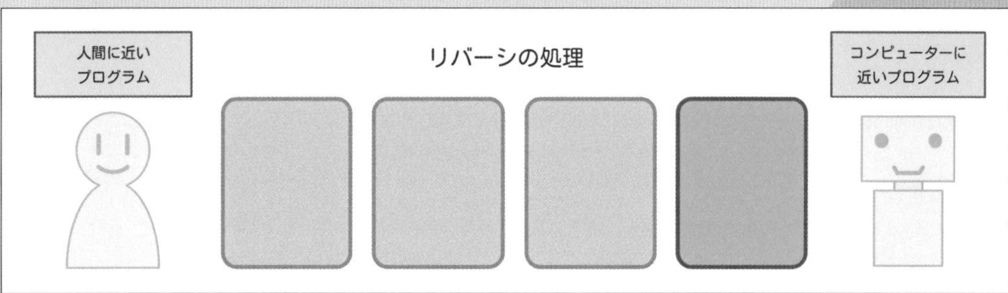

人対人で遊べるようになったから、
今度はコンピューターと対戦したいよ。

じゃあ今度は、コンピューターの
思考アルゴリズムを書こう。

滅茶苦茶難しそうだね。

まじめにやるとね。
そこそこ指せればいいなら数十行だよ。

えっ、そんなものなの？

じゃあ、プログラムを
書いてみよう。

14-1 石を置く場所をどう決めればよいのか考えよう

ボードゲームの思考アルゴリズム（計算手順）をまじめに作ると大変です。それこそ専門に研究している人がいる分野です。しかし、そこそこの強さでよいなら、わりと簡単に書けます。

敵の3つの思考方法

この章では、3つの方法で敵の石を置く場所を選びます。

- 盤面評価表
- 次手確認
- 特定条件での補正

▼3つの方法

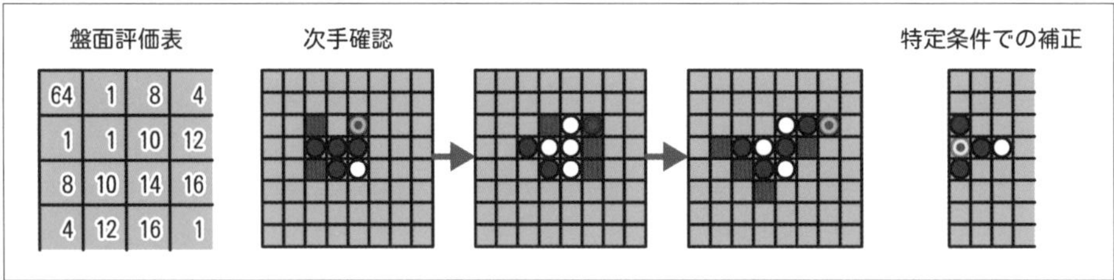

「盤面評価表」とは、各マスに点数を付けて判断する方法です。

「次手確認」は、自分が石を置いて、そのあとに敵が石を置いた場合まで加味して判断する方法です。今回は2手先（自分の手番、敵の手番、ふたたび自分の手番）まで確認します。

「特定条件での補正」は、特徴的な盤面のときに特別な手を指す方法です。

この章では「盤面評価表」「次手確認」「特定条件での補正」と順にプログラムを書いていきます。

敵思考の雛形を作る

まずは「rev-com.js」ファイルを作り「index.html」から読み込みます。

chapter-14/1/index.html

```
    <script src="js/rev-com.js"></script>
```

「rev-com.js」ファイルの基本的な部分のプログラムを書きます。

chapter-14/1/js/rev-com.js

```
001 // リバーシ COM
002 const revCom = {};
003
004 // COMの指し手を取得
005 revCom.get = function() {
006     const {board, player} = revCore.data;
007     const max = revCom.think(board, player, 0);
008     return max.square;
009 };
010
011 // 思考（COMの内部処理）
012 revCom.think = function(board, player, nest) {
013     let max = {value: -9999, square: null};    // 評価値、石を置く場所
014     const activeSquares = revMid.getAllActive(board, player);
015
016     activeSquares.forEach(square => {
017         let value = 0;  // 評価値
018         if (value > max.value) max = {value, square};   // 最大時の更新
019     });
020     return max;
021 };
```

ゲームの進行から呼び出すのは、5行目の`revCom.get()`関数です。実際に石を置くマスを選ぶ処理は、12行目の`revCom.think()`関数です。

このように処理を分けているのは理由があります。「次手確認」の際に、`revCom.think()`関数の処理の途中で、ふたたび`revCom.think()`関数を呼び出すからです(次の手、その次の手を指すため)。そのために処理を分けています。

処理の詳細

`revCom.get()`関数の処理を説明します。

chapter-14/1/js/rev-com.js

```
004 // COMの指し手を取得
005 revCom.get = function() {
006     const {board, player} = revCore.data;
007     const max = revCom.think(board, player, 0);
008     return max.square;
009 };
```

6行目で、`revCore.data`から`board`と`player`を取り出します。

7行目では、`revCom.think()`関数を使い、結果を変数`max`で受け取ります。このとき、引数は`board`と`player`、そして入れ子の回数である`0`（0回）を指定します。

8行目では、変数`max`に入ったオブジェクトから、`square`プロパティを得て、戻り値として返します。この`square`はオブジェクトで、マス位置`x` `y`のプロパティを持ちます。この`x` `y`が、コンピューターが石を置く位置です。

次は、`revCom.think()`関数の説明の前に、最大値を求める処理について説明します。

最大値を求める処理

`revCom.think()`関数では、14行目で石を置けるマスの配列`activeSquares`を得たあと、16行目で`forEach()`メソッドを使い、各マスに対して処理をおこないます。処理の内容は、一般的な「最大値を求める処理」です。

典型的な最大値を求める処理を次に示します。

```
let array = [33, 22, 88, 77];
let max = 0;
array.forEach(num => {
    if (num > max) max = num;
})
console.log(max);   // 「88」と表示
```

この処理では、変数`max`に小さな値（あるいは`array[0]`）を入れておきます。そして、配列の各要素と比較して、変数`max`よりも大きければ`max`に代入します。この処理を全要素に対しておこなうことで、最大値を得ます。

上のプログラムで各要素のときに、どのような処理がおこなわれるか示します。

▼最大値を求める

要素	numの値	条件式	置き換え	maxの値
開始前				`0`
要素0	`33`	`33 > 0` → `true`	あり	`33`
要素1	`22`	`22 > 33` → `false`	なし	`33`
要素2	`88`	`88 > 33` → `true`	あり	`88`
要素3	`77`	`77 > 88` → `false`	なし	`88`
終了後				`88`

要素0と要素2のときに、変数`max`の値が更新されます。それ以外のときは、変数`max`の値は更新されません。

最大値を求める処理の応用

実際のプログラムでは、最大値を求める処理を応用しています。

```
013     let max = {value: -9999, square: null};    // 評価値、石を置く場所
014     const activeSquares = revMid.getAllActive(board, player);
015 
016     activeSquares.forEach(square => {
017         let value = 0;  // 評価値
018         if (value > max.value) max = {value, square};   // 最大時の更新
019     });
```

まず13行目で、変数maxに、オブジェクトを代入します。このオブジェクトのプロパティは、評価値value（-9999）と、マスの位置square（x yをプロパティに持つ）です。-9999は十分に小さな値として選んでいます。他の数値でもかまいません。squareの初期値はnullです。

14行目では、revMid.getAllActive()関数で置けるマスの配列を得て、変数activeSquaresに代入します。

16行目では、activeSquares配列のforEach()メソッドを使い、各要素を処理します。コールバック関数の引数squareが要素です。

17行目では、変数valueに、現在のマスの評価値を代入します。今回はまだ評価値を得る処理は書いていないので、value = 0として仮の値を代入します。

続く18行目のif文で、変数valueと、max.valueを比較します。そして、マスの評価値valueの方が大きければ、変数maxを置き換えます。置き換えるオブジェクトは、マスの評価値valueと、マスの位置squareをプロパティに持つものです。

COM手番判定の中身を作る

続いて、まだ処理を書いていなかった「app-process.js」ファイルのappProcess.tryCom()関数の中身を書きます。

chapter-14/1/js/app-process.js

```
046 // 実行3：COM手番（先にパス判定をしているので必ず置ける）
047 appProcess.tryCom = async function() {
048     const {types, player} = revCore.data;
049     if (types[player] !== 'COM') return false;
050     const pos = revCom.get();         // COM指し手取得
051     await this.put(pos.x, pos.y);   // 石の配置
052     return true;
053 };
```

48行目では、revCore.dataからtypesとplayerを取り出します。

49行目のif文では、プレイヤーの種類が人間かコンピューターかを確認します。

!==は、異なっているときにtrueになる演算子です。現在手番の種類types[player]が'COM'でないなら、コンピューターではありません。return文でfalseを返して関数を終了します。'COM'なら、return文を実行せず、処理を継続します。

50行目では、revCom.get()関数で石を置く位置を得ます。

51行目では、await付きのput()関数で石を置きます。

最後の52行目で、trueを返します。

最大値を求める関数を使う

先ほど、最大値を求める処理を説明しました。しかし、実際にJavaScriptで配列から最大値を求めるときは、Math.max()と、スプレッド構文を使って手軽に書けます。

```
let array = [33, 22, 88, 77];
let max = Math.max(...array);
console.log(max);    // 「88」と表示
```

最大値を求めたいときは、上の書き方がよいです。

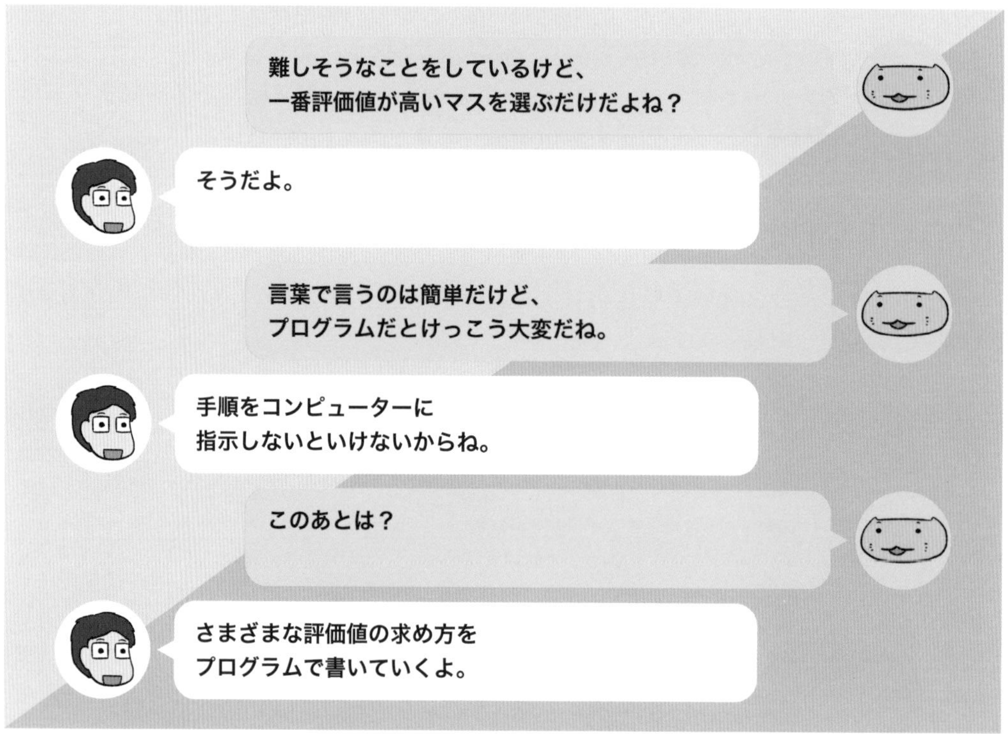

14-2 各マスに点数を付けよう

盤面評価表から評価値を得る関数を作る

まずは最もシンプルな評価方法です。盤面評価表を使ってマスの評価値を得ます。think()関数のforEach()メソッドの中を、次のように書き換えます。

chapter-14/2/js/rev-com.js

```
016     activeSquares.forEach(square => {
017         const {x, y} = square;
018         let value = this.evalFromTable(x, y);   // 評価表の評価値
019         if (value > max.value) max = {value, square};   // 最大時の更新
020     });
```

17～18行目を変更しています。

17行目で、マスのx y位置を取り出します。

18行目ではこれから作るevalFromTable()関数を使い、評価値を得て、変数valueに代入します。evalFromTable()関数の引数は、マス位置のx yです。

次にevalFromTable()関数を書きます。evalは「evaluate（評価する）」の略です。

chapter-14/2/js/rev-com.js

```
024 // 盤面評価表の利用
025 revCom.evalFromTable = function(x, y) {
026     const valueTable = [    // COMの盤面評価表
027         [64,  1,  8,  4,  4,  8,  1, 64],
028         [ 1,  1, 10, 12, 12, 10,  1,  1],
029         [ 8, 10, 14, 16, 16, 14, 10,  8],
030         [ 4, 12, 16,  1,  1, 16, 12,  4],
031         [ 4, 12, 16,  1,  1, 16, 12,  4],
032         [ 8, 10, 14, 16, 16, 14, 10,  8],
033         [ 1,  1, 10, 12, 12, 10,  1,  1],
034         [64,  1,  8,  4,  4,  8,  1, 64]
035     ];
036     const value = valueTable[y][x];
037     return value;
038 };
```

この関数は、マス位置x yを引数にとります。

26行目の2次元配列valueTableが、盤面評価表です。角は評価値が高く、角の周辺は評価値が低いです。あとは中央に近いほど評価値が高いです。一番真ん中は、はじめから石を置いているので計算には使いません。どんな値でも構いません。ここでは1にしておきました。

36行目では、この2次元配列から`x` `y`の位置で値を得て、変数`value`に代入します。

37行目では、この`value`の値を戻り値として返します。

かなり弱いですが、いちおう遊べます。

テストの実施

確認用のテスト盤面を作ります。そして、盤面評価表を使った処理が、正しく動作するか確かめます。

「test-rev.js」ファイルに、盤面を追加して読み込みます。

chapter-14/2/js/test-rev.js

```
// デバッグ用：デバッグ用データ設定（テスト盤面の代入）
testRev.set = function(data) {
    data.board = gameUtil.deepClone(this.corner);
    //this.outBoard(data.board);
};

testRev.corner =   [[1, 1, 1, 1, 1, 1, 8, 8],    // 角に積極的に置く
                    [1, 1, 1, 1, 1, 1, 8, 8],
                    [1, 1, 1, 1, 1, 1, 0, 8],
                    [1, 1, 1, 1, 1, 1, 1, 1],
                    [0, 1, 1, 1, 1, 1, 1, 1],
                    [1, 1, 1, 1, 1, 1, 1, 8],
                    [8, 1, 1, 1, 1, 1, 1, 8],
                    [8, 1, 1, 1, 1, 1, 1, 8]];
```

この状態でリバーシを実行します。まずプレイヤーがX0、Y7に黒石を置きます。次にコンピューターが角に白石を置きます。優先的に角に置いているのが分かります。

▼初期状態

▼プレイヤー石置き

▼COM石置き

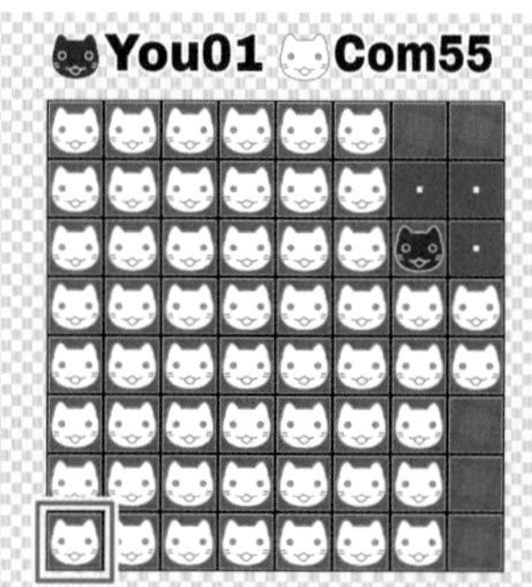

14-3 一手先、二手先を考えよう

次は、二手先まで考える処理を作ります。一手先は、コンピューターにとっての敵（人間）の手で、二手先は、その次の自分（コンピューター）の手になります。

二手先を考える関数を作る

`think()`関数の`forEach()`メソッドの中を、次のように書き換えます。

chapter-14/3/js/rev-com.js

```
016     activeSquares.forEach(square => {
017         const {x, y} = square;
018         let value = this.evalFromTable(x, y);    // 評価表の評価値
019         value += this.evalNext(x, y, board, player, nest);  // 次手確認
020         if (value > max.value) max = {value, square};    // 最大時の更新
021     });
```

19行目が追加したところです。`evalNext()`関数の戻り値を、変数`value`に足します。`+=`は加算代入演算子です。記号の左側の変数の値に、記号の右側の値を足します。

`evalNext()`関数の引数は、マス位置`x` `y`、盤面`board`、プレイヤー`player`、処理の入れ子の回数`nest`です。

次に`evalNext()`関数を書きます。

chapter-14/3/js/rev-com.js

```
// 次手確認（石を配置した場合の"次の"プレイヤーの点数を引く）
revCom.evalNext = function(x, y, board, player, nest) {
    if (nest <= 1) {
        // nestが0、1のとき
        const board2 = gameUtil.deepClone(board);    // 深い複製
        revUpdate.reverse(board2, x, y, player);     // 裏返し処理

        const enemy = 1 - player;    // 相手方手番
        const max = this.think(board2, enemy, nest + 1);     // 再度思考
        return - max.value; // 次の手番の最大評価値を引く
    }
    return 0;
};
```

処理の詳細

evalNext()関数の処理を詳しく見ていきます。まずは入れ子の回数を制御する部分です。

```
043      if (nest <= 1) {
051      }
052      return 0;
```

43行目のif文では、変数nestの値が0 1のときだけ、{ }内の処理を実行します。この処理内ではreturn文で値を返して終了します。また、変数nestの値が2以上のときは、52行目で0を返して終了します。

残りの処理は、前半と後半に分かれます。前半の44～46行目では、盤面を複製して、その盤面に対して石を裏返す処理をします。後半の48～50行目では、手番を相手側に移して評価値を求めます。

まずは前半です。

```
044          // nestが0、1のとき
045          const board2 = gameUtil.deepClone(board);   // 深い複製
046          revUpdate.reverse(board2, x, y, player);    // 裏返し処理
```

45行目では、gameUtil.deepClone()関数を使い、深い複製をおこない、もとの配列とは別の配列を作ります。

46行目では、revUpdate.reverse()関数を使い、引数x yの場所に仮に石を置いたとして石を裏返します。この処理により盤面が変わるために、さきほどは深い複製をおこないました。元の盤面を変えないようにするためです。ここでは、深い複製をした盤面board2を使います。

次は後半です。手番を相手側に移して評価値を求めます。

```
048          const enemy = 1 - player;   // 相手方手番
049          const max = this.think(board2, enemy, nest + 1);    // 再度思考
050          return - max.value; // 次の手番の最大評価値を引く
```

48行目では、引数のplayerから、敵enemyの値を計算します。

49行目では、think()関数を実行します。このときの引数は、石を置いたあとの盤面board2と、プレイヤーを入れ替えたenemyです。

また、nestの値をnest + 1と、1増やします。このため、revCom.think()を実行するごとにnestの値は1ずつ大きくなります。if文のnestの判定は、ここで数値を大きくすることで成り立っています。

このthink()関数を呼び出す処理の流れは、初心者にはイメージしづらいです。

think()関数がevalNext()関数を実行し、evalNext()関数がthink()関数を実行する様子を示します。

▼何度も呼び出される

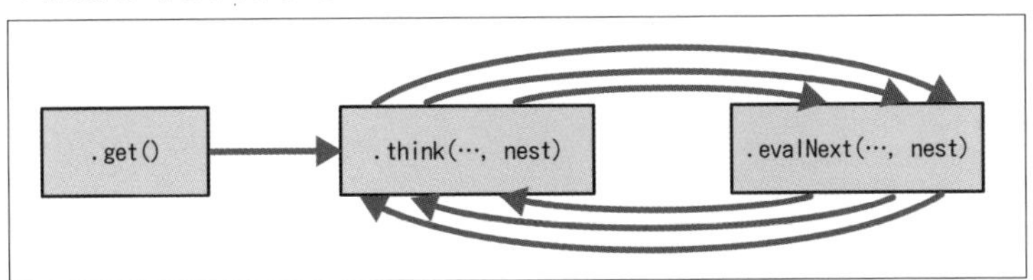

▼処理の流れ

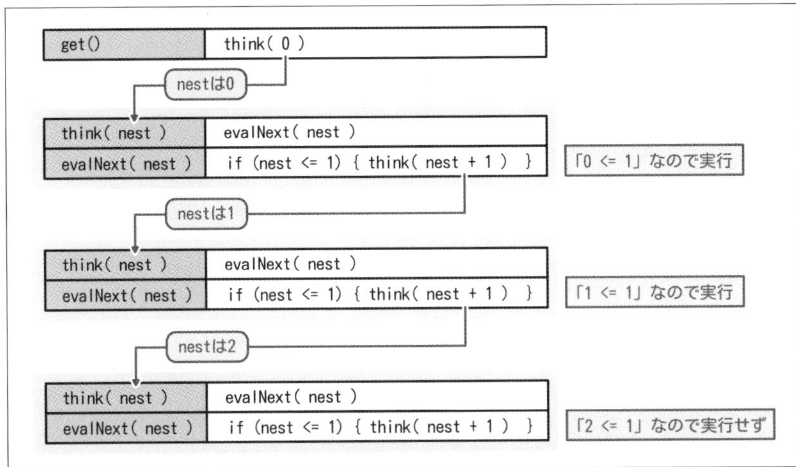

49行目では、revCom.think()関数の戻り値を変数maxに代入します。そして、50行目では、変数max.valueの値をマイナスにしてreturn文で返します。

```
049        const max = this.think(board2, enemy, nest + 1);    // 再度思考
050        return - max.value; // 次の手番の最大評価値を引く
```

評価値の計算は、自分（COM）、敵（人）、自分（COM）の順におこないます。そして「敵（人）」のときは評価値をマイナスにして加算します。こうすることで、敵にとって評価が高いときは、自分にとって損という計算にします。

▼評価値の計算

回数	評価値の符号
1回目：think()内での計算	プラス（+）
2回目：evalNext()から呼び出したthink()の計算	マイナス（-）
3回目：さらにその先のthink()の計算	プラス（+）

3回目は、マイナスのマイナスでプラスになります。二手先まで考えるとどうなるか、図で示します。

▼二手先まで考える

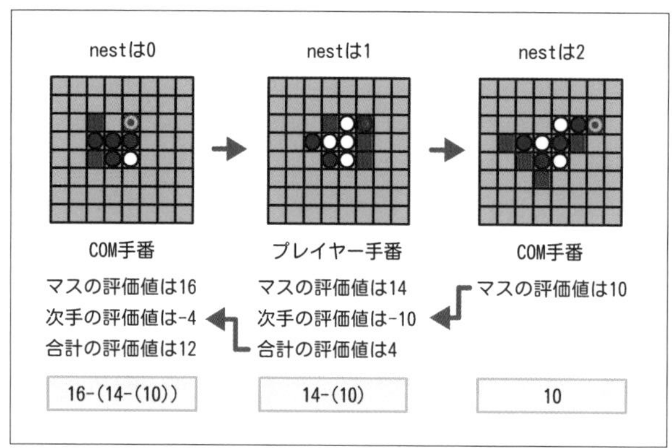

このように先の手まで考慮することで、単純な盤面評価表による評価よりも、人間らしい石の置き方になります。

ただし、総当たりで何手も先まで読むと、計算時間が膨大になり、待ち時間が長くなります。計算時間と、ゲームの遊びやすさのバランスをとる必要があります。

テストの実施

確認用のテスト盤面を作ります。そして、先を考えて石を置く処理が、正しく動作するか確かめます。

「test-rev.js」ファイルに、盤面を追加して読み込みます。

chapter-14/3/js/test-rev.js

```
// デバッグ用：デバッグ用データ設定（テスト盤面の代入）
testRev.set = function(data) {
    data.board = gameUtil.deepClone(this.avoid);
    //this.outBoard(data.board);
};

testRev.avoid =    [[8, 0, 1, 8, 8, 8, 8, 8],   // 指し手なしの回避
                     [8, 8, 8, 8, 8, 8, 8, 8],
                     [8, 8, 8, 8, 8, 8, 8, 8],
                     [8, 8, 8, 1, 0, 8, 8, 8],
                     [8, 8, 8, 0, 1, 8, 8, 8],
                     [8, 8, 8, 8, 8, 8, 8, 8],
                     [8, 8, 8, 8, 8, 8, 8, 8],
                     [8, 8, 8, 8, 8, 8, 8, 8]];
```

プレイヤーがX3、Y2に石を置いたあと、コンピューターが角に石を置くのを避ける盤面です。

この状態でリバーシを実行すると､角を避けるのが分かります。もし角に石を置くと、2手先の自分の手番で石を置けません。その際は、`max.value`の初期値`-9999`がそのまま返るので圧倒的に不利になります。そのため、それ以外の手を選択します。

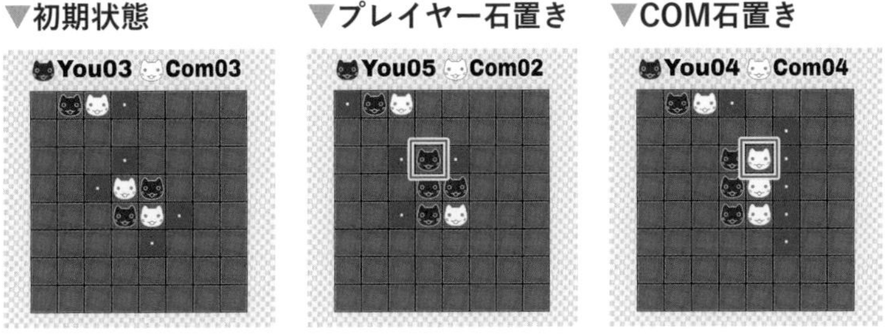

▼初期状態　▼プレイヤー石置き　▼COM石置き

次手確認をコメントアウトすると、角に石を置いて負けます。

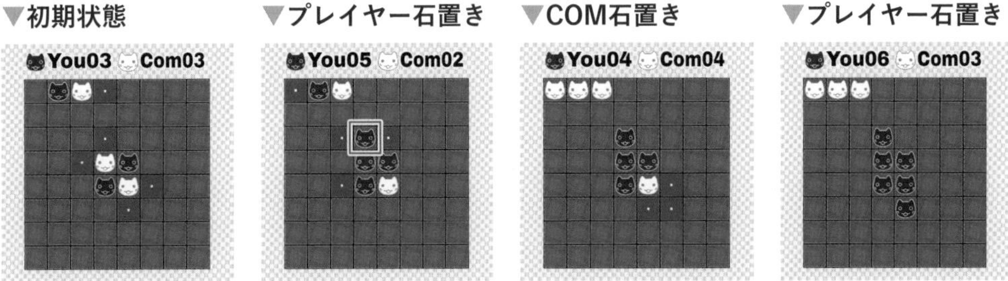

▼初期状態　▼プレイヤー石置き　▼COM石置き　▼プレイヤー石置き

再帰関数

関数の中から自身の関数を呼び出す処理は、プログラムではよく出てきます。こうした関数のことを**再帰関数**と呼びます。また､こうした処理のことを**再帰処理**と呼びます。

典型的な再帰関数のプログラムを示します。

```
001 function recursive(i) {
002     if (i > 1000) return;
003     console.log(i);
004     recursive(i * i);
005 }
006 recursive(2);
```

`recursive()`関数は、自身の`recursive()`関数を呼び出します。コンソールには「2」「4」「16」「256」と表示されます。

再帰処理では、2行目の`if`文のように、自身の呼び出しを止める条件を設定します。このプログラムでは、引数`i`の値が`1000`を越えると、`return`文で処理を中断します。

14-4 人間みたいに石を置こう

人間らしい置き方を考える

ゲームを人間が遊ぶときには「この状況では、こうプレイする」という定石のようなものがあります。そうしたプレイをするプログラムを書いておけば、人間っぽくプレイしてくれます。

ここではそうした人間らしい石の置き方として「壁際で敵に囲まれるように潜り込んで打つ」ことをプログラムで表現します。

▼壁際で敵に囲まれるように潜り込んで打つ

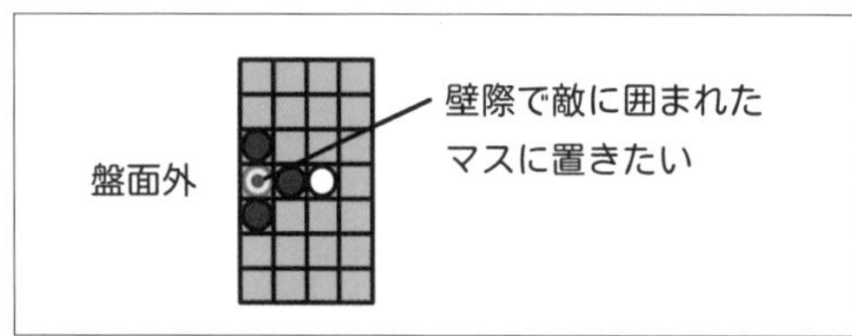

4方向を確認する関数を作る

今回の処理では、縦横の方向のマスを確認します。そのため「rev-low.js」ファイルに`revLow.scan4Direction()`関数を追加します。この関数は、すでに書いた`revLow.scan8Direction()`関数を改造したものです。

chapter-14/4/js/rev-low.js

```
// 基点のXYから4方向を走査
revLow.scan4Direction = function(board, x, y, func) {
    const directions = [  // 4方向
                        {x: 0, y: -1},
        {x: -1, y:  0},                 {x:  1, y:  0},
                        {x: 0, y:  1},
    ];
    directions.forEach(dir => {
        const line = this.getLine(board, x, y, dir.x, dir.y);
        func(line, dir);
    });
};
```

人間みたいに石を置く関数を作る

`think()`関数の`forEach()`メソッドの中を、次のように書き換えます。

chapter-14/4/js/rev-com.js

```
016     activeSquares.forEach(square => {
017         const {x, y} = square;
018         let value = this.evalFromTable(x, y);   // 評価表の評価値
019         if (nest === 0) {
020             value += this.evalAround(x, y, board, player);  // 外周判定
021         }
022         value += this.evalNext(x, y, board, player, nest);  // 次手確認
023         if (value > max.value) max = {value, square};   // 最大時の更新
024     });
```

19～21行目が追加したところです。今回は`if`文を使い、`nest === 0`（初回）のときだけ呼び出します。

20行目では、`evalAround()`関数の戻り値を、変数`value`に足します。`evalAround()`関数の引数は、マス位置`x` `y`、盤面`board`、プレイヤー`player`です。

次に`evalAround()`関数を書きます。

chapter-14/4/js/rev-com.js

```
// 外周判定（外周かつ敵に対して潜り込める場所を探す）
revCom.evalAround = function(x, y, board, player) {
    // 外周か確認（内側なら終了、評価値の補正はなし）
    const rect = {x: 1, y: 1, w: RevData.w - 2, h: RevData.h - 2};
    if (gameUtil.inRange(x, y, rect)) return 0;

    // 敵に囲まれているか確認（囲まれていないなら終了、評価値の補正はなし）
    const enemy = 1 - player;
    let countEnemy = 0; // 敵数
    revLow.scan4Direction(board, x, y, (line, dir) => {
        if (line.length === 0) return;  // その方向にマスがないので飛ばす
        if (line[0].p === enemy) countEnemy ++; // 敵が周囲にある
    });
    if (countEnemy < 3) return 0;

    // 外周で敵に囲まれているので評価値の補正あり
    return 32;
};
```

この関数は「外周か確認」「敵に囲まれているか確認」「有効な場合の評価値補正」の3つの部分に分かれます。それぞれに分けて説明します。

外周か確認

ここでは外周か（盤外に接しているか）を確認します。

```
060        // 外周か確認（内側なら終了、評価値の補正はなし）
061        const rect = {x: 1, y: 1, w: RevData.w - 2, h: RevData.h - 2};
062        if (gameUtil.inRange(x, y, rect)) return 0;
```

まず61行目で、変数`rect`を宣言して、内側の領域の四角形のオブジェクトを作ります。このオブジェクトには、`x` `y`位置と、横幅`w`、高さ`h`のプロパティを作ります。この四角形は、盤面より1マス分、せまい範囲になります。

▼内側の領域の四角形

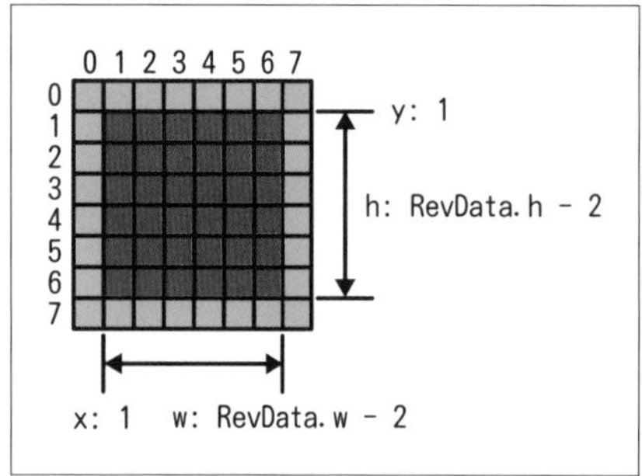

そして62行目の`if`文で、`gameUtil.inRange()`関数を使い、範囲内かを確認します。もし範囲内ならば外周ではないので、`return`文で`0`を返して関数を終了します

敵に囲まれているか確認

ここでは、縦横いずれかの3方向以上で敵に接しているか確認します。囲まれている状態は、次の図のように縦横3方向に敵がいます。3未満なら、囲まれていません。

▼縦横の敵の状態

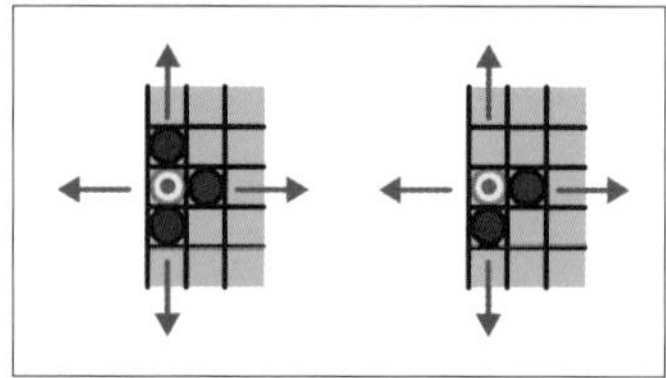

角の場合は2方向にしか敵がいませんが、その場合は元々評価値が高いので、補正する必要はありません。その際は囲まれていないときと同じように、評価値の補正をおこないません。

それではプログラムを確かめましょう。

```
064        // 敵に囲まれているか確認（囲まれていないなら終了、評価値の補正はなし）
065        const enemy = 1 - player;
066        let countEnemy = 0; // 敵数
067        revLow.scan4Direction(board, x, y, (line, dir) => {
068            if (line.length === 0) return;  // その方向にマスがないので飛ばす
069            if (line[0].p === enemy) countEnemy ++; // 敵が周囲にある
070        });
071        if (countEnemy < 3) return 0;
```

65行目では、変数`enemy`を宣言して、敵を表す数値を代入します。

66行目では、変数`countEnemy`を宣言して、初期値として`0`を代入します。このあとの処理で、敵が隣接していれば、この値を増やします。

67～70行目は、`revLow.scan4Direction()`関数を使い、縦横4方向のマスの配列を確認します。

68行目の`if`文では、`line.length`が`0`（マス数が`0`）かを判定します。条件を満たすなら、その方向にマスはないので、`return`文で処理を飛ばします。

69行目の`if`文では、`line[0].p`の値（隣接マスの数値）が`enemy`の値かを判定します。`enemy`の値なら敵が隣接しているので、変数`countEnemy`の値を`1`増やします。

最後の71行目の`if`文では、変数`countEnemy`の値が`3`未満かを確認しています。条件を満たすなら、敵に囲まれていないので、`return`文で`0`を返して関数を終了します

有効な場合の評価値の補正

外周であり、さらに敵に縦横の3方向を囲まれている場合は、評価値の補正をおこないます。

```
073        // 外周で敵に囲まれているので評価値の補正あり
074        return 32;
```

ここでは`32`を返していますが、他の値にしてもよいです。

こうした特定の状況での判断を多く書くと、それだけ人間らしく行動するようになります。手間と効果のバランスを考えて、プログラムを書くとよいです。

テストの実施

確認用のテスト盤面を作ります。そして、外周の敵の内側に石を置く処理が、正しく動作するか確かめます。

「test-rev.js」ファイルに、盤面を追加して読み込みます。

chapter-14/4/js/test-rev.js

```
// デバッグ用：デバッグ用データ設定（テスト盤面の代入）
testRev.set = function(data) {
    data.board = gameUtil.deepClone(this.around);
    //this.outBoard(data.board);
};
```

```
testRev.around =   [[8, 8, 8, 8, 8, 8, 8, 8],   // 周囲判定
                    [8, 8, 8, 8, 8, 8, 8, 8],
                    [0, 8, 8, 8, 8, 8, 8, 8],
                    [8, 0, 1, 0, 1, 8, 8, 8],
                    [0, 8, 8, 1, 0, 8, 8, 8],
                    [8, 8, 8, 8, 8, 8, 8, 8],
                    [8, 8, 8, 8, 8, 8, 8, 8],
                    [8, 8, 8, 8, 8, 8, 8, 8]];
```

プレイヤーがX5、Y3に石を置いたあと、コンピューターがX0、Y3に石を置く盤面です。

この状態でリバーシを実行して、X5、Y3に石を置いてください。コンピューターがX0、Y3に置くのが分かります。

▼初期状態　▼プレイヤー石置き　▼COM石置き

外周判定をコメントアウトすると、別の場所に石を置きます。

▼初期状態　▼プレイヤー石置き　▼COM石置き

第15章

音声を利用しよう

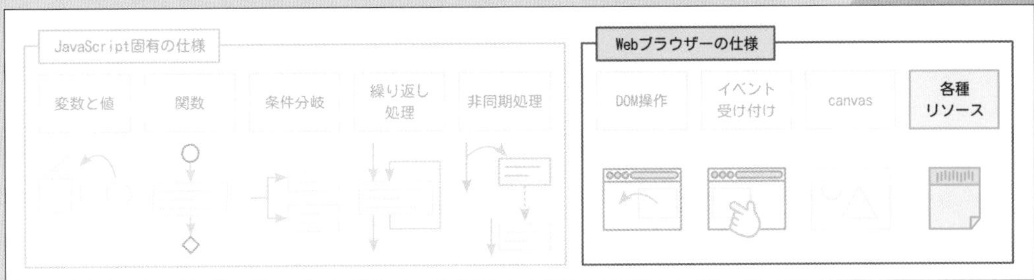

前回まででプログラムは
ほとんどできたよ。

あとは音を入れるだけだね。

うん。WebページのJavaScriptで
音をあつかうのは、制約が多いんだよね。

そうなの？

だから後回しにしたんだ。

あまり面倒なことに
ならないといいなあ。

15-1 Webページの音声の制約を知ろう

音声のプログラムを最後に回したのには理由があります。WebページのJavaScriptで音声を利用するのは制約が多いからです。どんな制約があるのかを紹介します。

- 画面をクリックするなどして操作するまで、音声の利用ができない。
- 読み込みのタイミングが遅い。
- モバイル環境などで、事前にデータの読み込みができないことがある。

理由はこれだけではありません。より多くの環境に対応しようとすると、セキュリティ的に厳格な方法を使わないといけません。その際は、ローカルでは実行できず、Webサーバーから Webページを読み込む必要があります。

また、音声を利用する方法は、Webブラウザーのバージョンが上がることで、突然使えなくなる可能性があります。この章で書くプログラムは、現時点で複数のWebブラウザーで動作を確認したプログラムですが、将来も同じように動くとは限りません。

WebページのJavaScriptで音声を利用する場合は、自分でプログラムを書かず、安定してメンテナンスされている有名なライブラリ（プログラム集のようなもの）を使った方がよいです。そうすればトラブルも少なく、Webブラウザーの仕様が変わっても、すぐに対応してくれます。

有名なJavaScriptの音声ライブラリを挙げておきます。

> **howler.js**
> https://github.com/goldfire/howler.js/

ライブラリ

JavaScriptには、組み込みの関数やオブジェクトがあります。同じように、新たな関数やオブジェクトを追加してくれるのがライブラリです。多くの人や組織が、さまざまな目的のライブラリを作り公開しています。

もし、これから作ろうとしている機能と同じことができるライブラリがあるなら、自分でプログラムを書くよりもライブラリを使った方がよいです。

ライブラリを使うと開発時間が節約できます。また、多くの人が使うことで問題が取り除かれており安定しています。

ライブラリを選択するときは、有名でユーザー数が多く、頻繁にメンテナンスされているものがよいです。最終更新が数年前になっていると、最新のWebブラウザーで正しく動作しない可能性があります。また、セキュリティ的な問題を抱えていることもあります。

15-2 サーバーを手軽に用意しよう

セキュリティ上の制約から、Webサーバー経由でWebページを読み込むことは、よくあります。そのために、ローカル（パソコン内）でWebサーバーを立ち上げることは多いです。

▼ローカルでWebサーバーを立ち上げる

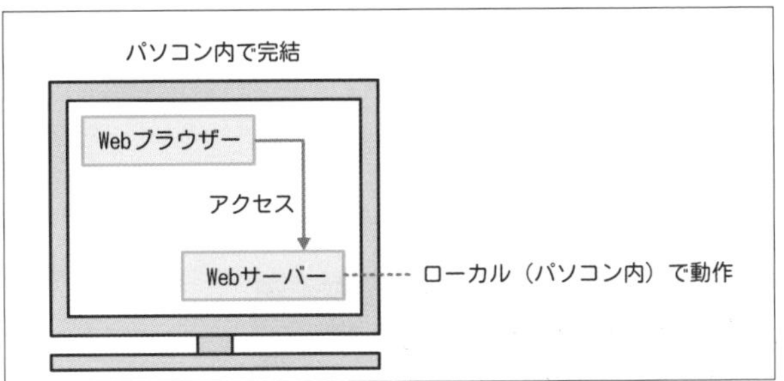

ローカルでWebサーバーを立ち上げる方法はいくつかあります。ここでは、「VSCode」の拡張機能「Live Server」を使います。

> Live Server
> https://github.com/ritwickdey/vscode-live-server

インストール方法

「Live Server」のインストール方法を紹介します。

1. 「VSCode」を開きます。
2. Extensionsアイコン をクリックするか、Ctrl + Shift + X キーを押します。
3. 「Search Extensions in Marketplace」と書いてある入力欄に「Live Server」と入力します。
4. 表示された検索結果から「Live Server」を探して「Install」ボタンを押します。

▼「Search Extensions in Marketplace」入力欄に「Live Server」と入力

Webページの開き方1

「Live Server」でWebページを開く方法を紹介します。

1. 「VSCode」でプロジェクトを開きます。
2. EXPLORERの「index.html」（HTMLファイル）を右クリックして、「Open with Live Server」を選択します。
3. Webサーバー（Live Server）が起動します。
    - 「VSCode」のプロジェクトのルート（最上位のフォルダー）が、Webサーバーのルートになります。
4. 「http://127.0.0.1:5500/＜ルートからのファイルパス＞」のURLで「Google Chrome」が自動で開きます。

▼「Open with Live Server」を選択

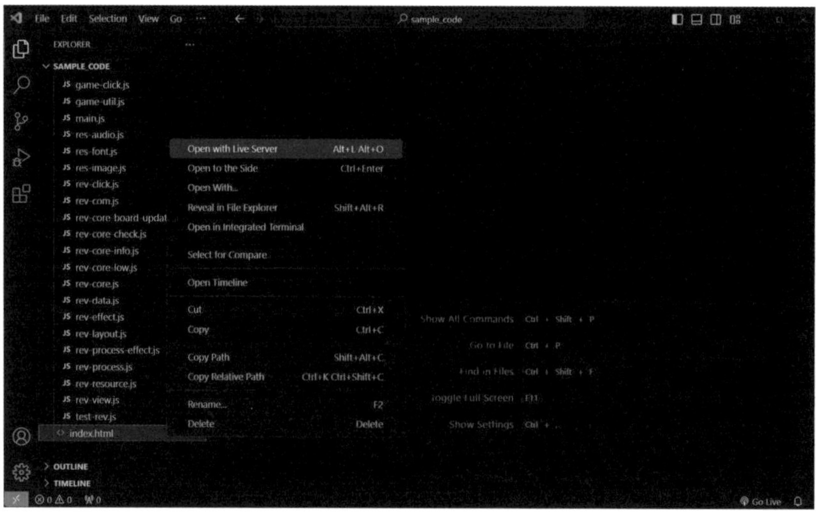

127.0.0.1:5500

表示されるURL「127.0.0.1:5500」について補足します。

「127.0.0.1」の部分は、ループバックアドレスという特別なIPアドレスです。IPアドレスは、数字によるインターネット上の住所のようなものです。ループバックアドレスは、自分自身（実行しているコンピューター）を指します。

「5500」の部分は、ポート番号です。先に説明したIPアドレスが、通信先のコンピューターを特定するものなら、ポート番号は、そのコンピューター内のソフトウェアを特定するものです。

「127.0.0.1:5500」というのは、自身のコンピューターの、ポート番号「5500」で通信するソフトウェアという意味になります。通信するソフトウェアは、ここでは「Live Server」になります。

Webページの開き方2

Webページの開き方はもう1つあります。その方法を紹介します。

1. 「VSCode」でプロジェクトを開きます。
2. 「VSCode」の右下に表示される「Go Live」という文字をクリックします。
3. 「http://127.0.0.1:5500/」のURLで「Google Chrome」が自動で開きます。
   - 「VSCode」のプロジェクトのルート（最上位のフォルダ）が、Webサーバーのルートになります。
4. 「VSCode」のプロジェクトのルートにある「index.html」が読み込まれます。
   - 「index.html」がないときは、ルートのフォルダーが表示されます。

▼右下の「Go Live」という文字をクリック

Webサーバーの終了の仕方

「Live Server」を終了するときは「VSCode」自体を閉じるか、「VSCode」の右下に表示される「Port:5500」という文字をクリックします。5500の数字は「Live Server」を起動したときの状態によって異なるときがあります。

▼右下の「Port:5500」という文字をクリック

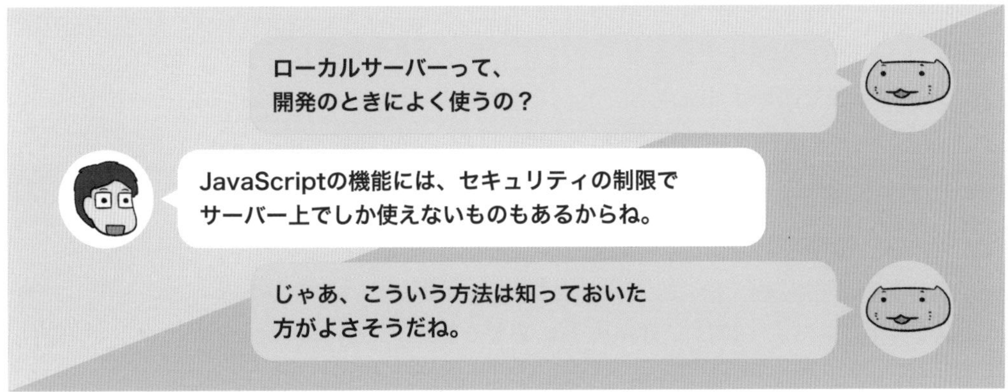

15-3 音声をあつかおう

この本で音声をあつかうプログラムを、まとめて紹介します。Webブラウザーの制限に対応しているので回りくどいです。現時点での音声をあつかう方法の1つなので、将来も動作するとは限りません。このプログラムは流し読みしてもかまいません。

これから作る音声をあつかう関数の一覧

これから作る関数の一覧です。

関数	説明
`resAudio.init()`	初期化（環境依存対策として、初回クリック時にダミーの音声操作をおこなう）
`resAudio.load()`	Audioの読み込み（登録だけして初回クリック時に読み込む）
`resAudio.play()`	再生
`resAudio.stop()`	停止

音声をあつかうファイルを作る

「res-audio.js」ファイルを作り「index.html」から読み込みます。

chapter-15/1/index.html

```
    <script src="js/res-audio.js"></script>
```

まずは、`resAudio`オブジェクトを作り、プロパティを設定します。このプロパティは、関数の処理で使います。

chapter-15/1/js/res-audio.js

```
// リソース 音声
const resAudio = {context: null, holder: {}};
```

`context`プロパティには、音声再生に必要な`AudioContext`オブジェクトを格納します。

`holder`プロパティには、空のオブジェクトを用意します。このオブジェクトは、`id`で音声データを管理するためのものです。

初期化

初期化をおこなう`init()`関数です。

chapter-15/1/js/res-audio.js

```
004 // 初期化（環境依存対策として初回クリック時のダミー音声操作を登録）
005 resAudio.init = function() {
006     document.addEventListener('click', () => {
007         this.context = new AudioContext();
008         this.context.resume();
009     }, {once: true, capture: true});
010 };
```

6行目の`document.addEventListener()`メソッドで、Webページをクリックしたときの処理を登録します。これまでとは違い、引数が「イベント名」「関数」「オブジェクト」の3種類あります。

9行目の第3引数に、`{once: true, capture: true}`とオブジェクトを設定しています。こうすることで「実行は1回のみ」「他のリスナーより先に実行」の意味になります。

登録した関数内の7行目では、`new`演算子と`( )`で、新しい`AudioContext`のインスタンスを作り、`context`に代入します。

また8行目では、`resume()`メソッドで進行の再開を指示します。こうすることでダミーの音声操作をして、Webブラウザーで音声を使えるようにうながします。

Audioの読み込み

`Audio`の読み込みをおこなう`load()`関数です。

chapter-15/1/js/res-audio.js

```
012 // Audioの読み込み（登録だけして初回クリック時に読み込む）
013 resAudio.load = function(id, url) {
014     document.addEventListener('click', async () => {
015         const response = await fetch(url);
016         const arrayBuffer = await response.arrayBuffer();
017         const buffer = await this.context.decodeAudioData(arrayBuffer);
018         this.holder[id] = {buffer, source: null};
019     }, {once: true});
020 };
```

`id`と`url`を引数にして、音声ファイルを読み込みます。実際の読み込みは、最初に画面をクリックしたときにおこないます。

14行目の`document.addEventListener()`メソッドで、Webページをクリック

したときの処理を登録します。引数は「イベント名」「関数」「オブジェクト」の3つです。

19行目では、第3引数に`{once: true}`と設定します。こうすることで「実行は1回のみ」の意味になります。

登録した関数内では非同期処理をおこなうので、14行目のコールバック関数に`async`を付けます。

15行目では、`fetch()`関数を使い、データを読み込みます。この関数はローカルファイルを読み込めません。Webサーバー経由でデータを得ます。そのため、「Live Server」をインストールしました。`fetch()`関数は`Promise`オブジェクトを返すので`await`で待ち、`response`を受け取ります。

16行目では、受け取った`response`から`arrayBuffer()`メソッドで`ArrayBuffer`を取り出します。この処理も`Promise`オブジェクトを返す処理なので`await`を付けます。

17行目では、`context`に入った`AudioContext`を利用します。`AudioContext`の`decodeAudioData()`メソッドを使い、`ArrayBuffer`から音声データのバッファを得て、変数`buffer`に代入します。この処理も`Promise`オブジェクトを返す処理なので`await`を付けます。

最後の18行目で、このバッファ`buffer`と、まだ`null`の`source`を、`holder`オブジェクトの`id`のプロパティに代入します。

再生

音声を再生する`play()`関数です。

chapter-15/1/js/res-audio.js

```
022 // 再生
023 resAudio.play = async function(id, isLoop) {
024     while (! this.holder[id]) {
025         await gameUtil.sleep(50);
026     }
027     this.stop(id);  // 再生中なら停止する
028     const data = this.holder[id];
029     data.source = this.context.createBufferSource();
030     data.source.buffer = data.buffer;
031     data.source.connect(this.context.destination);
032     data.source.loop = isLoop === true;
033     data.source.start();
034 };
```

再生する音声の`id`と、ループの有無の真偽値`isLoop`を引数にとります。また、非同期処理をあつかうので`async`を付けます。

この関数は、前半24～26行目の読み込み待機部分と、後半27～33行目の音声再生部分に分かれます。前半では**while文**という新しい構文が出てきます。先に進む前に、

whileについて解説します。

while文

while文はfor文の仲間で、繰り返し処理をおこなう構文です。

while文では、( )内は条件式しかなく、この条件式がtrueのあいだ、{ }内の処理を繰り返します。falseになると、繰り返しを終了してwhile文を抜けます。

```
while (条件式) {
    処理
}
```

while文を実際に使った例を示します。

```
let i = 2;
while (i < 1000) {
    console.log('繰り返し' + i);
    i = i * i;
}
```

コンソール

```
繰り返し2
繰り返し4
繰り返し16
繰り返し256
```

while文の構造を図で示します。

▼while文

```
while ( 条件式 ) {
    繰り返す処理
}
```

```
let i = 2;
while ( i < 1000 ) {
    console.log('繰り返し ' + i);
    i = i * i;
}
```

再生前半 読み込み待機部分

24～26行目では、holderに、引数idのオブジェクトが読み込まれるのを待ってから処理を進めます。

```
024     while (! this.holder[id]) {
025         await gameUtil.sleep(50);
026     }
```

24行目の`while`文の条件式では、`this.holder[id]`の有無を確かめています。`!`は真偽を逆転させる、否定の演算子です。

`holder[id]`にまだオブジェクトが入っていないときは、この値は`undefined`（未定義）です。そのため`! this.holder[id]`は`true`になり、`{ }`内の処理は繰り返されます。

`holder[id]`オブジェクトが入ると、`! this.holder[id]`は`false`になり、`while`文を抜けます。

▼this.holder[id]の状態による違い

読み込み	this.holder[id]	! this.holder[id]	処理
まだ	undefined	true	繰り返しを継続
終わった	オブジェクト	false	繰り返しを終了

25行目の繰り返し処理では、`await gameUtil.sleep(50)`で`50`ミリ秒ずつ待っています。そのため、読み込みが終わるまで、`50`ミリ秒ごとに確認を続けます。

再生後半 音声再生部分

`play()`関数の後半の、音声再生部分を説明します。

```
027    this.stop(id);  // 再生中なら停止する
028    const data = this.holder[id];
029    data.source = this.context.createBufferSource();
030    data.source.buffer = data.buffer;
031    data.source.connect(this.context.destination);
032    data.source.loop = isLoop === true;
033    data.source.start();
```

27行目では、音声を停止します。すでに再生しているとき用の処理です。

28行目では、`holder`から、引数の`id`のオブジェクトを取り出します。

29～31行目は、音声再生の準備です。音声再生用の`BufferSource`オブジェクトを作り、バッファを設定して、出力先を接続します。これは音声再生の定型処理です。

32行目では「再生をループするか」の設定をおこないます。`source.loop`に`true`を代入したときはループをおこないます。`false`を代入したときはループをおこないません。

33行目で、`source`の`start()`メソッドを使うことで、音声を再生します。

引数の数とデフォルト値

32行目では、`isLoop === true`の演算結果を、`data.source.loop`に代入します。

```
032     data.source.loop = isLoop === true;
```

この演算は、引数`isLoop`に、明示的に`true`が指定されているときだけ、演算結果は`true`になります。

JavaScriptでは、`play = function(id, isLoop) {}`といった関数を`play(id)`のように、引数の数が合わない状態で使えます。このとき`isLoop`の値は`undefined`（未定義）になります。

`play()`関数は、ふだんは`play(id)`のように、`isLoop`を指定せずに呼び出すことを想定しています。そのため`isLoop === true`という演算を入れています。

同じような意図で、デフォルト引数（`undefined`の場合の既定値）を設定することもできます。デフォルト引数は次のように書きます。

```
resAudio.play = function(id, isLoop = false) {
};
```

このときは、`play(id)`のように、、引数の数が合わない状態で呼び出すと、`isLoop`の値は`false`になります。

停止

音声を停止する`stop()`関数です。

chapter-15/1/js/res-audio.js

```
036 // 停止
037 resAudio.stop = function(id) {
038     const data = this.holder[id];
039     if (! data || ! data.source) return;
040     data.source.stop();
041 };
```

まず38行目で、`holder`オブジェクトから、引数`id`のプロパティを取り出して、変数`data`に代入します。

39行目の`if`文では、変数`data`が`undefined`（未定義）、あるいは`data.source`が`undefined`（未定義）なら、`return`文で処理を打ち切ります。

変数`data`に問題がなければ、40行目で、`source`の`stop()`メソッドで処理を停止します。

演算子の短絡評価

39行目の`if`文の条件式`! data || ! data.source`は説明が必要です。

AND演算子`&&`やOR演算子`||`では、短絡評価がおこなわれます。短絡評価を、今回出てきたOR演算子をもとに説明します。

OR演算子は、演算子の左側（左辺）と、演算子の右側（右辺）の、どちらか1つでも`true`なら`true`を返す演算子です。この演算子では、左辺から値を確かめていきます。そして左辺が`true`なら、右辺を読まずに`true`を返します。

左辺が`true`の時点で、右辺を見ずとも、最終的な演算結果が`true`と分かるからです。

▼OR演算子の短絡評価

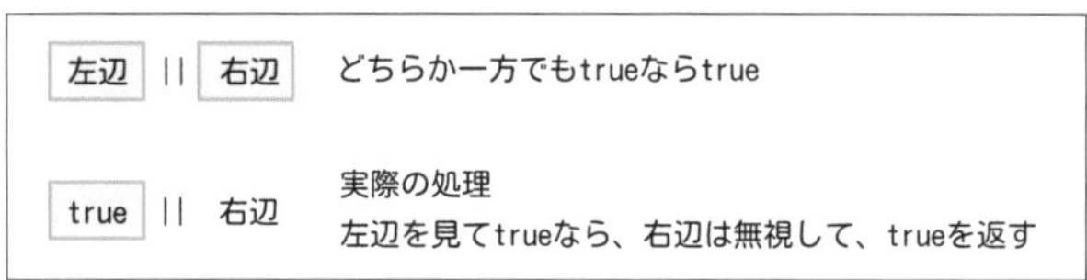

この短絡評価に従い、39行目の`if`文の条件式を見ていきます。左辺と右辺の値により、処理がどのように進んでいくのかを矢印で示します。

▼実際のOR演算子の処理

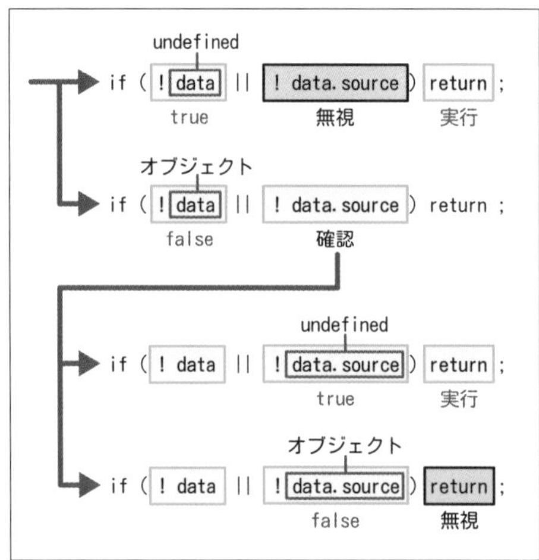

こうした短絡評価は、プログラムではよく出てきます。`data`がオブジェクトか（`undefined`でないか）を先に確認することで、`data.source`にアクセスしたときにエラーが起きないようにします。

`data`が`undefined`のときは、`source`プロパティにアクセスしようとするとエラーになります。`undefined`はオブジェクトではないので、プロパティを読み書きできないからです。

▼dataの中身とプロパティ

dataの中身	プロパティ
オブジェクト	読み書きできる
undefined	そもそも存在しない アクセスしようとするとエラーになる

オブジェクトかを確かめて、その先のプロパティを読む方法は他にもあります。**オプション連鎖演算子**（オプショナルチェーン演算子）`?.`を使う方法です。

プロパティを表す`.`の代わりに`?.`を使えば、オブジェクトならそのまま処理を継続して、`null`や`undefined`なら、短絡評価をして処理を打ち切ります。打ち切った際は`undefined`を返します。

オプション連鎖演算子を使ったプログラムの例を示します。

```
001 let data = undefined;
002 console.log(data?.name);
003 
004 data = {name: 'COM'};
005 console.log(data?.name);
```

コンソール

```
undefined
COM
```

2行目では、`data`が`undefined`のために処理を打ち切り、`undefined`を返します。

5行目では、`data`がオブジェクトのために、`name`の値`'COM'`を返します。

`stop()`関数の39行目、`if`文の条件式を、オプション連鎖演算子で書いた例を示します。

```
039 if (! data?.source) return;
```

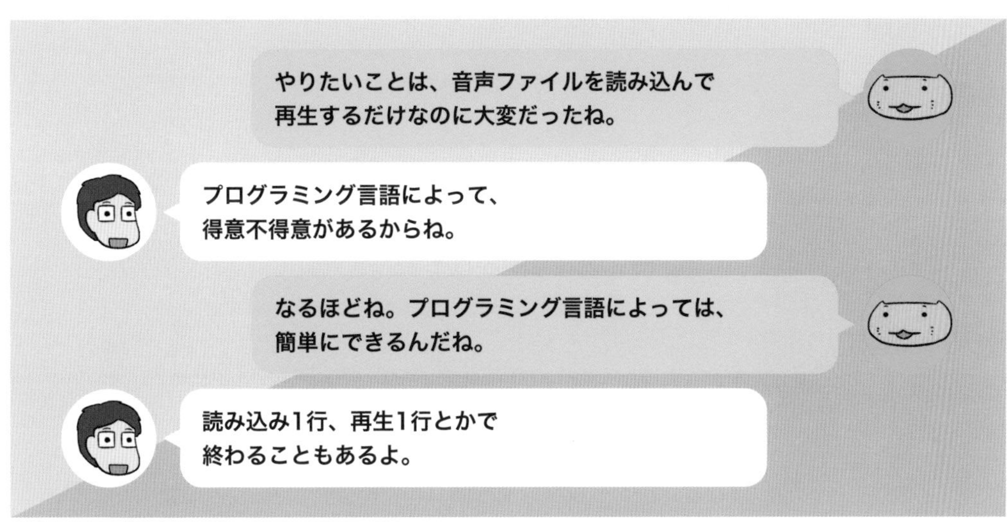

15-4 音声の再生を試そう

音声の再生を試す処理を書く

ボタンを押すと、音声を再生したり、止めたりするプログラムを書きます。
「index.html」を次のように書きます。

chapter-15/1/index.html

```
<!DOCTYPE html>
<html lang="ja">
  <head>
    <meta charset="utf-8">
    <meta name="viewport" content="width=device-width, user-scalable=0">
    <title>Sample</title>
    <script src="js/game-util.js"></script>
    <script src="js/res-audio.js"></script>
    <script src="js/main.js"></script>
  </head>
  <body>
    <button id="play-bgm">再生</button>
    <button id="stop-bgm">停止</button>
  </body>
</html>
```

「index.html」をWebブラウザーで開いたところです。

▼index.html

音声ファイルを「audio/bgm.mp3」に配置します。

▼ファイル構成

```
+ index.html
+ audio/
    + bgm.mp3
```

続いて、「main.js」を次のように書きます。

chapter-15/1/js/main.js

```
001 document.addEventListener('DOMContentLoaded', async () => {
002     resAudio.init();
003     resAudio.load('bgm', 'audio/bgm.mp3');
004 
005     document.querySelector('#play-bgm').addEventListener('click', () => {
006         resAudio.play('bgm');
007     });
008     document.querySelector('#stop-bgm').addEventListener('click', () => {
009         resAudio.stop('bgm');
010     });
011 });
```

「Live Server」で「index.html」を開きます。〈再生〉ボタンを押すと音楽が流れ、〈停止〉ボタンを押すと音楽が止まります。

処理の詳細

「main.js」のプログラムは、前半2～3行目が初期化と読み込み、後半5～10行目がボタンクリック時の処理です。

まずは前半部分を確かめます。

```
002     resAudio.init();
003     resAudio.load('bgm', 'audio/bgm.mp3');
```

2行目では、`resAudio.init()`関数で初期化をおこないます。

3行目では、`resAudio.load()`関数を使い、`id`が`'bgm'`、`url`が`'audio/bgm.mp3'`で音声ファイルを読み込みます。

次に後半部分を確かめます。

```
005     document.querySelector('#play-bgm').addEventListener('click', () => {
006         resAudio.play('bgm');
007     });
008     document.querySelector('#stop-bgm').addEventListener('click', () => {
009         resAudio.stop('bgm');
010     });
```

5～7行目は「再生」ボタンの処理です。`id`が`play-bgm`の要素に、クリックしたときに実行する関数を登録します。

6行目がクリックしたときの処理です。`resAudio.play()`関数を使い、`id`が`'bgm'`の音声を再生します。

8～10行目は「停止」ボタンの処理です。`id`が`stop-bgm`の要素に、クリックしたときに実行する関数を登録します。

9行目がクリックしたときの処理です。`resAudio.stop()`関数を使い、`id`が`'bgm'`の音声を停止します。

15-5 ゲームで音声を使おう

最後の大詰めです。音声を読み込んで、BGMや効果音として使います。

使用する音声データ

今回使う音声データは「魔王魂」さんの楽曲や効果音です。ゲームで使いやすい楽曲や効果音がそろっている有名サイトです。

> **魔王魂**
> http://maoudamashii.jokersounds.com/

音声ファイルの読み込み

それでは1つずつ反映していきます。まずは「app-resource.js」ファイルに、音声ファイルの読み込みを追加します。

chapter-15/2/js/app-resource.js

```
004 // リソースの読み込み
005 appResource.load = async function() {
006     resAudio.init();
007     resAudio.load('bgm',  'audio/bgm.mp3');
008     resAudio.load('se',   'audio/se.mp3');
009     resAudio.load('WIN',  'audio/win.mp3');
010     resAudio.load('LOSE', 'audio/lose.mp3');
011     resAudio.load('DRAW', 'audio/lose.mp3');
012 
013     const r = [];
014     r.push(resImage.load('token0', 'image/token0.png'));
015     r.push(resImage.load('token1', 'image/token1.png'));
016     r.push(resImage.load('square', 'image/square.png'));
017     r.push(resImage.load('active', 'image/active.png'));
018     r.push(resFont.load('main', 'ArchivoBlack'));
019     await Promise.all(r);
020 };
```

6～11行目が追加した部分です。

6行目で`resAudio.init()`関数で初期化をおこなったあと、7～11行目で、`resAudio.load()`関数を使い、音声ファイルを読み込みます。

ここではBGM`'bgm'`、効果音`'se'`、勝利時音楽`'WIN'`、敗北時音楽`'LOSE'`、引き分け時音楽`'DRAW'`を読み込みます。敗北時と引き分け時のファイルは同じ「lose.

mp3」にしています。

進行の演出

続いて「app-process-effect.js」ファイルに、音声ファイルの再生や停止を追加します。まずは開始時の演出です。

chapter-15/2/js/app-process-effect.js

```
004 // 開始時演出実行
005 appProcessEffect.execStart = function() {
006     resAudio.play('bgm', true);      // BGM再生ループ付き
007 };
```

6行目を追加します。`resAudio.play()`関数を使い、BGMを開始します。このとき、第2引数を`true`にしてループ再生にします。

次は石を置いたときの演出です。

chapter-15/2/js/app-process-effect.js

```
009 // 石配置時演出実行
010 appProcessEffect.execPut = async function() {
011     resAudio.play('se');     // 配置SE再生
012     await appEffect.updateBoard();  // エフェクト表示
013 };
```

11行目を追加します。`resAudio.play()`関数を使い、効果音（SE）を鳴らします。こちらはループ再生ではありませんので、第2引数を書きません。

最後は終了時の演出です。29～30行目を追加します。

chapter-15/2/js/app-process-effect.js

```
020 // 終了時演出実行
021 appProcessEffect.execEnd = async function() {
022     // 勝敗の結果
023     const {scores} = revCore.data;
024     let res = 'LOSE';
025     if (scores[0] >  scores[1]) res = 'WIN';
026     if (scores[0] == scores[1]) res = 'DRAW';
027 
028     // 勝敗をしらせる
029     resAudio.stop('bgm');    // BGM停止
030     resAudio.play(res);      // 終了時サウンド再生
031     await appEffect.popupMessage(res);  // メッセージ
032     await gameUtil.sleep(1500);
033 };
```

29行目では、`resAudio.stop()`関数を使い、BGMを止めます。

30行目では、`resAudio.play()`関数を使い、勝敗をしらせる音楽を再生します。

15-6 完成したリバーシで遊ぼう

完成したリバーシで遊ぶ

完成したリバーシで遊んでください。完成版のパスを掲載します。

▼完成版のパスと説明

パス	説明
stable/index.html	音声なし。 そのままWebブラウザーに読み込んで遊べる。
stable-audio/index.html	音声あり。 Webサーバー（Live Server）経由で遊ぶ。

▼完成版の見た目

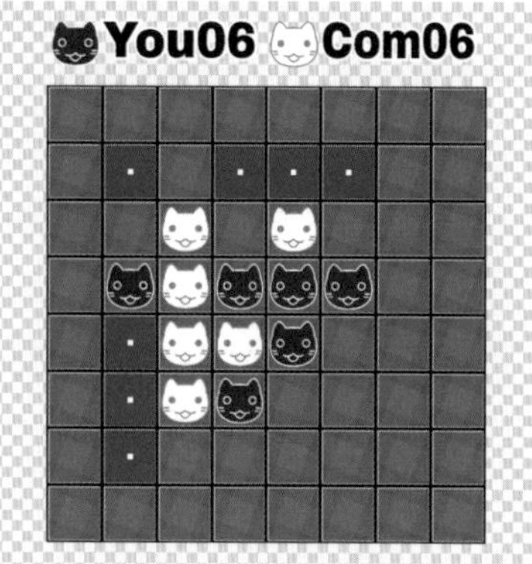

サンプルのリバーシを改良する

サンプルのリバーシは、さらに改良することもできます。改良するとよい点をいくつか挙げます。

- 演出を派手にする。
- 棋譜を出力できるようにする。
- 定石を調べて反映する。

こうした改良を自分で考えて、プログラムを書いてみるとよいです。また、改良をとおして、まだ触れていないプログラムの仕組みや機能を学んでいくとよいです。

あとがき

人生で、何度も書いているプログラムに「リバーシ」と「タワーディフェンス」と「シミュレーションRPG」があります。今回はその中で、現実世界のボードゲームをプログラムで表現する「リバーシ」を選びました。

はじめに書きましたが、プログラミングの学び方は1つではありません。ゲームを作りながら学ぶのは、学び方の1つであり、向き不向きや、メリット、デメリットがあります。

メリットは、一通り動くものが作れることです。やりたいことを、どうプログラムで表現するかを学べます。そして、アプリケーションを動かすのに必要な知識を習得できます。

デメリットは、学ぶ知識が網羅的でも体系的でもないことです。最速ルートで学ぶので多くの抜けがあります。

近年のプログラミング言語は、初心者が一気に仕様を学ぶのは難しくなってきています。プログラミング言語は年が経つとともに仕様が増えていくためです。そのため、全てを学んでから何かを作ろうとすると、学習コストが非常に高いです。

ゲームを作るために削ぎ落とした知識を学び、そこから枝葉を広げていくのも一つの手だと思います。この本が、その一助になればと思います。

柳井政和

付録：ファイルとメソッドの一覧

js/app-click.js …… アプリ クリック

appClick
　.addButton(text, func) …… ボタン追加
　.addBoard() …… 盤面クリック処理追加

js/app-effect.js …… アプリ エフェクト

appEffect
　.effectPromise(id, max, funcDraw) …… エフェクト用Promiseの作成
　.popupMessage(text) …… メッセージ表示
　.updateBoard() …… 盤面更新の演出

js/app-layout.js …… アプリ レイアウト

appLayout
　.init() …… レイアウトの初期化
　.boardToPixel(posX, posY) …… マスXYを画面XYに変換
　.pixelToBoard(pixelX, pixelY) …… 画面XYをマスXYに変換

js/app-process-effect.js …… アプリ 進行の演出

appProcessEffect
　.execStart() …… 開始時演出実行
　.execPut() …… 石配置時演出実行
　.execPass() …… パス時演出実行
　.execEnd() …… 終了時演出実行

js/app-process.js …… アプリ 進行

appProcess
　.start() …… 開始
　.put(x, y) …… 石の配置
　.update() …… 更新
　.tryEnd() …… 終了
　.tryPass() …… パス
　.tryCom() …… COM手番

js/app-resource.js …… アプリ リソース

appResource
　.load() …… リソースの読み込み

js/app-view.js …… アプリ 表示

appView
　.init() …… 初期化
　.drawBoard() …… 盤面描画
　.drawToken() …… 石描画
　.drawCanPut() …… 配置可能マスの描画

.drawScoreImage() …… スコア石画像の描画
.drawScoreText() …… スコア文字列の描画
.update() …… 表示更新

js/game-anim.js …… ゲーム アニメーション

gameAnim
.start() …… アニメーションの開始
.update() …… アニメーションの更新
.add(id, func) …… アニメーションの追加
.remove(id) …… アニメーションの削除

js/game-canvas.js …… ゲーム キャンバス

gameCanvas
.genCanvas(w, h) …… キャンバスの生成
.addCanvas(selector, w, h) …… 指定要素下にキャンバスを作成して格納
.addBgCanvas(selector, w, h) …… 指定要素下に背景用キャンバスを作成して格納

js/game-click.js …… ゲーム クリック

gameClick
.add(element, id, funcClick) …… クリックの追加
.remove(id) …… クリックの削除

js/game-util.js …… ゲーム ユーティリティ

gameUtil
.sleep(time) …… 一時停止
.inRange(x, y, rect) …… 範囲内か判定
.deepClone(object) …… 深い複製

js/main.js …… プログラムの開始場所

js/res-audio.js …… リソース 音声

resAudio
.init() …… 音声の初期化
.load(id, url) …… 音声の読み込み
.play(id, isLoop) …… 音声の再生
.stop(id) …… 音声の停止

js/res-font.js …… リソース フォント

resFont
.load(id, fontName) …… フォントの読み込み
.draw(id, cobj, text, x, y, rate, maxW) …… 文字列の描画

js/res-image.js …… リソース 画像

resImage
.load(id, url) …… 画像の読み込み
.draw(id, cobj, x, y, w, h) …… 画像の描画

js/rev-com.js …… リバーシ COM

revCom

.get() …… COMの指し手を取得
.think(board, player, nest) …… 思考
.evalFromTable(x, y) …… 盤面評価表の利用
.evalNext(x, y, board, player, nest) …… 次手確認
.evalAround(x, y, board, player) …… 外周判定

js/rev-core.js …… リバーシ 中核処理

revCore

.init() …… 初期化
.update() …… 各種値の更新
.putToken(x, y) …… 石を置く
.next() …… 次へ

js/rev-data.js …… リバーシ データ

class RevData …… リバーシ データ クラス

js/rev-info.js …… リバーシ 情報取得

revInfo

.getIsEnd(board, player) …… 終了の取得
.getScores(board) …… スコア配列の取得

js/rev-low.js …… リバーシ 低レベル 盤面読み取り

revLow

.scanBoard(func) …… 盤面走査
.scan8Direction(board, x, y, func) …… 基点のXYから縦横斜め8方向を走査
.scan4Direction(board, x, y, func) …… 基点のXYから縦横4方向を走査
.getLine(board, startX, startY, dirX, dirY) …… 1方向のマスの一覧を得る

js/rev-mid.js …… リバーシ 中レベル 操作

revMid

.getAllReverse(line, player) …… 裏返せるマスの配列を得る
.isActive(board, x, y, player) …… 配置可能か判定
.getAllActive(board, player) …… 配置可能マス配列の取得

js/rev-update.js …… リバーシ 盤面更新

revUpdate

.reverse(board, x, y, player) …… 裏返し処理

js/test-rev.js …… テスト リバーシ

testRev

.outBoard(board) …… 盤面を文字列にして出力
.set(data) …… デバッグ用データ設定

索引

数字

127.0.0.1 …… 280
16進数 …… 83
2Dコンテクスト …… 73
2次元配列 …… 54
5500 …… 280

A

addEventListener() …… 33, 34, 81
align …… 161
all() …… 122
AND演算子 …… 236
append() …… 80, 81
argument …… 86
arrayBuffer() …… 284
async …… 106
AudioContext …… 282
await …… 106

B

background …… 79
baseline …… 161
boolean …… 47
break文 …… 205

C

canvas …… 72
CC BY-SA 4.0 …… 5
changedTouches …… 195
Chrome …… 20
class文 …… 63
clearInterval() …… 99
clearRect() …… 101
clearTimeout() …… 99
click …… 194
clientX …… 195
clientY …… 195
concat() …… 220
connect() …… 286
Console …… 21
console.log() …… 21, 32
const …… 43
constructor …… 63
context …… 78
createBufferSource() …… 286
createElement() …… 77, 81
CSSのコメント …… 28
CSSファイル …… 27

D

Date …… 176
Date.now() …… 176
decodeAudioData() …… 284
Deep copy …… 234
delete …… 199
document …… 33, 34, 81
DOM …… 26
DOMContentLoaded …… 34
DOM操作 …… 33
drawImage() …… 118

E

Element …… 26

Event ･････ 195
export ･････ 37

F

false ･････ 47
falseとみなせる ･････ 138
fetch() ･････ 284
fill() ･････ 172
fillRect() ･････ 82
fillStyle ･････ 82, 165
fillText ･････ 165
filter() ･････ 179
flat() ･････ 238
font ･････ 165
fontFamily ･････ 164
for...in文 ･････ 158
for...of文 ･････ 158
forEach() ･････ 156
for文 ･････ 145, 155
function ･････ 86

G

getContext() ･････ 78
Google Chrome ･････ 20

H

height ･････ 67
HTMLのタグ ･････ 25
HTMLファイル ･････ 24

I

if文 ･････ 138
Image ･････ 116
import ･････ 37
innerHeight ･････ 131
innerWidth ･････ 131

J

JavaScriptファイル ･････ 30
join() ･････ 227
JSON ･････ 208, 234
JSON.parse() ･････ 234
JSON.stringify() ･････ 208, 234

L

<link>タグ ･････ 27
length ･････ 50
let ･････ 43
lineWidth ･････ 165
Live Server ･････ 279

M

map() ･････ 227
Math.max() ･････ 264
Math.min() ･････ 131
Math.trunc() ･････ 132
max() ･････ 264
min() ･････ 131
module ･････ 37
mousedown ･････ 194
mouseup ･････ 194

N

now() ･････ 176
null ･････ 61
Number ･････ 169

O

oncontextmenu ………… 117
onload ………… 117
on＋イベント名 ………… 117
OR演算子 ………… 237

P

padStart() ………… 168
parse() ………… 234
parseInt() ………… 75
Promise ………… 103
Promise.all() ………… 122
push() ………… 123, 221

Q

querySelector() ………… 35, 81

R

ready ………… 162, 163
remove() ………… 81
removeEventListener() ………… 199
requestAnimationFrame ………… 174
resolve() ………… 103
restore() ………… 192
resume() ………… 283
return文 ………… 87
rotate() ………… 192

S

<script>タグ ………… 30
save() ………… 191
setInterval() ………… 96, 98
setTimeout() ………… 96, 97
Shallow copy ………… 232
start() ………… 286
stop() ………… 287
String ………… 169
stringify() ………… 208, 234
stroke() ………… 172
strokeRect() ………… 191
strokeStyle ………… 165
strokeText ………… 165

T

textAlign ………… 165
textBaseline ………… 165
then() ………… 104
this ………… 92, 111
touchend ………… 194
touchstart ………… 194
translate() ………… 192
true ………… 47
trueとみなせる ………… 138
trunc() ………… 132
typeof ………… 76

U

undefined ………… 61

V

var ………… 43
Visual Studio Code ………… 16
VSCode ………… 16

W

Webフォント ………… 160
while文 ………… 285

width ･･････ 67

あ

浅い複製 ･･････ 232
アロー関数 ･･････ 109
アロー記号 ･･････ 109

い

イベントリスナー ･･････ 194
インスタンス ･･････ 63
インスタンスプロパティ ･･････ 66
インデント ･･････ 87

え

エラー ･･････ 22
演算子 ･･････ 133

お

オブジェクト ･･････ 57
オプショナルチェーン演算子 ･･････ 289
オプション連鎖演算子 ･･････ 289

か

開発者ツール ･･････ 20
返り値 ･･････ 74
拡張機能 ･･････ 279
加算代入演算子 ･･････ 178
空文字 ･･････ 52
関数 ･･････ 74

き-く

キャメルケース ･･････ 47
組み込み関数 ･･････ 75
クラス ･･････ 63
クリエイティブコモンズ ･･････ 5

こ

コメント ･･････ 32
コンストラクター ･･････ 63
コンソール ･･････ 20, 32
コンテクスト ･･････ 72
コールバック関数 ･･････ 96

さ

再帰関数 ･･････ 271
再帰処理 ･･････ 271
再代入 ･･････ 42
参照 ･･････ 232

し

小数点数 ･･････ 45
初期化式 ･･････ 145
真偽値 ･･････ 47
シンタックスハイライト ･･････ 17
条件式 ･･････ 138, 145, 285
条件分岐 ･･････ 138

す

数値 ･･････ 45
スコープ ･･････ 42
スネークケース ･･････ 47
スプレッド構文 ･･････ 221

せ

整数 ･･････ 45
静的プロパティ ･･････ 66
セレクター ･･････ 27
宣言 ･･････ 42

絶対パス 25

そ

相対パス 25
添え字 50

た－と

短絡評価 288
代入 42
デフォルト引数 287
デベロッパー ツール 20
データ型 61
等価演算子 139
匿名関数 88
同期処理 100

は－ひ

配列 49
比較演算子 138
引数 74, 86
否定 198
非同期処理 100

ふ

深い複製 233
不等価演算子 139
浮動小数点数 45
分割代入 136
プリミティブ値 61
プロパティ 57

へ－ほ

変化式 145
変数 42
変数名 42
ポート番号 280

む－も

無名関数 88
メソッド 58, 74
モジュール 36
文字列 31, 52
戻り値 74, 87

ゆ－よ

優先順位 134
ユーザー関数 86
要素 26, 49
要素数 49
要素番号 50

ら－れ

ライブラリ 278
ラッパーオブジェクト 168
略記プロパティ名 90
ループバックアドレス 280
レイヤー 143

ろ

ロック処理 242
論理積 236
論理和 237

■著者プロフィール

クロノス・クラウン合同会社

代表社員　柳井 政和

1975年福岡県北九州市生まれ。1997年熊本大学理学部生物科学科卒業。

ゲーム会社勤務を経て、現在クロノス・クラウン合同会社代表社員として、ゲームやアプリケーションの開発、プログラミング系技術書や記事の執筆をおこなう。

主著に『画像生成系AI StableDiffusionゲームグラフィックス自動生成ガイド』(秀和システム)『マンガでわかるJavaScript』(秀和システム)『JavaScript[完全]入門』(SBクリエイティブ)などがある。

■装丁

クオルデザイン 坂本 真一郎

■本文デザイン・本文DTP

有限会社 中央制作社

リバーシを
作り(つく)ながら学ぶ(まな)JavaScript(ジャバスクリプト)
AI(エーアイ)の基本(きほん)　対戦(たいせん)プログラムの開発(かいはつ)に挑戦(ちょうせん)！

発行日　2024年　2月22日　　第1版第1刷

著　者　クロノス・クラウン　柳井(やない) 政和(まさかず)

発行者　斉藤　和邦
発行所　株式会社　秀和システム
〒135-0016
東京都江東区東陽2-4-2　新宮ビル2F
Tel 03-6264-3105（販売）Fax 03-6264-3094
印刷所　株式会社シナノ

ISBN978-4-7980-7169-5 C3055